CAILIAO CESHI FENXI

ZONGHE SHIYAN JIAOCHENG

材料测试分析
综合实验教程

俞 瀚 黄清明 汪炳叔 等 编著

化学工业出版社

·北京·

内容提要

本书是按照材料科学与工程专业以及行业发展对人才的新需求编写而成的。全书紧密结合现代分析方法理论与实践的实验新技术，从培养创新型人才、科研型人才的目的出发，注重培养和提高读者的综合分析能力和应用实践能力。

本书主要内容涵盖X射线衍射分析、电子显微分析、谱学分析以及其他现代分析测试方法四个部分，重点阐述了每个实验的实验目的、基本原理、实验仪器构造与配置、实验内容、实验参数选择原则、仪器操作规程、实验步骤与数据分析方法等，涉及面广、内容精选、简明适用、实用性强。

本书可作为材料科学与工程、化学、化工、生物工程等专业的本科生、研究生的教材使用，还可供从事材料、新材料研究、开发和应用的研究人员及工程技术人员参考。

图书在版编目（CIP）数据

材料测试分析综合实验教程/俞瀚等编著. —北京：化学工业出版社，2020.8(2023.8重印)

ISBN 978-7-122-37241-3

Ⅰ.①材… Ⅱ.①俞… Ⅲ.①工程材料-测试技术-实验-教材②工程材料-分析方法-实验-教材 Ⅳ.①TB3-33

中国版本图书馆CIP数据核字（2020）第103991号

责任编辑：朱　彤　　　文字编辑：李　玥
责任校对：宋　玮　　　装帧设计：刘丽华

出版发行：化学工业出版社（北京市东城区青年湖南街13号　邮政编码100011）
印　　装：北京盛通数码印刷有限公司
787mm×1092mm　1/16　印张10　字数264千字　　2023年8月北京第1版第6次印刷

购书咨询：010-64518888　　　售后服务：010-64518899
网　　址：http://www.cip.com.cn
凡购买本书，如有缺损质量问题，本社销售中心负责调换。

定　　价：49.00元

前言

现代测试分析实验教学是材料科学与工程复合型人才培养体系的重要组成部分。近年来，材料现代分析测试技术发展迅速，传统材料结构与成分分析测试仪器均融入了众多新技术和新方法，可实现多种新应用。目前虽然已有一些有关材料分析与测试方法方面的教材或教学参考书，但大多均集中阐述某一类测试分析方法，而且呈现较强的理论性；对于实践部分的介绍相对弱化，也缺乏对新技术、新方法应用的介绍，无法满足国家培养卓越工程师人才战略的更高要求。因此，迫切需要一本能融合新技术、新方法，而且技术涵盖面更宽，各实验章节相对独立，实践性强，并能紧密联系现代分析方法理论与实践的有关材料测试分析技术实践的教程，为此我们编写了本书。

由于不同品牌的现代分析测试仪器的分析原理基本相同，仪器构造相近，本书以更新的主流测试分析仪器为介绍对象，重点介绍材料现代分析测试的基本原理、仪器构造、实验方法与技术等，涵盖X射线衍射分析、电子显微分析、谱学分析以及其他现代分析测试方法四个部分，包括37个材料学科基础和重要的测试分析实验。本书还重点阐述了每个实验的实验目的、基本原理、实验仪器构造与配置、实验内容、实验参数选择原则、仪器操作规程、实验步骤与数据分析方法等内容，并提出了实验报告要求和与实验相关的思考题。本书的编写旨在为高等院校材料科学与工程、化学、化工、生物工程等专业的本科生、研究生提供实验教学用书，也可供从事材料科学与工程领域研制、开发、测试工作的科技人员和工程技术人员参考。

本书的主要编写特点是优化、整合分属不同课程的材料结构、化学成分和理化性质的测试分析方法，可适应不同专业学生现代分析测试的实验实践要求；本教程在内容上还着重介绍了实验仪器构造、测试原理、仪器配置和参数设置原则，可促进学生对实验深度的掌握，培养实验创新能力。此外，本书力图在吸纳国内同类教材精华内容的同时，引入当前国内外更新的实验技术与方法，使本书具有较宽的适应性，同时兼具针对性和先进性。

本书由俞瀚、黄清明、汪炳叔等编著。主要分工如下：实验1～8由郑振环编写；实验9～14，实验25～27由黄清明编写；实验15～24由汪炳叔编写；实验28，实验30～32和实验34由曹静编写；实验29，实验33和实验35～37由王国强编写。全书由俞瀚负责统稿和最终定稿。参加本书的编写人员，均为福州大学材料学院和福州大学测试中心长期从事材料测试分析的一线教学和工程技术人员。在本书编写过程中，还得到俞建长、李强两位教授的大力支持和帮助，在此表示感谢！本书在编写时还参考了相关文献，在此向各位文献作者表示衷心感谢！

由于作者水平和时间所限，疏漏之处在所难免，恳请广大读者批评、指正。

编著者

2020年5月

目录

第一章 X射线衍射分析 / 001

第二章 电子显微分析 / 054

第三章 谱学分析 / 083

第一章

X射线衍射分析

实验1　X射线多晶衍射仪的构造、原理与使用

一、实验目的与任务

1. 了解X射线多晶衍射仪的结构与工作原理。
2. 学习样品的制备方法。
3. 学习测试参数的选择。

二、实验原理

1. X射线多晶衍射分析的基本原理

衍射仪的种类很多，通常分为研究多晶结构的X射线多晶衍射仪、研究单晶结构的单晶衍射仪以及研究微区结构的微区衍射仪等。其中，X射线多晶衍射仪应用最为广泛。通过X射线多晶衍射仪分析，可以进行物相鉴定、半定量分析、晶胞参数、晶粒大小、结晶度以及应力分析等。

图1-1是典型的X射线多晶衍射图谱，横坐标为衍射角的2倍，纵坐标为衍射强度。衍射图谱中每个衍射峰为晶体某个晶面的衍射。当X射线照射到晶体上时，要产生衍射的必

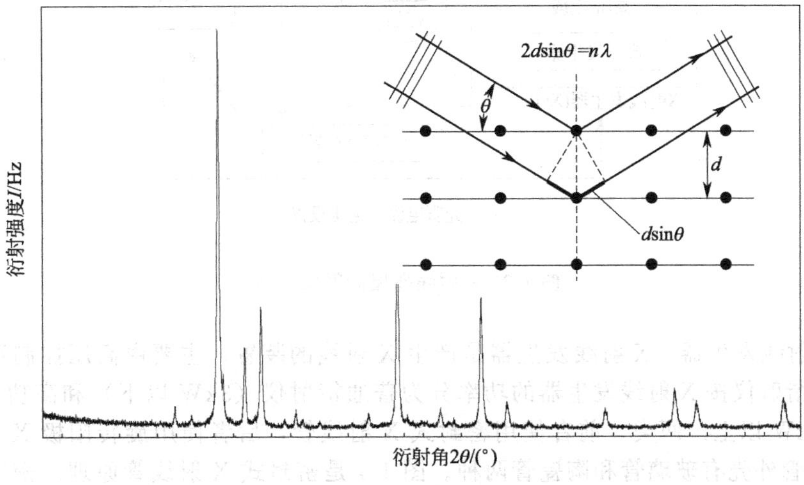

图1-1　典型的X射线多晶衍射图谱

要条件是入射角要满足布拉格方程 $2d\sin\theta = n\lambda$，如图 1-1 中插入的小图所示。其中，d 为晶面间距，θ 为衍射角，n 为衍射级数，λ 为 X 射线波长。在进行多晶衍射测试时，理想情况下试样中会存在无数多个小晶粒，每个晶粒的取向随机。当改变 X 射线的入射角时，总是存在某个晶面 d_{hkl} 能满足布拉格衍射，通过记录衍射线的衍射角度和强度，即可获得一张衍射图谱。

2. X 射线多晶衍射仪的结构

常见 X 射线多晶衍射仪的外观如图 1-2 所示。X 射线多晶衍射仪的基本构成包括：水冷系统、X 射线发生器、测角仪、X 射线探测器以及计算机等。X 射线多晶衍射仪构成如图 1-3 所示。

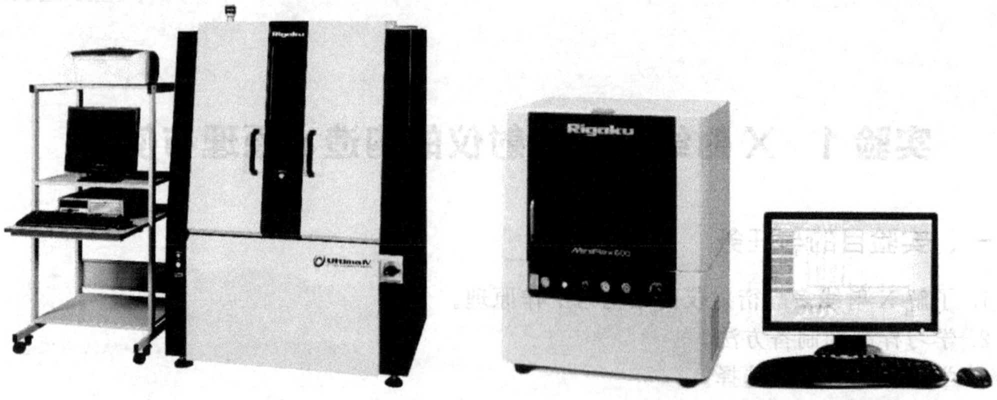

(a) 日本理学Ultima Ⅳ型X射线衍射仪　(b) 日本理学Miniflex 600型X射线衍射仪

图 1-2 常见 X 射线多晶衍射仪外观

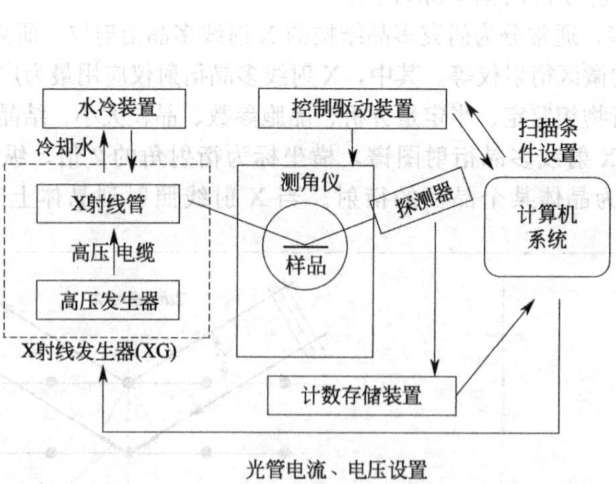

图 1-3 X 射线多晶衍射仪构成

(1) X 射线发生器　X 射线发生器是产生 X 射线的装置，主要由高压控制系统和 X 射线管组成。衍射仪按 X 射线发生器的功率分为普通衍射仪（3kW 以下）和高功率旋转阳极衍射仪（12kW 以上）两类。前者使用密封式 X 射线管，后者使用旋转阳极 X 射线管。密封式 X 射线管外壳有玻璃管和陶瓷管两种。图 1-4 是密封式 X 射线管原理。密封式 X 射线管是一支高真空的二极管；当灯丝加上电压（低电压）时，就会产生热电子。这些电子在高电压的加速之下，以高速度撞击在阳极靶上，运动电子的能量大约1%转变为X射线，其余转化为热能，由冷却水带走。靶材的种类有Cr、Fe、Co、Cu等。其中，Cu靶为常用靶材；X射线管上开有铍窗，让X射线射出。

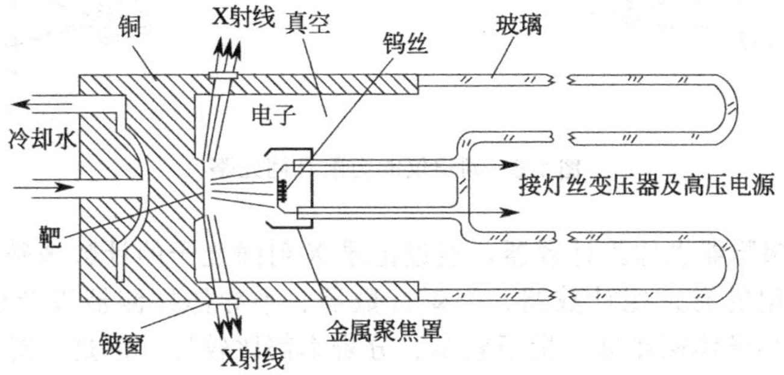

图1-4 密封式X射线管原理

（2）测角仪 测角仪是X射线衍射仪的核心部件，由光学编码定位量角器、步进电机、光源臂、探测器臂、试样台以及狭缝系统组成。根据测角仪衍射圆的取向，可以分成垂直式和水平式。相比水平式测角仪，垂直式测角仪的样品水平放置且一般保持不动，因此对试样的制备要求较低，不会因为粉末试样脱落而污染试样台，甚至可以测试液态的样品。但是，垂直式测角仪由于光源臂和探测器臂重力不同，为保证精度，对制备工艺要求较高。根据光源、试样和探测器运动方式的不同，测角仪可以分为θ-θ型和θ-2θ型，如图1-5所示。θ-θ型测角仪，在测试过程中，样品保持不动；而光源和探测器以相同的速度同步运动，使X射线入射角始终等于衍射角。θ-2θ型测角仪，光源保持不动，探测器运动速度是试样转动速度的两倍。在这种情况下，相对于试样，入射角和衍射角也保持相同的转动速度。

(a) θ-θ型测角仪(垂直式)　　(b) θ-2θ型测角仪(水平式)

图1-5 测角仪实物

（3）测角仪光学系统 图1-6是测角仪的衍射几何光路。S_1和S_2为梭拉（Sollar）狭缝，由一组等间距平行的金属薄片（Ta或Mo）组成，可以将倾斜的X射线挡住。H为发散狭缝(DS)，用于限制X射线水平方向的发散度。M为防散狭缝（SS），用于防止空气散射等X射线进入探测器。DS和SS大小应设置相同。G为接收狭缝（RS），用于控制进入探测器的衍射X射线宽度。如果衍射仪使用滤波片进行单色化时，滤波片一般放置在接收狭缝之前。

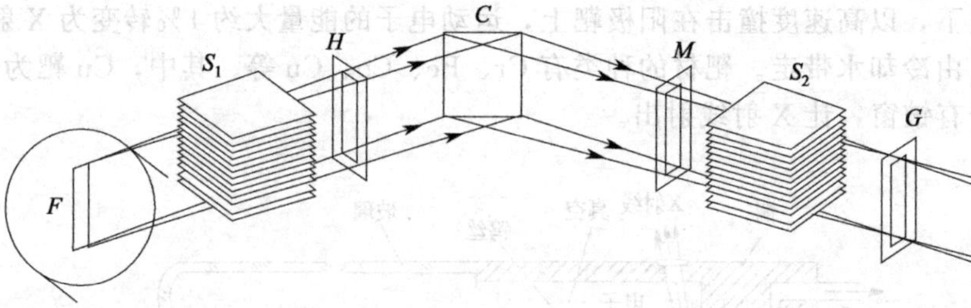

图 1-6 测角仪的衍射几何光路

（4）探测器　探测器也称为计数器，通过记录 X 射线光子的计数来确定衍射线是否存在及其强度情况。常用的有正比计数器、闪烁计数器、半导体探测器以及位敏探测器等。其中，正比计数器和半导体探测器的量子效率、分辨率都比较好。但是，对于高计数率，半导体探测器漏计比较严重。对于短波长和中波长的辐射，闪烁计数器比较实用，具有高通量、高量子效率和良好的正比性。

（5）计算机控制和测量系统　现代的衍射仪，都是用计算机控制和采集记录图谱。通过计算机软件可以控制管电流、管电压的升降，设定测试的参数以及记录衍射数据。同时，通过商业分析软件，配上粉末衍射标准联合委员会的标准数据库即 JCPDS 卡片，可以对衍射图谱进行分析，如物相检索、标定以及图谱的全谱拟合结构精修等。

3. 样品的制备

制备符合要求的样品是多晶衍射实验的重要一环。多晶衍射通常采用平板状样品。样品架及试样的制备如图 1-7 所示。衍射仪均附有表面平整光滑的玻璃或铝质的样品板，如图 1-7(a) 所示。板上开有窗孔或不穿透的凹槽，样品放入其中进行测试。

(a) 样品板

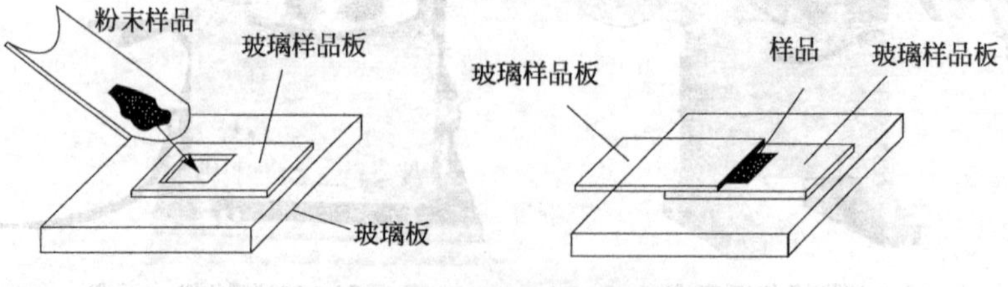

(b) 使用玻璃样品板制备粉末样品

图 1-7　样品架及试样的制备

（1）粉晶样品的制备　将待测样品在玛瑙研钵中研成 5μm 左右的细粉，取适量研磨好的细粉填入凹槽，并用平整光滑的玻璃板将其压紧，然后将槽外或高出样品板面的多余粉末刮去，并重新将样品压平，使样品表面与样品板面一样平齐光滑，如图 1-7（b）所示。如果样品容易发生取向，可以使用背压法或是撒样法制样。

（2）特殊样品的制备　对于金属、陶瓷、玻璃等一些不易研成粉末的样品，可先将其切割成窗孔大小，并研磨平一面作为测试面，再用橡皮泥或石蜡将其固定在窗孔内。

4. 测试流程

为了获得优质的衍射图谱，需要精心地设置实验条件和参数，测试流程见图 1-8。测试前需要确定测试的目的，如物相鉴定还是定量分析等。然后根据样品所含元素，选择合适的靶材。选靶的原则是：避免使用能被样品强烈吸收的波长，否则将使样品激发出强的荧光辐射，增高衍射图的背景。

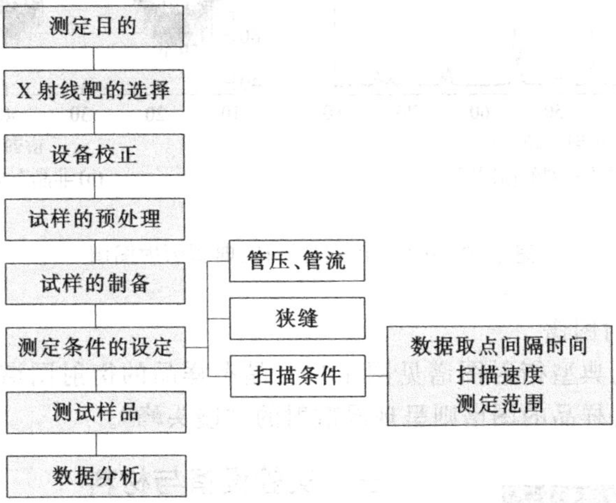

图 1-8 X 射线衍射测试的流程

(1) 狭缝的选择 狭缝的大小对衍射强度和分辨率都有影响。大狭缝可以得到较大的衍射强度，但降低分辨率；小狭缝可提高分辨率，但损伤强度。

(2) 扫描方式的选择 多晶衍射的扫描方式有连续扫描和步进扫描两种。连续扫描时测角仪以固定速度转动，X 射线检测器连续地测量 X 射线的衍射强度。其优点是工作效率高，例如扫描速度为 4°/min 时，角度范围为 20°～80°的衍射图谱只要 15min 就可以测试完；而且测试也具有较好的分辨率、灵敏度和精确度。连续扫描适用于物相的定性测试。步进扫描测量时，测角仪每转过一定的步进宽度后，停留一定的时间，探测器记录下该角度下的 X 射线总计数。然后测角仪转动相同的步进宽度，停留设定的时间，再测量记录总计数，直到完成扫描。步进扫描一张图谱通常需要较长的时间，如对于 20°～80°范围，步进宽度为 0.01°，每步停留 3s，则测试时间为 18000s (5h)。步进扫描适合定量分析、精确测定点阵常数等分析。

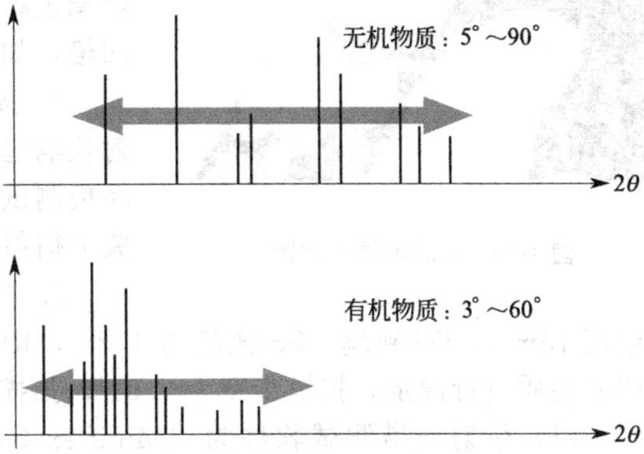

图 1-9 测试角度范围的选择

其他参数，如管电压以及管电流设定影响等，可以查阅本实验后所附的参考文献。扫描的角度范围 (2θ) 需要根据样品性质选择，使尽量多的衍射峰能被探测到，如图 1-9 所示。以 Miniflex 600 型衍射仪为例，通常的测试条件为：Cu 靶，管电压 40kV，管电流 15mA，发散和防散狭缝设定为 1.25°，接收狭缝为 0.3mm，扫描方式为连续扫描，扫描速度一般为 4～8(°)/min。

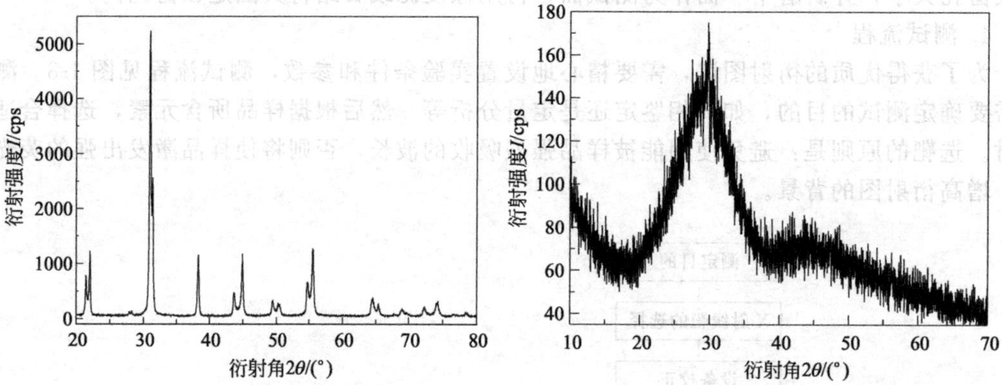

(a) 晶态材料的衍射图谱　　(b) 非晶态材料的衍射图谱

图 1-10　不同结晶态材料的典型衍射图谱

5. 不同晶态的衍射图谱

不同结晶态材料的典型衍射图谱见图 1-10。晶态样品的衍射图谱在不同衍射角呈现尖锐的衍射峰，而非晶态样品的图谱则呈现漫散射的“馒头峰”。

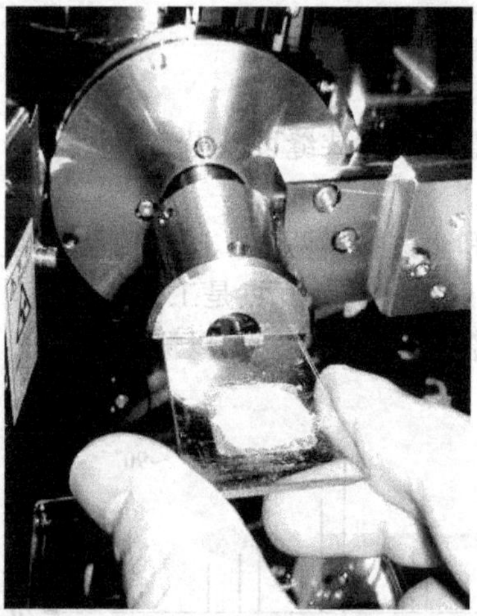

图 1-11　样品板插入位置

三、实验设备与材料

日本理学 Miniflex 600 型 X 射线多晶衍射仪，玻璃样品板，研钵，未知物相实验样品若干。

四、实验方法与步骤

1. 使用小药勺取未知物相粉末样品约 0.5g。

2. 使用玛瑙研钵将粉末研磨至所需的粒度。

3. 将粉末放入玻璃样品架的凹槽中，并使用另一块玻璃板将粉末压平，而后刮出多余的粉末，使粉末填满凹槽，如图 1-7（b）所示。

4. 按下衍射仪面板中“Door Lock”按键，听到衍射仪响起规律的“滴滴”蜂鸣声后打开衍射仪门。将样品板测试面朝上插入样品台正中，如图 1-11 所示；然后关上衍射仪的门，并再次按下“Door Lock”按键。

5. 软件设置。本实验测试参数为管电压 40kV，管电流 15mA，DS 狭缝、SS 狭缝为 1.25°，RS 狭缝为 0.3mm。扫描起始角和终止角请根据样品性质自行设定，扫描步宽为 0.01°，扫描速度为 8(°)/min，具体的设置过程如下：

（1）衍射图谱测试软件为“Miniflex Guidance”。在软件主界面左下角单击“General Measurement”进入测试主界面，具体过程见图 1-12。

（2）设置保存路径和文件名，如图 1-13 所示。为了便于区分，文件名以同组学号后三位和“-”组成，如 101-102-103-104，设置后单击“Save”保存。

（3）设置测试条件。单击测试主界面中“Set Meas. Condtition”进入测试条件设置，软件界面如图 1-14 所示。测试采用连续扫描方式，狭缝、管电压和管电流采用默认条件。起始角、终止角、步宽和扫描速度，请根据样品性质自行设置。设置完后单击“OK”。

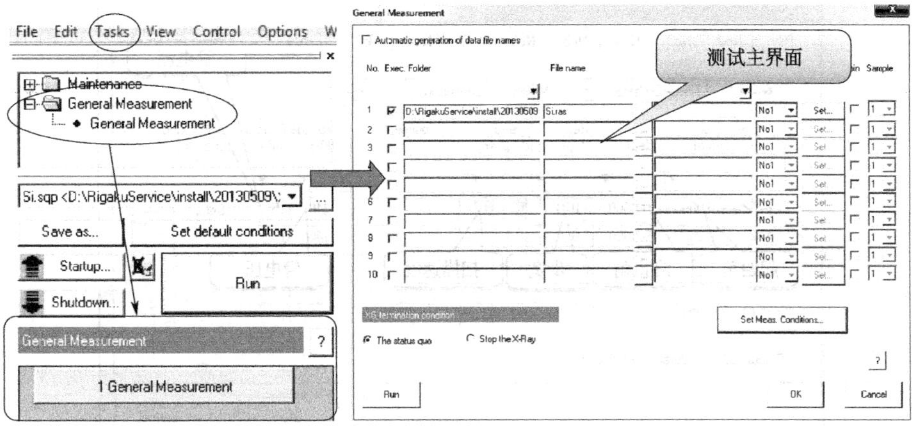

图 1-12 进入“General Measurement”界面操作过程

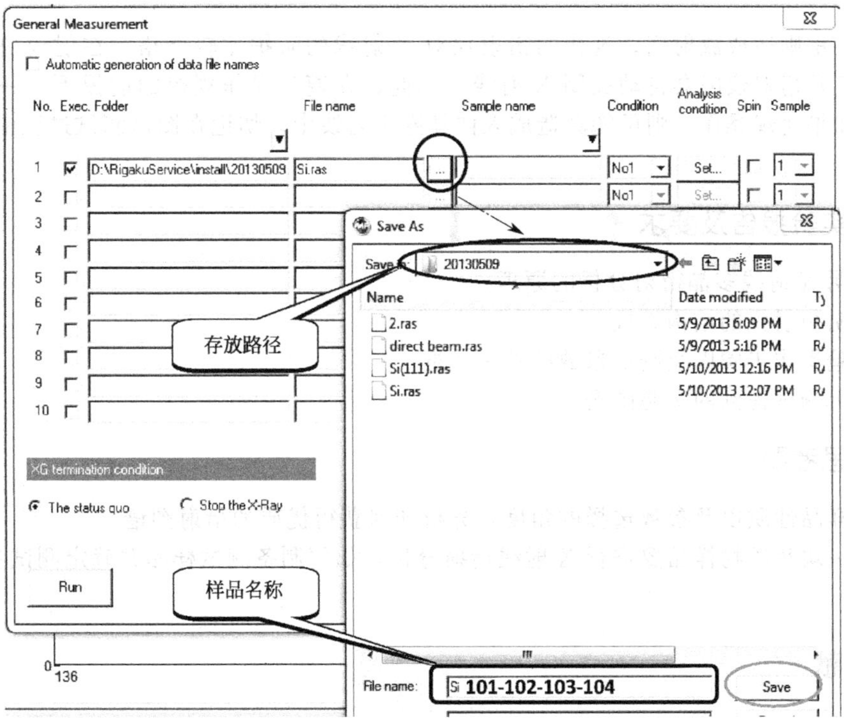

图 1-13 设置保存路径和文件名过程

(4) 条件设置完后，在测试主界面中，单击“Run”开始测试图谱。测试完毕后，图谱自动保存为“.raw”的位图文件。“.raw”格式图谱可以用Jade软件进行分析。另外，通过专用的格式转换软件，可以将“.raw”格式文件转换为具有角度和强度数据的文本文件，用于Origin或Excel等软件绘制线图。

五、注意事项

1. 遵守仪器操作规范，在衍射仪管理人员许可的情况下，才能进行测试。
2. 注意X射线防护。X射线对人体会造成一定的伤害。人体受到超剂量的X射线照射，

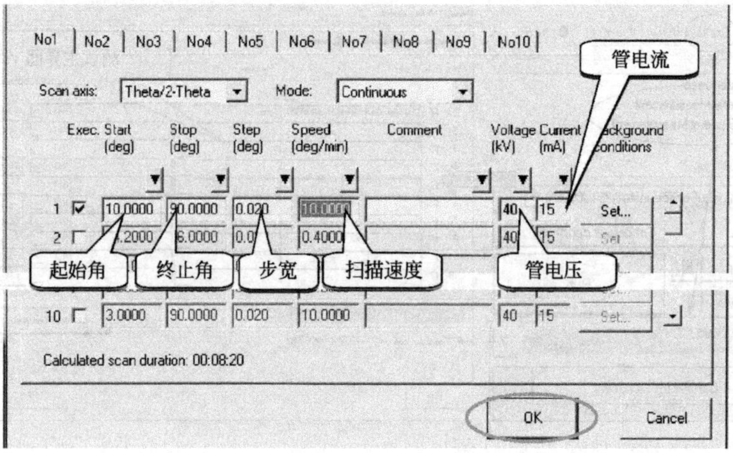

图 1-14 测试条件设置界面

轻则烧伤，重则造成放射病。现代的衍射仪对 X 射线的防护比较严格，在射线快门开启的情况下，打开衍射仪门会自动关闭 X 射线。因此，在遵守操作规范的前提下，一般不会受到伤害。如果违规操作，则可能会造成人体暴露于射线中。切记在图谱测试过程中禁止开启衍射仪门。

六、实验报告及要求

1. 说明 X 射线多晶衍射分析的原理。
2. 说明衍射仪的结构组成。
3. 实验操作步骤以及测试参数的选定依据。
4. 附上测试得到的实验图谱。

七、思考题

1. 从样品性质以及参数选择的角度，分析如何获得优质的衍射图谱。
2. 有一块状矿物样品要进行 X 射线衍射分析，如何制备测试样品并确定测试参数？

参考文献

[1] 江超华．多晶 X 射线衍射技术与应用．北京：化学工业出版社，2014.
[2] 张海军，贾全利，董林．粉末多晶 X 射线衍射技术原理及应用．郑州：郑州大学出版社，2010.
[3] 黄继武，李周．多晶材料 X 射线衍射——实验原理、方法与应用．北京：冶金工业出版社，2012.
[4] 潘清林．材料现代分析测试实验教程．北京：冶金工业出版社，2011.

实验 2 物相定性分析

一、实验目的与任务

1. 熟悉 JCPDS 卡片及其检索方法。

2. 根据衍射图谱或数据，学会单相和多相样品的物相鉴定方法。

二、实验原理

1. 定性分析的基本原理

物相简称相，是指具有某种晶体结构并能用化学式表征其化学成分（或有一定的成分范围）的物质。化学成分不同的物质为不同的物相。化学成分相同，但晶体结构不同也是不同的物相。例如，Fe物质可能具有体心结构也可能具有面心结构。研究一种材料，需要弄清楚其含有什么元素以及每种元素的存在状态。元素种类可以通过化学成分分析获得，而元素存在的状态就需要进行物相分析。

所谓物相定性分析就是根据X射线衍射图谱分析试样中存在哪些物相的过程。每一种结晶物质都有各自独特的化学组成和晶体结构。没有任何两种物质它们的晶胞大小、质点种类及其在晶胞中的排列方式是完全一致的。因此，当X射线被晶体衍射时，每一种结晶物质都有自己独特的衍射图谱。衍射图谱的特征可以用各个反射晶面间距 d 和衍射线的相对强度 I/I_0 来表征。其中，晶面间距 d 与晶胞的形状和大小有关，相对强度则与质点的种类及其在晶胞中的位置有关。所以，任何一种结晶物质的衍射数据 d 和 I/I_0 是其晶体结构的必然反映，可以根据它们来鉴别结晶物质的物相。显然，如果事前对每种已知物相的物质进行衍射分析，获得晶面间距 d 值和相应的衍射峰的相对强度，并将其制成标准的卡片，则在测定未知物相时，只需将待测样品的一组 d 值和 I 值与标准卡片记载的数据进行比对，如果某一组卡片与待测样品的 d 值、I 值完全吻合，则待测物相中就含有卡片记载的物相。同理，如果是多物相则可以与多张卡片比对逐一鉴定。因此，物相鉴定需要标准的粉末衍射数据。

2. JCPDS卡片

标准物质的X射线衍射数据是X射线衍射物相鉴定的基础。目前应用最为广泛的多晶衍射数据库称为JCPDS卡片（joint committee on powder diffraction standards，JCPDS）。1969年，由ASTM和英国、法国、加拿大等国家的有关协会组成国际机构“粉末衍射标准联合委员会”，负责卡片的搜集、校订和编辑工作。1978年，为了将这项工作扩大至全球范围，“粉末衍射标准联合委员会”更名为“国际衍射数据中心”。“国际衍射数据中心”出版发行的数据来自于个别科学家、公司实验室、文献调研和资助项目，也通过一系列与国际数据库团体的合作协议获得数据。

早期JCPDS卡片的数量较少，物相的检索通常通过人工由卡片索引工具书来检索物相卡片号，再查找相应的卡片。通常的索引有哈纳瓦特索引（Hanawalt）、芬克索引（Fink）等。但是随着卡片数据的不断增长，人工检索已经变得困难和费时。随着计算机的普及和卡片的电子化，现在通过计算机来查找卡片已经十分快捷。JCPDS卡片的电子版到现在经历了四个版本，分别为PDF-1，PDF-2，PDF-3和PDF-4。PDF-2是目前最常用的版本，有2002版和2004版等。单张PDF-2电子卡片可以通过PCPDWIN等索引软件检索。

3. Jade物相分析过程

(1) Jade简介　采集样品的衍射图谱后，还需具有PDF卡片数据库和专业的分析软件才能做物相定性分析。Jade软件是比较常用的一款衍射图谱分析软件。Jade软件具有数据平滑、K_α 分离、去背底、寻峰、分峰拟合、物相检索、结晶度计算、晶粒大小和晶格畸变分析、RIR值快速半定量分析、晶格常数计算、图谱指标化、角度校正、衍射谱理论计算等功能。从Jade 6.0开始，增加了全谱拟合Rietveld分析，可对晶体结构进行结构精修和物相定量分析。

Jade 5.0的常用工具栏和手动工具栏的基本功能分别见图2-1和图2-2。

(2) Jade定性分析的基本原理　对于Jade物相定性分析，它的基本原理是基于以下三

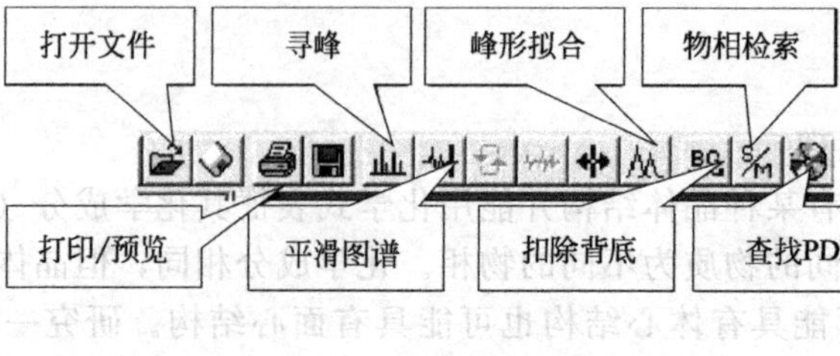

图 2-1　Jade 5.0 常用工具栏

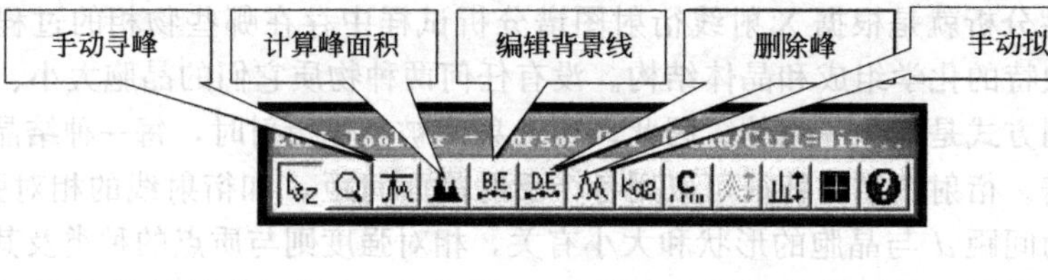

图 2-2　Jade 5.0 手动工具栏

条原则：①任何一种物相都有其特征的衍射谱；②任何两种物相的衍射谱不可能完全相同；③多相样品的衍射峰是各物相的机械叠加。通过 Jade 软件将所测样品的图谱与 JCPDS 卡片库中的标准卡片一一对照，就能检索出样品中的全部物相。

一般来说，判断图谱中是否存在某个相有三个条件。①标准卡片中的峰位与样品实测图谱的峰位是否匹配。换句话说，一般情况下标准卡片中出现的峰位置，样品实测谱中必须有相应的峰与之对应，即使三条强线对应得非常好，但有另一条较强线位置明显没有出现衍射峰，也不能确定存在该相。但是，当样品存在明显的择优取向时除外，此时需要另外考虑择优取向问题。②标准卡片的峰强比与样品实测谱的峰强比要大致相同，但一般情况下，对于金属块状样品，由于择优取向存在，导致峰强比不一致，因此峰强比仅作参考。③检索出来的物相包含的元素在样品中必须存在。例如，物相检索出了 FeO 相，但样品中根本不可能存在 Fe 元素，则即使其他条件完全吻合，也不能确定样品中存在该相。此时应考虑样品中存在与 FeO 晶体结构大体相同的异质同构相。另外，还要考虑样品是否被 Fe 污染，这可以通过元素分析来确认。对于无机材料和黏土矿物，一般参考“特征峰”来确定物相，而不要求全部峰都对应，因为一种黏土矿物中可能包含的元素会有所差异。

（3）Jade 物相检索的步骤

① 第一轮检索：不做限定检索。打开一个图谱，不作任何处理，鼠标右键单击“S/M”按钮，打开检索条件设置对话框，去掉“Use chemistry filter”选项的对号，同时选择多种 JCPDS 子库，检索对象选择为主相（S/M Focus on Major Phases），再单击“OK”按钮，进入“Search/Match Display”窗口，软件界面见图 2-3。

“Search/Match Display”窗口分为三块，最上面是全谱显示窗口，可以观察某张 JCPDS 卡片全部衍射线与测量谱的匹配情况。窗口中间是图谱放大窗口，可观察局部匹配情况。通过窗口右边的按钮可调整放大窗口的显示范围和放大比例，以便观察得更加清楚。窗口的最下面是检索列表，从上至下列出最可能的 100 种物相，一般按匹配率（FOM）值由小到大的顺序排列。FOM 数值越小，表示图谱与卡片的匹配度越大。

窗口中鼠标所点中的 JCPDS 卡片显示的标准谱线颜色为蓝色。在列表右边的按钮中，上下双向箭头用来调整标准线的高度，左右双向箭头则可调整标准线的左右位置。后者的功能在固溶体合金的物相分析中很有用，因为固溶体的晶胞参数与标准卡片的谱线对比总有偏

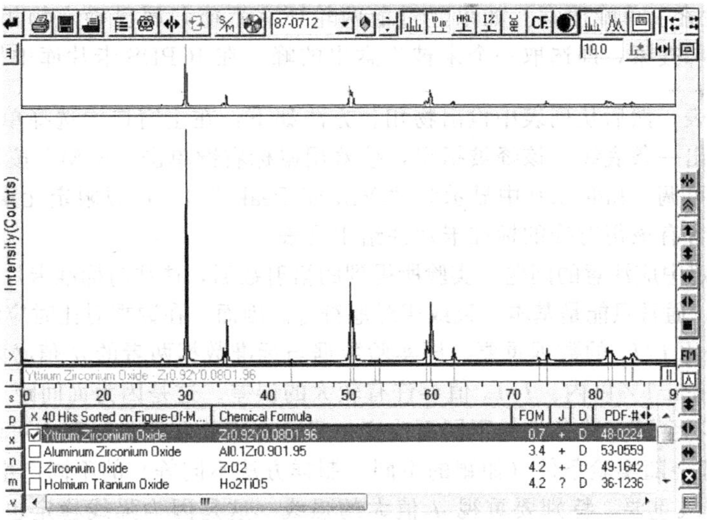

图 2-3 检索结果显示窗口

移（固溶原子的半径与溶质原子的半径不同，造成晶格畸变）。选定物相后，关闭此窗口返回到主窗口中。经过第一轮检索，一般可检索出主要的物相。

② 第二轮检索：限定条件的检索。限定条件主要是限定样品中存在的元素或化学成分，在“Use chemistry filter”选项前加上对号，进入到一个元素周期表对话框。将样品中可能存在的元素全部点取，最后单击“OK”，返回到前一对话框界面，此时可选择检索对象为次要相或微量相（S/M Focus on Minor Phases 或 S/M Focus on Trace Phases）。再单击“OK”按钮，进入“Search/Match Display”窗口，进行标准卡片和实测图谱的比对。此步骤一般能将剩余相都检索出来。如果检索尚未全部完成，即还有多余的衍射线未检定出相应的相来，可逐步减少元素个数，重复上面的步骤；或按某些元素的组合，尝试是否存在一些化合物。例如，样品中可能存在 Al、Sn、O、Ag 等元素，可尝试是否存在 Sn-O 化合物，此时元素限定为 Sn 和 O，暂时去掉其他元素。在化学元素选定时有三种选择，即“不可能”“可能”和“一定存在”，见图 2-4。

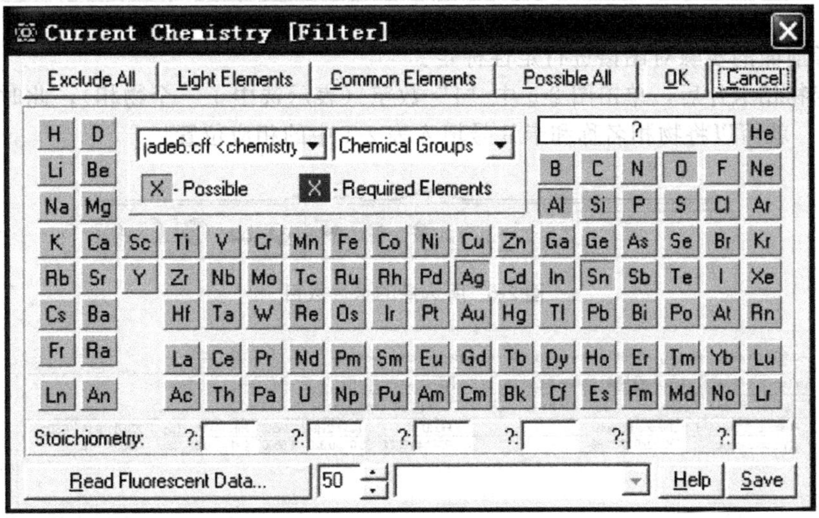

图 2-4 元素选择界面

③ 第三轮检索：单峰搜索。如果经过前两轮还有不能归属已确定物相的衍射峰存在，此时可以采用单峰搜索，即选取一个未被检索出的峰，在 JCPDS 卡片库中搜索在此处出现衍射峰的物相列表，然后从列表中检出物相。方法如下：在主窗口中选择单击按钮，在某个衍射峰下划出一条底线，该峰被指定，接着用鼠标右键单击“S/M”按钮。此时，检索对象变为灰色不可调（Jade 5.0 中显示为“Painted Peaks”）。可以限定元素或不限定元素，软件会自动搜索含有该衍射峰的标准卡片并给出列表。

（4）物相鉴定中应注意的问题　实验所得到的衍射数据，往往与标准卡片上所列的衍射数据并不完全一致，通常只能是基本一致或相对地符合。因而，在数据对比时应注意下列几点。

① d 的数据比 I/I_0 的数据重要。即实验数据与标准数据两者的 d 值必须很接近，一般要求其相对误差在±1%以内。I/I_0 值容许有较大的误差。这是因为面间距 d 值是由晶体结构决定的，它是不会随实验条件的不同而改变，只是在实验和测量过程中可能产生微小的误差，而 I/I_0 值却会随实验条件（如靶的不同、制样方法不同等）的不同产生较大的变化。

② 强线比弱线重要，特别要重视 d 值大的强线。这是因为强线稳定也较易测得精确；而弱线强度低且不易察觉，判断准确位置也困难，有时还容易缺失。

③ 若实测的衍射数据较卡片中少几条弱的衍射线，不影响物相的鉴定。

三、实验设备与材料

日本理学 Ultima Ⅲ型 X 射线多晶衍射仪，实验样品，标准衍射图谱数据库，Jade 软件。

四、实验方法与步骤

1. 双击计算机桌面中 MDI Jade 图标，打开 Jade 软件，单击打开图谱库中多物相分析的任意一个图谱，将文件名记在表 2-1 中的图谱编号处。

表 2-1　XRD 图谱物相定性标定结果

<table>
<tr><td></td><td colspan="5">物相标定结果</td></tr>
<tr><td rowspan="2">图谱编号</td><td rowspan="2"></td><td>物相 1</td><td></td><td>卡片号</td><td></td></tr>
<tr><td>物相 2</td><td></td><td>卡片号</td><td></td></tr>
</table>

2. 参考前面的步骤对图谱进行定性标定。

3. 选定物相卡片后，单击图 2-5 中“1”数字（表示选中了一个物相），此时跳出图 2-6 所示的窗口，就可以将物相名称和卡片号填入表 2-1 中的相应位置。

图 2-5　所选择的卡片数目

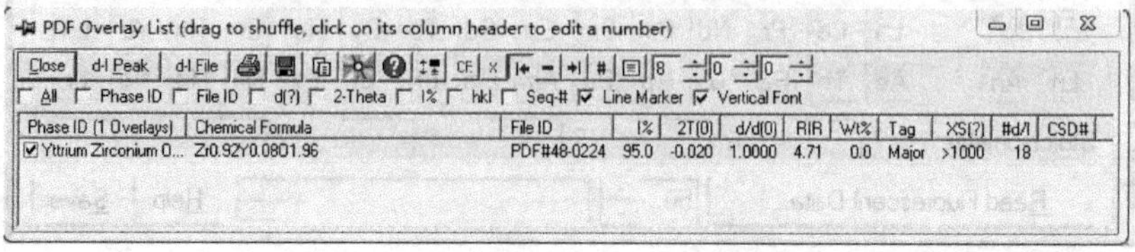

图 2-6　选择的卡片列表

五、实验报告及要求

1. 物相定性分析的原理。
2. 物相定性分析的基本步骤。
3. 表 2-1 的结果。

六、思考题

1. 如何判定物相定性分析结果的正确性？
2. 多相物相鉴定存在哪些困难？

参考文献

[1] 江超华．多晶 X 射线衍射技术与应用．北京：化学工业出版社，2014.
[2] 黄继武，李周．多晶材料 X 射线衍射——实验原理、方法与应用．北京：冶金工业出版社，2012.
[3] 潘清林．材料现代分析测试实验教程．北京：冶金工业出版社，2011.

实验 3 物相定量分析

一、实验目的与任务

1. 了解 X 射线衍射定量分析的方法。
2. 根据衍射图谱数据利用软件进行定量分析。

二、实验原理

1. X 射线多晶衍射定量分析的基本原理

定量分析的方法有 K 值法、绝热法和无标定量等。其中，全谱拟合无标定量分析具有无需标样、不因物相增多衍射峰发生重叠而发生分析困难、实验系统误差可通过模型修正加以校正等优点而得到越来越多的重视。

(1) K 值法原理 如果样品中含有 N 个相，可以在混合物中加入一个样品中不含有的物相 i。由于加入混合物中的 i 相的质量分数已知，则新混合物中物相 j 的含量可以根据式(3-1) 计算：

$$\frac{I_j}{I_i}=K_i^j\frac{w_j}{w_i} \tag{3-1}$$

式中，I 为强度；K_i^j 为常数；w 为质量分数。则 j 相在原混合物中的含量可以通过式(3-2) 计算：

$$w_{j0}=\frac{w_j}{1-w_i} \tag{3-2}$$

K 值法的使用条件是：①必须有 j 相的纯样品；②需要待测样品中没有的 i 相，其结构要求稳定且不与原混合物中的任何一相的衍射峰重叠。使用 K 值法可以不用管混合物中有多少相（包括非晶相）。对于样品中含有非晶成分或不确定相的情况下也适用。

前面的 K 值具有常数的意义，可以简单理解为两相质量分数相等时的衍射强度比。从 1978 年开始，ICDD 发表的 PDF 卡片中附加 K 值。它是取物相与纯 Al_2O_3（刚玉）按 1∶1

的质量份混合后，测量该物相最强峰积分强度与刚玉最强峰积分强度之比。

（2）绝热法原理　在绝热法定量分析中，将样品看成与外界隔绝的环境，不添加任何的标准物质到待测样品中。假设有 i、j 两相的 K 值（相对于刚玉），则：

$$K_i^j=\frac{K^j_{Al_2O_3}}{K^i_{Al_2O_3}} \tag{3-3}$$

每个相的 K 值都可以在 JCPDS 卡片上查到，或者可以通过配制每个相与纯 Al_2O_3（刚玉）的混合样品测量。如果样品中含有 N 个物相，且不含有非晶相。选择混合物中的 i 相作为参考物质，则 j 相的含量可以用式(3-1) 来计算。由于 $\sum w_j=1$，则有：

$$\sum_{j=1}^{N}\frac{I_j}{I_i}\times\frac{w_i}{K_i^j}=1 \tag{3-4}$$

$$w_i=\frac{I_i}{\sum_{j=1}^{N}\frac{I_j}{K_i^j}} \tag{3-5}$$

$$w_j=\frac{I_j}{K_i^j\sum_{j=1}^{N}\frac{I_j}{K_i^j}} \tag{3-6}$$

式(3-6) 就是绝热法的定量方程，通过每个物相的 K 值和每个物相的衍射强度来计算物相含量的质量分数。

（3）全谱拟合定量分析原理　在单色 X 射线照射下，多相体系中各相在衍射空间的衍射花样相互叠加构成衍射图，各相散射量是与单位散射体内容（晶胞中原子）及含量相关的不变量。但是，每个相的 hkl 衍射的散射量随单位散射体内原子或分子团精细结构和微结构变化而变化，并不是一个不变量。全谱拟合相定量分析是用散射总量替代单个 hkl 散射量，用数学模型对实验数据进行拟合，以分离各相散射量。拟合过程中不断调节模型中的参数值，最终使实验数据与模型计算值间达到最佳吻合。在全谱拟合分析中，对研究材料有用的模型参数是晶体结构参数和微结构参数，在多相情况下还可以获得各组成相的含量。

拟合所用的表达式：

$$S_y=\sum_i W_i(Y_i-Y_{c_i})^2 \tag{3-7}$$

式中，S_y 为残差；Y_i 为数字化实验衍射图中第 i 个实验点的实验值；Y_{c_i} 为对应的模型计算值。所有拟合用的模型都包含在下述表达式中：

$$Y_{c_i}=S\sum_k L_k\mid F_k\mid^2\Phi(2\theta_i-2\theta_k)P_kA+Y_{b_i} \tag{3-8}$$

多相共存样品，上式变为：

$$Y_{c_i}=S_j\sum_{jk}L_{jk}\mid F_{jk}\mid^2\Phi_{jk}(2\theta_{ji}-2\theta j_k)P_{jk}A_j+Y_{b_i} \tag{3-9}$$

式中，S_j 是与每相含量相关的标度因子，物理含义是实验数据脉冲数与模型计算电子衍射强度间的换算因子。

拟合分析获得的各相 S_j 值与其丰度值间存在以下关系式：

$$\omega_p=\frac{(SZMV)_p}{\sum_j(SZMV)_j} \tag{3-10}$$

式中，S 是标度因子（scale factor）；Z 是晶胞内原胞数；M 是化学式分子量；V 是晶胞体积。

2. Jade全谱拟合定量分析的基本步骤

Jade软件从Jade 6.0开始增加了全谱拟合分析模块，可以获得各相的定量结果。这里介绍的是Jade 7.0的定量分析基本步骤。在定量分析之前，Jade 7.0软件中需建立起PDF-2卡片数据库的索引或有ICSD的粉晶衍射结构数据库。

第一步：对物相进行多物相检索。参照多物相标定的实验步骤，确定图谱中存在的物相种类；并在检索结果前面的方框中打√选定物相，如图3-1所示。

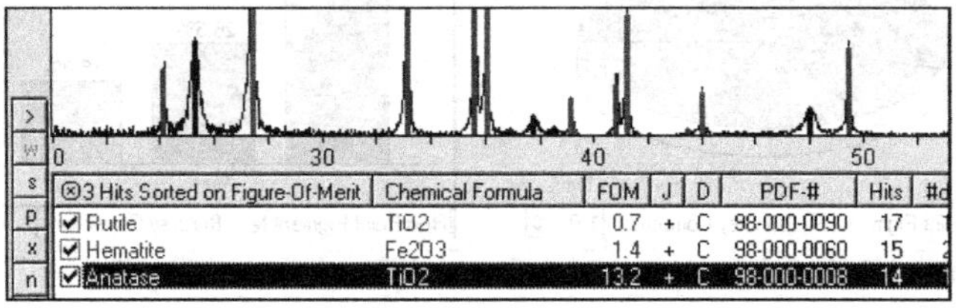

图3-1 物相分析界面

第二步：在Option菜单中，选择WPF Refine模块，进入全谱拟合界面，如图3-2所示。

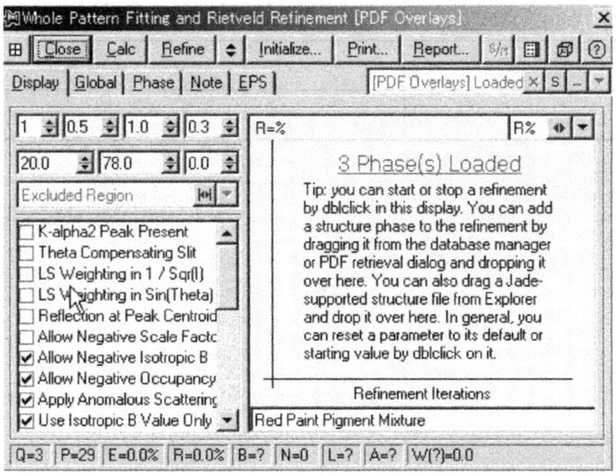

图3-2 全谱拟合界面

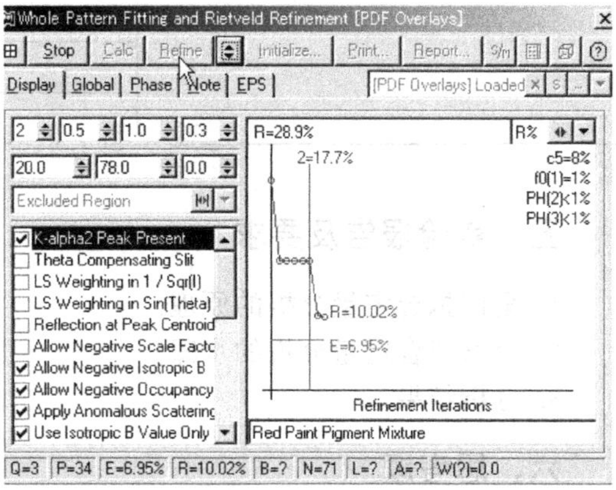

图3-3 精修结果显示窗口界面

第三步：在全谱拟合界面中，对包括峰形函数、峰宽函数、本底函数、结构参数等参数进行修正。点击Refine，进行精修。根据WPF模块中Display窗口显示的R值来判断精修的好坏，显示窗口界面见图3-3。一般情况下，R值在10%以内可以认为精修的结果是可信的。

在Display窗口中查看全谱拟合定量分析的结果，可以以柱状图和饼图的形式显示，如图3-4所示。

三、实验设备与材料

日本理学Ultima Ⅲ型X射线多晶衍射仪，定量分析样品，衍射图谱，Jade软件。

四、实验方法与步骤

1. 使用Jade软件打开图谱库中定量分析的任意一个图谱文件，将文件名记录到表3-1中的图谱编号位置。

2. 对图谱进行物相定性分析，确定物相种类，将物相成分写入表3-1相应的部分。

3. 对相的含量进行分析，填入表3-1。

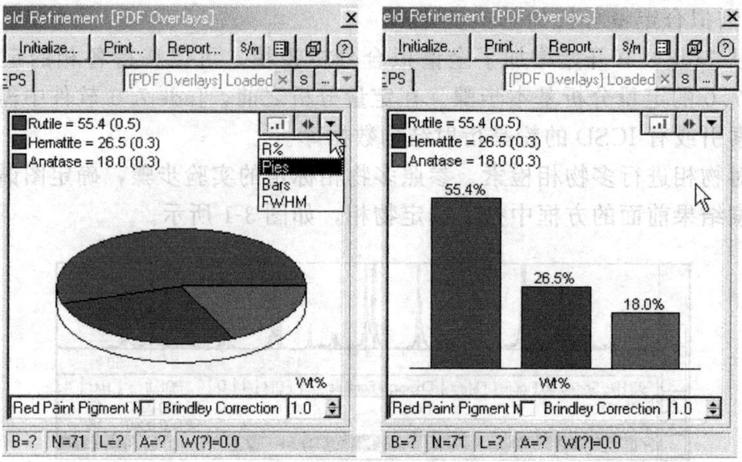

图 3-4　定量分析结果的显示

表 3-1　定量分析实验结果

图谱编号	分析结果	
	成分	含量

五、实验报告及要求

1. 全谱拟合定量分析的原理。
2. 全谱拟合定量分析的步骤。
3. 分析结果。

六、思考题

1. 分析 XRD 定量分析的误差及出现原因。
2. 各种 X 射线衍射定量分析方法的比较。

参考文献

[1] 马礼敦．近代 X 射线多晶体衍射——实验技术与数据分析．北京：化学工业出版社，2004.
[2] 黄继武，李周．多晶材料 X 射线衍射——实验原理、方法与应用．北京：冶金工业出版社，2012.
[3] 潘清林．材料现代分析测试实验教程．北京：冶金工业出版社，2011.

实验 4　点阵常数的精确测定

一、实验目的与任务

学会使用分析软件进行晶体点阵常数的准确测定。

二、实验原理

1. 基本原理

点阵常数是晶体的重要基本参数。晶体的点阵常数随温度、压力、化学剂量比、固溶体的组分等变化而发生变化。点阵参数的变化量一般都很小，所以必须进行精确确定，以便对晶体的热膨胀系数、固溶体类型确定、过饱和固溶体分解过程等进行研究。

要获得晶体点阵常数，首先要知道各衍射峰的角度大小 2θ，依据布拉格公式 $2d\sin\theta=\lambda$ 算出 d，然后由各峰的指数 (hkl) 和面间距公式计算点阵常数。为讨论方便，以立方晶系为例：

$$a=d\sqrt{h^2+k^2+l^2}=\frac{\lambda\sqrt{h^2+k^2+l^2}}{2\sin\theta} \tag{4-1}$$

为了实现点阵常数 a (nm) 的精确测定，将布拉格公式微分得到：

$$\frac{\Delta a}{a}=\frac{\Delta d}{d}=\frac{\Delta\lambda}{\lambda}-\cot\theta\Delta\theta \tag{4-2}$$

令 $\Delta\lambda=0$，则点阵常数 a (nm) 的精确度为

$$\frac{\Delta a}{a}=-\cot\theta\Delta\theta \tag{4-3}$$

图 4-1 是根据上述公式所画的 $\Delta a/a$ 与 2θ 关系曲线。从图 4-1 中可以看出精确测定点阵常数，可归纳成两个基本问题。①高角度衍射峰比较重要，因为精确度随 θ 增加而迅速提高。例如，当 $\Delta\theta=0.005°$时，若 θ 从 40°增至 83°，则精确度由 10^{-4} 提高到 10^{-5} (一个数量级)。②尽可能减少测量误差 $\Delta\theta$。因此，要研究各种误差来源及其性质，并以某种方式加以修正。

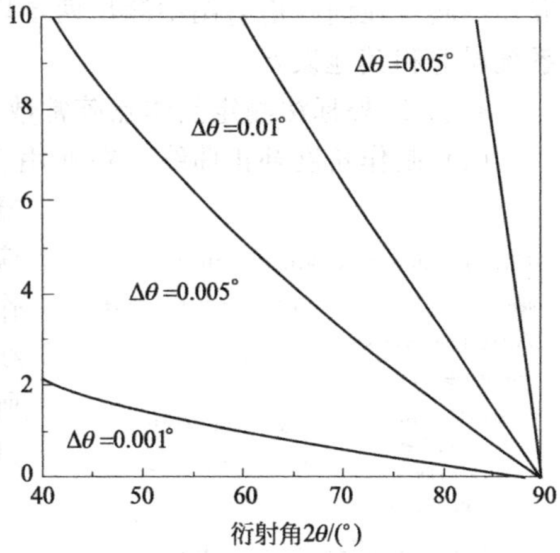

图 4-1 角度差 Δθ 所引起的 Δa/a 与 2θ 的关系

2. 误差的修正

(1) 计算修正和外标法修正　表 4-1 给出了衍射仪主要误差和偏离。其中的物理和几何误差称为系统误差，它可根据物质性质和几何参数算出。其他误差可用标准硅粉进行检查，对照附表中修正系统误差后的 2θ 值来校正实测角度值，从而画出该误差的校正曲线。

表 4-1　衍射仪主要误差和偏离

分类	误差来源	质心偏离 $\Delta\theta_c$	$\frac{\Delta a}{a}=-\cot\theta\Delta\theta$
物理误差	吸收效应	厚晶 $-\frac{\sin2\theta}{4\mu R}$	$\frac{\cos^2\theta}{2\mu R}$
		薄晶 $-\frac{t}{2R}\cos\theta$	$-\frac{t}{2R}\times\frac{\cos^2\theta}{\sin\theta}$
几何误差	平板试样	$-\frac{\beta^2}{12}\cot\theta$	$-\frac{\beta^2}{12}\times\frac{\cos^2\theta}{\sin^2\theta}$
	轴向发散	$-\frac{\delta_1^2\cot\theta}{12}+\frac{\delta_2^2}{6\sin2\theta}$	$\frac{\delta_1^2}{12}\times\frac{\cos^2\theta}{\sin^2\theta}-\frac{\delta_2^2}{12\sin^2\theta}$

续表

分类	误差来源	质心偏离 $\Delta\theta_c$	$\dfrac{\Delta a}{a}=-\cot\theta\Delta\theta$
其他误差	焦点位移 x	$-\dfrac{x}{2R}$(常数)	$\dfrac{x}{2R}\cot\theta$
	试样偏心 s	$-\dfrac{s}{R}\cos\theta$	$-\dfrac{s}{R}\times\dfrac{\cos^2\theta}{\sin\theta}$
	测角精度	$\pm\Delta\theta$	$\pm\cot\theta\Delta\theta$

注：R—测角仪半径（cm）；μ—线吸收系数（cm^{-1}）；t—试样厚度（cm）；β—发散狭缝（rad）；$\delta_1=\dfrac{h}{R}\sqrt{2Q(g)}$，$\delta_2=\dfrac{h}{R}\sqrt{Q_1(g)-Q_2(g)}$，其中 $Q_1(g)$ 和 $Q_2(g)$ 依 h、R 和轴向发散 δ 而定，是常数。$2h$ 为焦点、试样，梭拉狭缝的有效 X 射线纵向长度（cm）。

（2）内标修正法　内标修正法是把已精确知道点阵常数的标样（例如硅粉）与欲测物质混在一起，在同一衍射图中测出两者峰位，以标样修正值校正待测物衍射角，可以同时消除系统误差和其他误差。

3. Jade 外标法测定晶体点阵常数的步骤

（1）制作角度补正曲线　在使用 Jade 软件进行点阵常数的精确测定前，必须设置好仪器的角度系统误差，应使用无晶粒细化、无应力（宏观应力或微观应力）、无畸变的完全退火态样品（如 Si）作为标准样品来制作一条随衍射角变化的角度补正曲线。该曲线制作完成后，保存到参数文件中，以后测量所有的样品都使用该曲线消除仪器的系统误差。其制作过程如下所述。

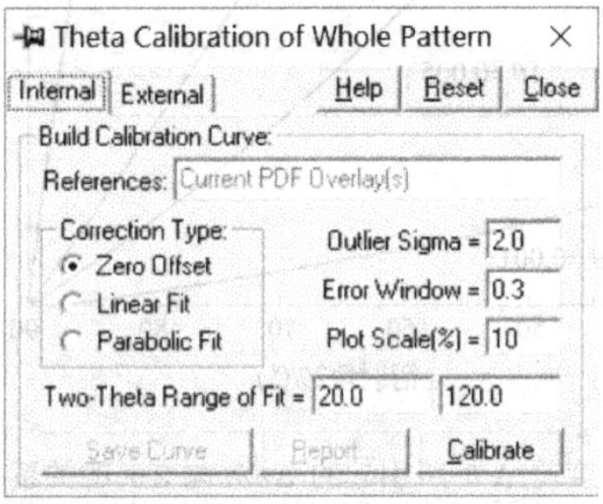

图 4-2　角度补正“Internal”选项窗口

第一步：测量标准 Si 样品全谱。

第二步：物相检索、扣除背景和 $K_{\alpha2}$、平滑后，单击[图标]进行峰形拟合。

第三步：选择菜单“Analyze-Theta Calibration F5”命令，打开角度补正对话框，窗口如图 4-2 所示。单击 Internal 选项卡中的“Calibrate”后，再单击“Save Curve”命令，将当前角度补正曲线保存起来，如图 4-3 所示。

图 4-3　角度补正曲线保存界面

在 External 选项卡中，选中“Calibrate Patterns on Loading Automatically”，在新图谱调入时自动作角度补正。窗口界面见图 4-4。

（2）点阵参数测试步骤　在制作完角度补正曲线后，就可以精确计算晶体的点阵参数了，其计算步骤如下所述。

第一步：打开文件。

第二步：物相检索、扣除背景和 $K_{\alpha2}$、平滑后，单击[图标]进行峰形拟合。如果有峰未拟

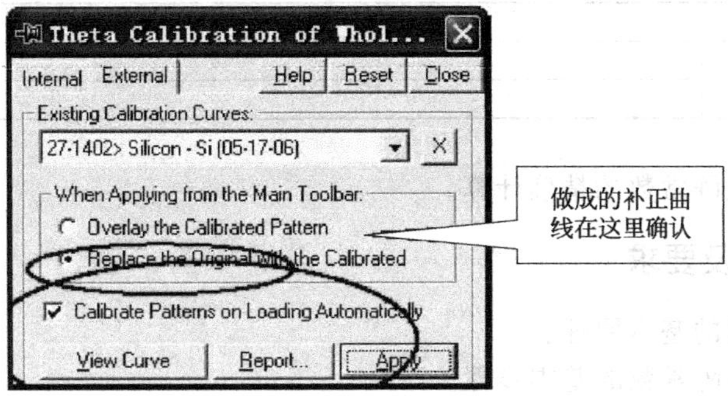

图 4-4 角度补正“External”选项窗口

合到，可以单击手动工具栏中的，然后鼠标左键单击需要添加拟合峰的位置，再单击自动工具栏的进行峰形拟合。

第三步：选择菜单“Options”中的“Cell Refinement”命令，打开晶胞精修对话框。其窗口界面如图 4-5 所示。

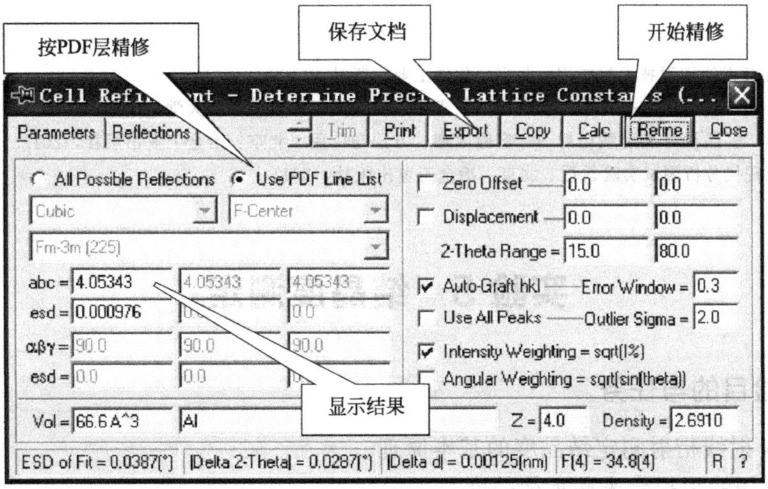

图 4-5 点阵参数测定界面

第四步：按下“Refine”按钮，Jade 自动完成精修过程，并在原先显示晶胞参数的位置显示精修后的结果。

第五步：观察并保存结果。结果保存为纯文本文件格式，文件扩展名为 .abc。

三、实验设备与材料

日本理学 Ultima Ⅲ型 X 射线多晶衍射仪，实验样品，衍射图谱，Jade 软件。

四、实验方法与步骤

1. 使用 Jade 软件打开图谱库中点阵常数测定分析文件夹中任意一个文件。将文件名记录到表 4-2 中的图谱编号位置中。

表 4-2 点阵参数精确测定结果

图谱编号			
点阵参数	a	b	c

2. 对图谱进行点阵常数的精确计算。

五、实验报告及要求

1. 点阵常数测定的基本原理。
2. 用软件计算点阵常数的基本步骤。
3. 结果。

六、思考题

1. 点阵常数精确测定的影响因素有哪些？
2. 如何消除点阵常数测定的误差？

参考文献

[1] 江超华. 多晶 X 射线衍射技术与应用. 北京：化学工业出版社，2014.

[2] 张海军，贾全利，董林. 粉末多晶 X 射线衍射技术原理及应用. 郑州：郑州大学出版社，2010.

[3] 黄继武，李周. 多晶材料 X 射线衍射——实验原理、方法与应用. 北京：冶金工业出版社，2012.

[4] 潘清林. 材料现代分析测试实验教程. 北京：冶金工业出版社，2011.

实验 5 结晶度测定

一、实验目的与任务

1. 了解 X 射线衍射测定结晶度的基本原理。
2. 学习利用峰形拟合来测定结晶度。

二、实验原理

1. 结晶度的概念

结晶度可以描述为结晶的完整程度或完全程度，它往往包含两个层面的意义，其中一种是结晶的完全性。例如非晶态材料在一定条件下（如加热）向晶态转变。该过程是个连续过程，在未完全转变的情况下，物质中非晶和晶体共同存在。在这种场合下，结晶度定义为结晶部分的质量或体积占材料总体的质量或体积百分数。结晶度 X_C 的定义为：

$$X_C=\frac{w_C}{w_C+w_A}\times 100\% \tag{5-1}$$

式中，w_C 为结晶相的质量分数；w_A 为未转变为结晶相的非晶相质量分数，两者之和等于 1。

结晶度在另一个层面上的意义是结晶的完整性。例如，在矿物的研究中，经常可以看到高岭土的结晶度、伊利石的结晶度等。结晶完整的晶体，内部质点的排列比较规则，衍射峰高、尖锐且对称。而结晶度差的晶体，晶体中存在缺陷，衍射峰宽而弥散。结晶度越差，衍射能力越弱，衍射峰越宽。本实验涉及的结晶度测定指的是结晶的完全性，也即测定材料中非晶和晶体的比例。

2. 结晶度测定的基本原理

非晶相在衍射图中表现为弥散的散射，即通常所说的“馒头峰”；可以从样品中弥散散射的强度来测量非晶相的物质含量。假定结晶相百分数 X_C 正比于扫描范围内的衍射峰积分强度之和 I_C，非晶相百分数 X_A 正比于非晶散射峰积分强度 I_A：

$$X_C = PI_C \tag{5-2}$$

$$X_A = QI_A \tag{5-3}$$

式中，P 和 Q 为系数。两式相除，整理可得：

$$X_C = \frac{I_C}{I_C + kI_A} \times 100\% \tag{5-4}$$

式中，$k=Q/P$ 为系数，对于同一种试样为常数。

假定样品中非晶态和晶态物质化学组成相同，则式(5-4) 中 k 可以近似取为 1 来对样品结晶度进行半定量分析：

$$X_C = \frac{I_C}{I_C + I_A} \times 100\% \tag{5-5}$$

3. Jade 结晶度计算的基本步骤

首先在分析软件中导入样品的衍射图谱文件，单击手动峰形拟合按钮；对准图谱中非晶峰位置单击，如图 5-1 所示。右击手动峰形拟合按钮，将背底拟合设置为“Fix background”，然后单击图 5-2 中的“Refine”按钮，进行非晶峰形拟合。

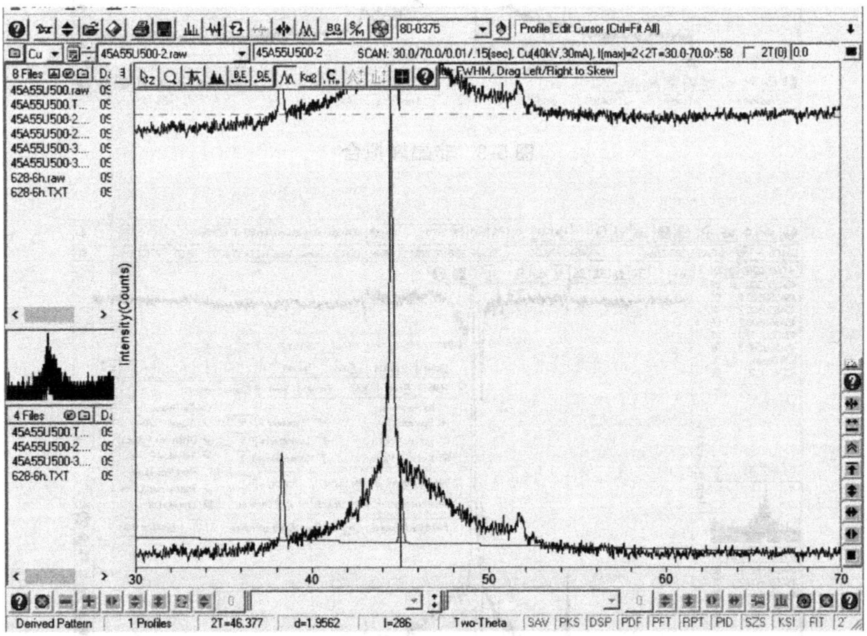

图 5-1 手动给定非晶峰的位置

拟合后，结果如图 5-3 所示。接着拟合晶态相的衍射峰，手动给出衍射峰的位置，如图 5-4 所示。

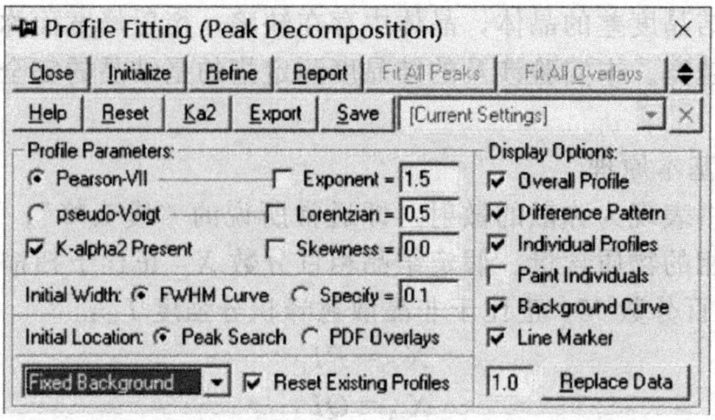

图 5-2 手动峰形拟合参数设置

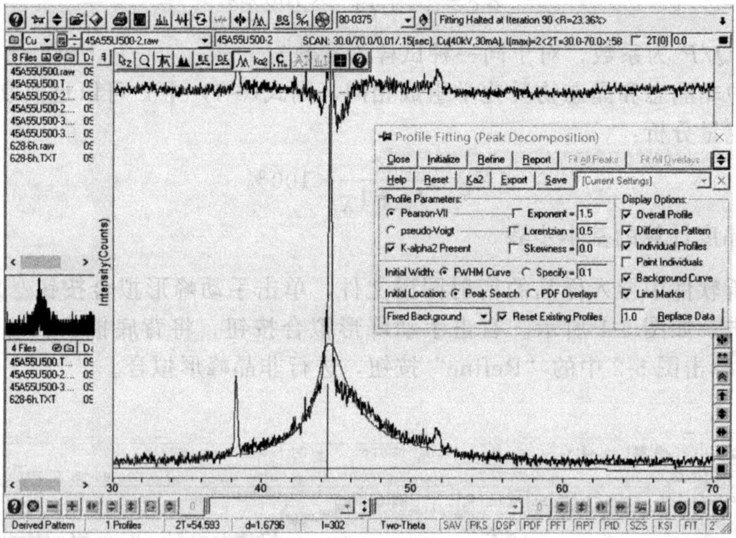

图 5-3 非晶峰拟合

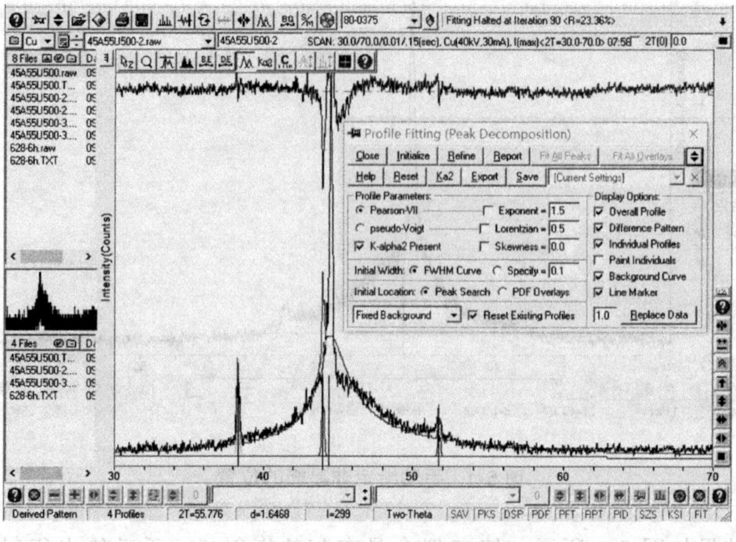

图 5-4 手动确定晶态相衍射峰的位置

然后单击图 5-2 中的“Refine”按钮，进行衍射峰形拟合。拟合后观察残差曲线和峰形拟合曲线，如果发现某个峰拟合不正确，可以对其右击，将拟合曲线删除后，再手动给定一个位置，而后再次拟合。拟合后，结果如图 5-5 所示。单击峰形拟合设置窗口中的“Report”按钮，打开峰形拟合报告，如图 5-6 所示。软件自动将半高宽大于 3°的拟合峰作为非晶峰，在报告中会有“√”的记号。在拟合报告中会自动计算出结晶度的大小，本示例为 26.26%。

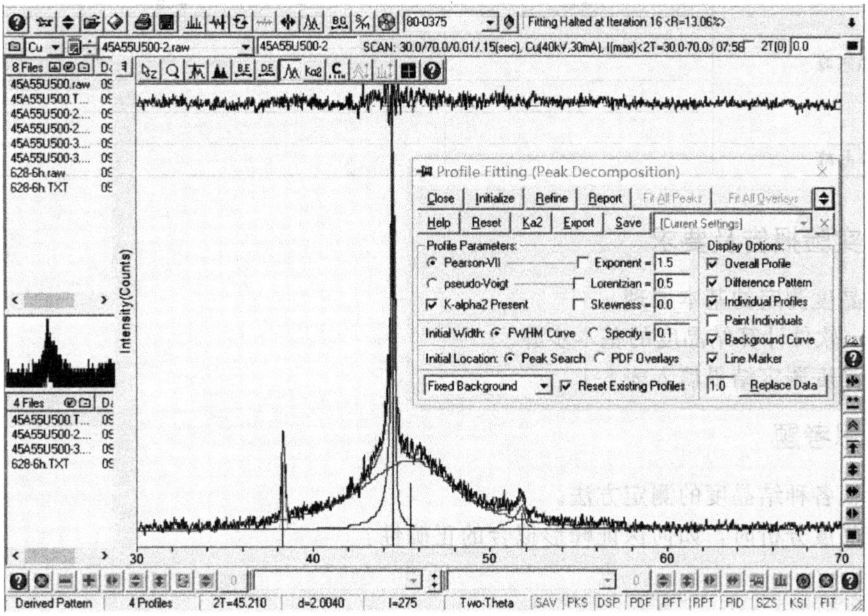

图 5-5　峰形拟合结果

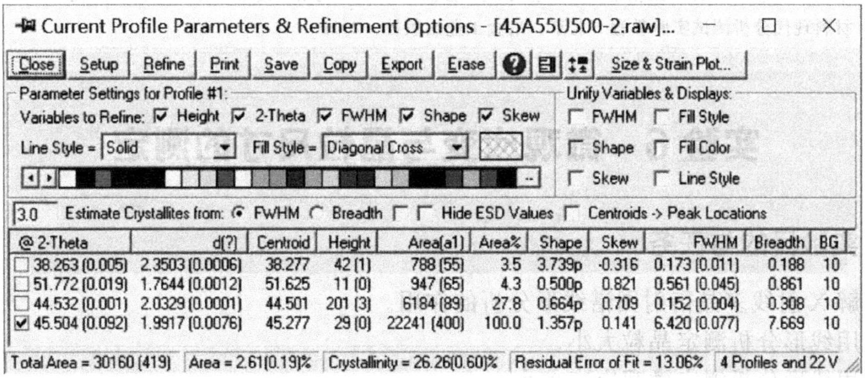

图 5-6　峰形拟合报告

三、实验设备与材料

日本理学 UltimaⅢ型 X 射线多晶衍射仪，实验样品，衍射图谱，Jade 软件。

四、实验方法与步骤

1. 使用 Jade 软件打开图谱库中结晶度测定文件夹中任意一个文件。将文件名记录到

表 5-1 中的图谱编号位置中。

2. 对图谱进行峰形拟合计算结晶度，将峰形拟合结果记录至表 5-1 中，并计算结晶度的大小。

表 5-1　结晶度的测定结果

图谱编号		结晶度	
晶态峰	峰位	面积	
非晶峰			

五、实验报告及要求

1. 结晶度测定的基本原理。
2. Jade 软件计算结晶度的基本步骤。
3. 结晶度测定结果填入表 5-1。

六、思考题

1. 比较各种结晶度的测定方法。
2. 结晶度分析时，如何保证峰形拟合的正确性？

参考文献

[1] 黄继武，李周．多晶材料 X 射线衍射——实验原理、方法与应用．北京：冶金工业出版社，2012.

[2] 潘清林．材料现代分析测试实验教程．北京：冶金工业出版社，2011.

实验 6　微观应变与晶粒尺寸的测定

一、实验目的与任务

1. 了解 X 射线多晶衍射图谱线形分析的作用。
2. 利用线形分析测定晶粒大小。
3. 利用线形分析测定微观应变大小。

二、实验原理

1. X 射线多晶衍射图谱线形分析的基本原理

某些情况下 X 射线衍射获得的图谱衍射峰会出现宽化现象。导致 X 射线衍射峰宽化的原因主要有：仪器宽化［FW(*I*)］、晶粒细化和微观应变。要计算晶粒尺寸或微观应变，首先应当从测量得到的衍射峰半高宽（FWHM）中扣除仪器的宽度，得到晶粒细化或微观应变引起的样品本征宽化度。但是，这种线形加宽效应不是简单的机械叠加，它们是卷积叠加。所以，得到一个样品的衍射谱以后，首先要做的是从中解卷积，得到样品因为晶粒细化或微观应变引

起的宽化 [FW(S)]。这个解卷积的过程非常复杂，Jade 软件按下列公式进行计算。

$$FW(S)^D = FWHM^D - FW(I)^D \tag{6-1}$$

式中，D 称为反卷积参数，可以定义为 1～2 之间的值。一般情况下，衍射峰可以用柯西函数或高斯函数来表示，或者是它们二者的混合函数。如果峰形更接近于高斯函数，D 设为 2。如果峰形更接近于柯西函数，则 $D=1$。另外，当半高宽用积分宽度代替时，则 D 值取为 1。D 的取值大小影响计算结果的单值，但不影响系列样品的规律性。

因为晶粒细化和微观应变都产生相同的结果，必须分三种情况来说明如何分析。

(1) 如果样品为退火粉末，则无应变存在，衍射线的宽化完全由晶粒细化造成。这时可用谢乐方程来计算晶粒的大小：

$$\text{Size} = \frac{K\lambda}{FW(S) \times \cos(\theta)} \tag{6-2}$$

式中，Size 表示晶粒尺寸，nm；K 为常数，宽化度为积分半峰宽时一般取 $K=1$；λ 是 X 射线的波长，nm；FW(S) 是试样宽化，rad；θ 是衍射角，rad。

计算晶粒尺寸时，一般采用低角度的衍射线，如果晶粒尺寸较大，可用较高衍射角的衍射线来代替。谢乐方程适用的晶粒大小范围为 1～100nm。晶粒尺寸在 30nm 左右时，计算结果较为准确。超过 100nm 的晶粒不能使用此式来计算，可以通过其他方法计算，比如照相法。

(2) 如果样品为合金块状样品，晶粒并非纳米晶，则线形的宽化完全由微观应变引起。

$$\text{Strain}\left(\frac{\Delta d}{d}\right) = \frac{FW(S)}{4\tan(\theta)} \tag{6-3}$$

式中，Strain 表示微观应变，它是应变量对面间距的比值，用百分数表示。

(3) 如果样品中同时存在以上两种因素，需要同时计算晶粒尺寸和微观应变。这种情况较为复杂，因为这两种线形加宽效应也不是简单的机械叠加，而是它们形成的卷积。使用与前面解卷积类似的公式可以解出两种因素的大小。由于同时要求解出两个未知数，因此靠一条谱线不能完成。一般使用 Hall 方法测量两个以上的衍射峰的半高宽 FW(S)，由于晶粒尺寸与晶面指数有关，所以要选择同晶面不同衍射级次的衍射峰，如 (111) 和 (222)，或 (200) 和 (400)。以 $\frac{\sin(\theta)}{\lambda}$ 为横坐标，作 $\frac{FW(S)\times\cos(\theta)}{\lambda}-\frac{\sin(\theta)}{\lambda}$ 图，然后用最小二乘法作直线拟合。拟合得到的直线斜率为微观应变的两倍，直线在纵坐标上的截距为晶粒尺寸的倒数。

2. 使用 Jade 测定晶体晶粒大小和畸变的基本操作

(1) 以慢速度，最好是步进扫描方式测量样品的两个以上的衍射峰（最好是同一晶面的不同级次衍射峰）。

(2) 将图谱文件导入 Jade，进行物相检索、扣除背景和 $K_{\alpha 2}$、平滑，然后做峰形拟合。

(3) 选择菜单“Report-Size & Strain Plot”命令，显示计算对话框，如图 6-1 所示。

(4) 根据样品的实际情况在 Size Only，Strain Only，Size/Strain 三种情况下选择一种情况。

(5) 调整 D 值。

(6) 查看仪器半高宽补正曲线是否正确。

(7) 保存结果，单击“Save”保存当前图片，单击“Export”保存计算结果为文本格式。

三、实验设备与材料

日本理学 Ultima Ⅲ型 X 射线多晶衍射仪，实验样品，衍射图谱，Jade 软件。

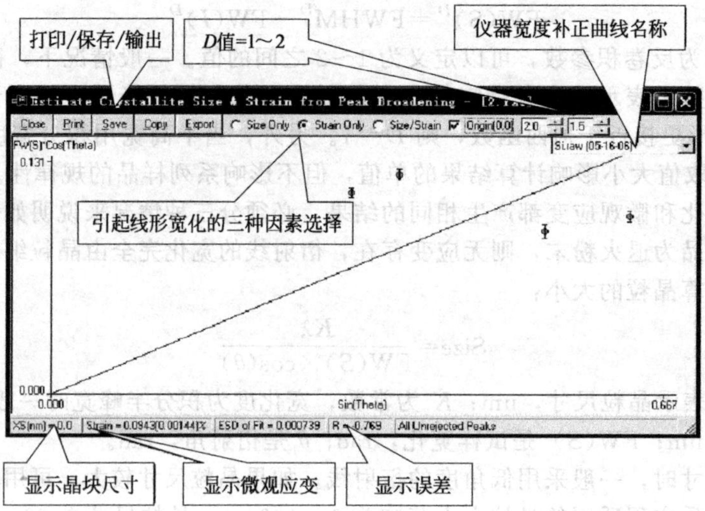

图 6-1 Size & Strain Plot 对话框

四、实验方法与步骤

1. 使用 Jade 软件打开图谱库中线形分析文件夹中任意一个文件。将文件名记录到表 6-1 中的图谱编号位置中。

2. 对图谱进行线形分析，获得晶粒大小和畸变大小，记录到表 6-1 中。

表 6-1 晶粒大小和微观畸变测定结果

图谱编号		晶粒大小		畸变大小	
D 值			*R* 值		

五、实验报告及要求

1. 线形宽化分析的基本原则。

2. 使用 Jade 软件进行线形宽化分析的步骤。

3. 结果填入表 6-1。

六、思考题

1. 多晶材料衍射峰宽化的影响因素有哪些？

2. 如何判断峰形宽化为晶粒宽化、应变宽化或两者皆有？

参考文献

[1] 江超华．多晶 X 射线衍射技术与应用．北京：化学工业出版社，2014.

[2] 张海军，贾全利，董林．粉末多晶 X 射线衍射技术原理及应用．郑州：郑州大学出版社，2010.

[3] 黄继武，李周．多晶材料 X 射线衍射——实验原理、方法与应用．北京：冶金工业出版社，2012.

[4] 潘清林．材料现代分析测试实验教程．北京：冶金工业出版社，2011.

实验7 表面残余应力的测定

一、实验目的与任务

1. 了解材料表面残余应力的种类。
2. 掌握X射线衍射法测量材料表面残余应力的原理和实验方法。

二、实验原理

1. 材料表面残余应力的定义

材料内部的应力状态对受力构件的使用寿命有重要影响。通常把构件不受外力作用，其内部仍然可能存在着不均匀而且在自身范围内平衡的应力称为内应力。根据内应力平衡的范围，可以将其分成三类应力。第一类应力是指宏观尺度范围内平衡的应力。例如，大体积的金属在凝固、相变和冷却过程中因体积变化的大小和先后不同而在冷却或相变之后残存于物体内部的应力。第一类应力是存在于各个晶粒中数值不等的内应力在很多晶粒范围内的平均值，是大体积宏观变形不协调的结果。这类应力会使X射线谱线发生位移。第二类应力是平衡于晶粒尺寸范围内的应力，相当于各个晶粒尺度范围内应力的平均值，是各个晶粒或晶粒区域之间的变形不协调性。这类应力通常使X射线衍射谱线展宽（也可能使衍射谱线位移）。第三类应力是平衡于单位晶胞内的应力，是局部存在的内应力围绕着各个晶粒的第二类应力的波动。对于晶体材料，它与晶格畸变和位错组态相联系。这类应力使X射线衍射强度下降。一般把第一类应力称为“宏观应力”，也习惯把其称为“残余应力”。第二类应力称为“微观应力”，而第三类应力称为“晶格畸变应力”。在工程实践中，铸造应力、焊接应力、热处理残余应力、磨削残余应力、喷丸残余应力等都是指第一类残余应力。

残余应力一般是有害的，如零件在不恰当的热处理、焊接或切削加工后，残余应力会引起零件发生翘曲或扭曲变形，甚至开裂。残余应力的存在有时不会立即表现为缺陷，而是当零件在工作中因工作应力与残余应力的叠加，使总应力超过强度极限时，便会出现裂纹和断裂。零件的残余应力大部分都可通过适当的热处理消除。残余应力有时也有有益的方面，它可以被控制用来提高零件的疲劳强度和耐磨性能。

2. 残余应力的测量原理

利用X射线衍射技术测定应力的基本思路是：一定应力状态引起的材料晶格应变和宏观应变一致。晶格应变可以通过X射线衍射技术测出，宏观应变可以根据弹性力学求得。因此，可从测得的晶格应变推知宏观应力。含有宏观残余应力的物体，在较小的体积范围内弹性应变大致上是均匀分布的，同时物体表面不存在三轴应力，最多的是平面应力状态。假设主应力 σ_1 和 σ_2 平行于试样表面，在试样法线方向 $\sigma_3=0$，如图7-1所示。这时，垂直于表面的正向应变为：

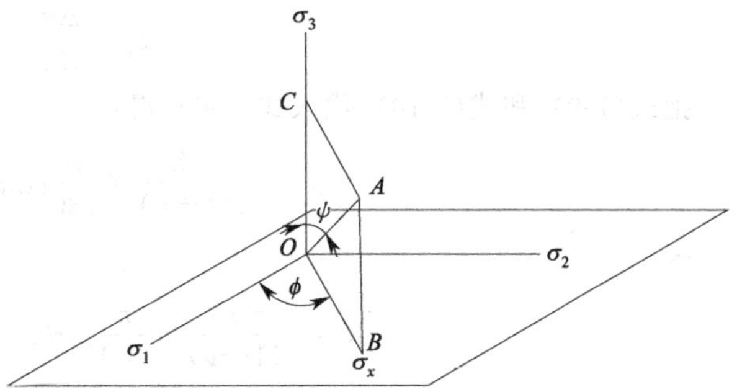

图7-1 宏观应力的方向

$$\varepsilon_3=-\frac{v}{E}(\sigma_1+\sigma_2) \tag{7-1}$$

图 7-1 中，OA 方向的方向余弦是 $\cos\alpha$、$\cos\beta$、$\cos\psi$（其中 α、β、ψ 分别是 OA 方向与 σ_1、σ_2、σ_3 之间所夹的空间角），则该方向的正应变是：

$$\varepsilon_\psi=\varepsilon_1\cos^2\alpha+\varepsilon_2\cos^2\beta+\varepsilon_3\cos^2\psi \tag{7-2}$$

过 σ_3 与 OA 做一个平面 $OCAB$，其中 OB（σ_x 方向）与 σ_1 的夹角为 ϕ，可以把式(7-2) 改成：

$$\varepsilon_\psi=\varepsilon_1\sin^2\psi\cos^2\phi+\varepsilon_2\sin^2\psi\sin^2\phi+\varepsilon_3\cos^2\psi \tag{7-3}$$

从而有：

$$\varepsilon_\psi-\varepsilon_3=\varepsilon_1\sin^2\psi\cos^2\phi+\varepsilon_2\sin^2\psi\sin^2\phi-\varepsilon_3\sin^2\psi \tag{7-4}$$

令 σ_x 和 ε_x 分别是物体表面 x 方向的残余应力及应变，根据平面应力状态下的虎克定律及关系式：

$$\varepsilon_x=\varepsilon_1\cos^2\phi+\varepsilon_2\sin^2\phi \tag{7-5}$$

将其代入式(7-4) 就可以推导出：

$$\varepsilon_\psi-\varepsilon_3=\frac{1+v}{E}\varepsilon_x\sin^2\psi \tag{7-6}$$

当残余应力是定值时，令 σ_x 和 ε_3 都是常数。ε_ψ 是角 ψ 的函数。把式(7-6) 以 $\sin^2\psi$ 为变量求导，则有：

$$\varepsilon_\psi-\varepsilon_3=\frac{1+v}{E}\times\frac{\partial\varepsilon_\psi}{\partial\sin^2\psi} \tag{7-7}$$

这时的残余应力测量就成为 ε_ψ 和 $\sin^2\psi$ 的关系。

没有应力时，如果用一束单色 X 射线对物体入射，则衍射条件应满足布拉格方程：

$$2d_0\sin\theta_0=n\lambda \tag{7-8}$$

式中，d_0 为衍射晶面的晶面间距；θ_0 为入射角；n 为反射级；λ 为入射线波长。

物体内部如有弹性应变，晶面间距将发生变化，$\Delta d/d_0$ 就代表这组晶面的正应变。把式(7-8) 微分后，得到：

$$\frac{\Delta d}{d_0}=-\cot\theta_0\times\Delta\theta=-\cot\theta_0(\theta_\phi-\theta_0) \tag{7-9}$$

如果把图中的 OA 方向看成衍射面的法向，则 ψ 是这一方向与试样表面法线方向的夹角，θ_ψ 是有应力情况下的衍射角。ψ 方向的线应变是：

$$\varepsilon_\psi=\frac{\Delta d}{d_0} \tag{7-10}$$

把式(7-9) 和式(7-10) 代入式(7-6) 得：

$$\sigma_x=\frac{-E}{2(1+\nu)}\times\frac{\pi}{180}\cot\theta_0\frac{\partial(2\theta_\psi)}{\partial\sin^2\psi} \tag{7-11}$$

令

$$K=\frac{-E}{2(1+\nu)}\times\frac{\pi}{180}\cot\theta_0,\ M=\frac{\partial(2\theta_\psi)}{\partial\sin^2\psi} \tag{7-12}$$

则

$$\sigma_x=KM \tag{7-13}$$

式中，K 是常数，当材料、衍射晶面和入射波长确定后，可以计算出 K 值。而计算 M 值时，需不同的几个角度 ψ 把 X 射线投射到试样表面，利用探测器测出衍射的位置 $2\theta_\psi$，并以 $2\theta_\psi$ 对 $\sin^2\psi$ 作图得到曲线，曲线的斜率就是 M。这样试样表面 x 方向分量就可以按式(7-13) 求出。

3. 残余应力测量过程

为了求出上述式子中斜率 M，至少需要测量两个 ψ 方向的面间距。如果采用 0°和 45°，通常称为 0°-45°法。也可以对 0°-45°进行 4 等分或 6 等分。通常认为用等间距 $\sin^2\psi$ 测量更为科学，即 ψ 为 0°、24°、32°、45°。这时，虽然 ψ 的取值不是等间距的，但 $\sin^2\psi$ 是等间距的。

应力测量的光路有同倾法和侧倾法两种。同倾法的光路是 ψ 角的设定面与测角仪的扫描面（2θ 扫描）位于同一平面，适用于普通衍射仪。侧倾法的光路是测角仪的扫描面与 ψ 角的设定面正交，这样的测试方法需要衍射仪配有尤拉环。

在测量过程中，首先以 $\sin^2\psi$ 接近等间距的方法设定 ψ，如普通衍射仪采用同倾法时，设定为：0°、15°、30°、45°。对于配有尤拉环的衍射仪，采用侧倾法时，设定为 0°、25°、35°、45°。测量衍射峰后，一般采用半高宽中点法或峰顶法获得衍射角。然后用 2θ 对 $\sin^2\psi$ 作图并计算斜率。对于同倾法，$\psi=\psi_0+(180-2\theta)/2$。对于侧倾法，$\psi=\psi_0$。通过作图获得的 M 乘以应力常数 K 就可以得到应力。

三、实验设备与材料

日本理学 Ultima Ⅲ型 X 射线多晶衍射仪（配有多功能台），抛光后的铝合金板材。

四、实验方法与步骤

1. 样品的制备。将铝板切割成 15mm×15mm 的小块。为了保证样品表面的应力状态不受破坏，只用清洁剂清除样品表面的油污即可。

2. 对样品做 2θ 范围内的全谱扫描。测定图谱后，选取一个峰形较好、强度比较高的高角度衍射峰作为测量晶面。这里选择 Al(422) 作为测量晶面。

3. 在测试软件中设置测量方式为侧倾法，设置 ψ 为 0°、15°、25°、35°、45°，峰的测量范围为 136°～139.2°。

4. 测量峰后，将测试衍射谱导入 Jade 软件中，对峰形做平滑处理。

5. 在菜单“Options-Calculate Stress”，进入应力计算窗口，如图 7-2 所示。

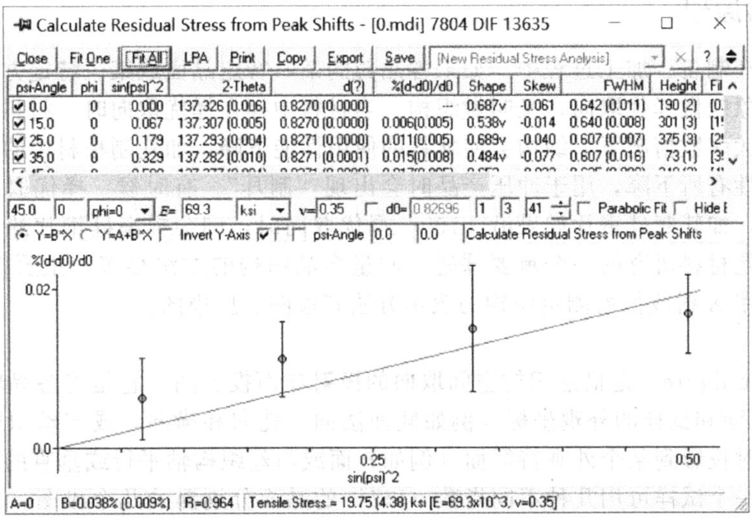

图 7-2 应力计算窗口

6. 输入常数值。在“Psi-Angle”栏下依次输入各个 ψ 值，在“$E=$”和“$\nu=$”处输入 Al 的弹性模量（$E=69.3\times10^3$ MPa）和泊松比（$\nu=0.35$）。

7. 计算应力值。按下“Fit All”按钮，计算出残余应力。

五、实验报告及要求

1. 残余应力的测量原理。
2. 测量步骤。
3. 残余应力的测量结果。

六、思考题

1. 简单说明残余应力的分类以及测量方法。
2. 残余应力对材料性能的影响有哪些？

参考文献

[1] 江超华．多晶 X 射线衍射技术与应用．北京：化学工业出版社，2014.
[2] 张海军，贾全利，董林．粉末多晶 X 射线衍射技术原理及应用．郑州：郑州大学出版社，2010.
[3] 黄继武，李周．多晶材料 X 射线衍射——实验原理、方法与应用．北京：冶金工业出版社，2012.
[4] 潘清林．材料现代分析测试实验教程．北京：冶金工业出版社，2011.

实验 8　多晶织构的测定

一、实验目的与任务

1. 掌握材料织构的 X 射线衍射测量方法。
2. 学会分析极图、反极图和取向分布函数（ODF）。

二、实验原理

多晶材料在制备、加工过程中，如果各晶粒的某一特定晶面或某一特定方向沿同一取向排列，这种现象叫做择优取向，又叫做织构。当材料中存在择优取向时，材料的性能就会出现各向异性。大多数情况下，织构会使材料的使用性能下降，如轧制板材中的择优取向，使横向强度和韧性有所下降，用于冲压产品时会出现“制耳”。有时候，择优取向却能提高材料的使用性能，如轧制硅钢片如果沿［100］择优取向时，则会提高硅钢片的使用性能。因此，织构测量是材料研究的一个重要课题。测量多晶织构的方法很多，主要以 X 射线衍射法最为普遍。用 X 射线衍射测定织构的表示方法有极图、反极图。

1. 极图

极图（pole figure）是描绘织构空间取向的极射赤面投影图。它是将各晶粒中某一低指数的 $\{hkl\}$ 晶面和试样的外观坐标（例如轧面法向、轧向和横向，或与丝织构轴平行或垂直的方向）同时投影到某个外观特征面（例如轧面或与丝织构轴平行或垂直的面）的极射赤面投影图。对一个试样可用几种不同指数 $\{hkl\}$ 的晶面分别测绘几个极图。每个极图用被投影的晶面指数命名，如 100 极图、110 极图、111 极图等。对同一试样，不同指数的极图虽然其表现形式不同，但它们都反映同一个取向的分布状态，其分析结果应该是完全相同的。

极图测量多采用衍射仪法。由于晶面法线分布概率直接与衍射强度有关，可通过测量不同空间方位的衍射强度来确定织构材料的极图。为获得某族晶面极图的全图，可分别采用透射法和反射法来收集该族晶面的衍射数据。为此，需要在衍射仪上安装织构测试台。

（1）反射法　反射法采用厚板试样，以保证透射部分的X射线全部被吸收。反射法测试的衍射几何如图8-1所示。其中，2θ为衍射角，α和β分别为描述试样位置的两个空间角。当$\alpha=0°$时试样为水平放置，当$\alpha=90°$时试样为垂直放置，并规定从左往右看时α逆时针转向为正。对于丝织构材料，若测试面与丝轴平行，则$\beta=0°$时丝轴与测角仪转轴平行。板织构材料的测试面通常取其轧面，即$\beta=0°$时轧向与测角仪转轴平行；规定对试样表面顺时针转向β为正。反射法是一种对称的衍射方式，理论上该方式的测量范围为$0°<|\alpha|\leqslant 90°$，但当α过小时，由于衍射强度过低而无法进行测量，因此反射法的测量范围通常为$30°<|\alpha|\leqslant 90°$，即适合于高$\alpha$角区的测量。

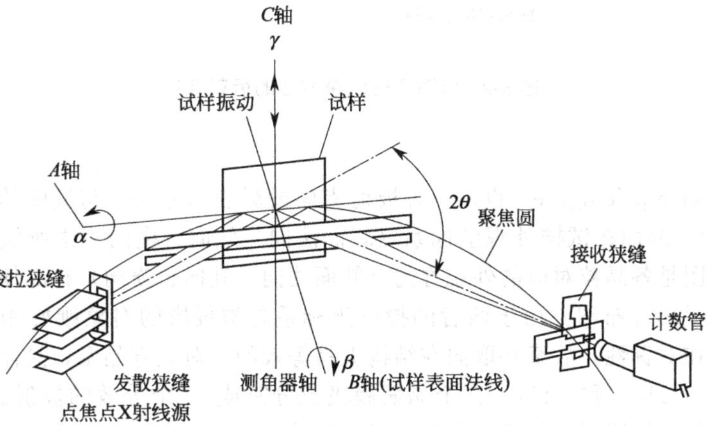

图8-1　极图反射测量方法的衍射几何

实验前，首先根据待测晶面$\{hkl\}$选择衍射角$2\theta hkl$。在实验过程中，始终确保该衍射角不变，即测角仪中计数管固定不动。依次设定不同的α角，在每一α角下试样沿β角连续旋转360°，同时测量衍射计数强度。

经过一系列测量及数据处理后，最终获得试样中某族晶面的一系列衍射强度$I_{\alpha,\beta}$的变化曲线；然后根据曲线中强度数据，对强度进行分级，记录下各级强度的β角，标在极网坐标的相应位置上，连接相同强度等级的各点成为光滑曲线，这些等密度线就构成极图。

（2）透射法　透射法要求试样要足够薄，以便X射线能穿透，但又必须有足够的衍射强度。可以取试样厚度$t=1/\mu$，其中μ为试样的线吸收系数。图8-2给出了极图透射法测量的衍射几何。当$\alpha=0°$时入射线和衍射线与试样表面夹角相等，并规定从上往下看时α逆时针转向为正。β角的规定与反射法相同。透射法是一种不对称的衍射方式。可以证明，这种方式的测量范围为$0°\leqslant|\alpha|<(90°-\theta)$。当$\alpha$接近$(90°-\theta)$时，已经很难进行测量。因此，透射法适合于低$\alpha$角区的测量。

与反射法类似，在测试过程中，应始终确保衍射角$2\theta_{hkl}$不变，即测角仪中计数管固定不动。依次设定不同的α角，在每一α角下试样沿β角连续旋转360°，同时测量衍射计数强度。

由于透射法中的吸收效应不可忽略，必须进行强度校正。校正后，最终也获得试样中某晶面族的一系列衍射强度$I_{\alpha,\beta}$的变化曲线，从而绘制出该α角区的极图。反射法和透射法的区别在于，反射法得到高α角区间的极图，透射法得到低α角区间的极图。因此，如果将两种方法结合起来，则可得到材料晶面取向概率的完整空间极图。

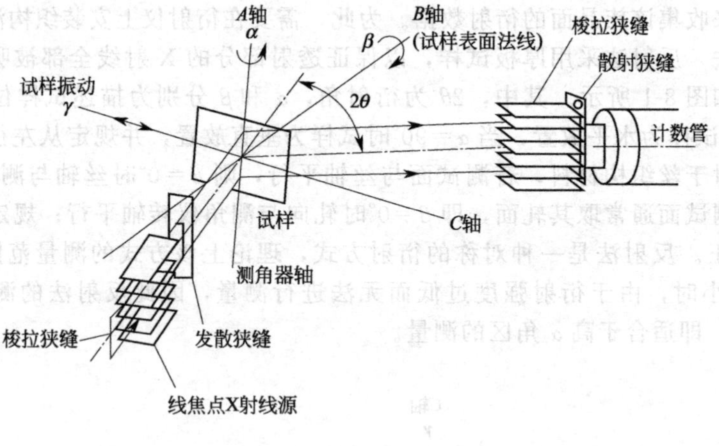

图 8-2 极图透射测量方法的衍射几何

2. 反极图

反极图（inverse pole figure）也是一种极射赤面投影表示方法。与极图的区别在于，极图是各晶粒中｛*hkl*｝晶面在试样外观坐标系（轧面法向、轧向、横向）中所做的极射赤面投影分布图；而反极图是各晶粒对应的外观方向（轧面法向、轧向、横向）在晶体学取向坐标系中所做的极射赤面投影分布图。由于两者的投影坐标系与被投影的对象刚好相反，故称为反极图。因晶体中存在对称性，故某些取向在结构上是等效的。对立方晶系，晶体的标准极射赤面投影图被｛100｝、｛110｝和｛111｝三个晶面簇极点分割成 24 个等效的极射赤面投影三角形，所以，立方晶系的反极图用单位极射赤面投影三角［001］-［011］-［111］表示。六方晶系和斜方晶系的反极图坐标系和投影三角形分别为［0001］-［1010］-［1120］和［001］-［100］-［101］。

3. 取向分布函数

晶体取向分布是三维空间的，而极图和反极图都是通过极射赤面投影的方法，将三维空间分布的晶体取向在二维平面上表达出来，显然它们不能包含晶体取向分布的全部信息。1965 年，R. J. Roe 和 H. J. Bunge 各自独立地同时提出织构分析的取向分布函数（orientation distribution function）方法，简称 ODF 方法。该方法可将试样的轧面法向、轧向和横向三位一体地在三维晶体学取向空间表示出来。因而它能完整、确切和定量地表示织构内容。

三、实验设备与材料

德国 Bruker D8 Advance 型 X 射线多晶衍射仪，Bruker Texture Evaluation Program 分析软件，铝板。

四、实验方法与步骤

1. 试验准备。领取试样后，首先采用记号笔标记好轧制方向。所采用的试样为冷轧和稳定化处理后的纯铝板材。试样尺寸为 15mm×15mm，厚度为板材厚度。试样表面已经过电解抛光去除表面应力层。

2. 测量条件。选用铜靶点焦斑光源，用镍片滤波。X 射线管电压为 40kV，管电流为 40mA。入射束采用垂直和水平两个光阑狭缝，接收狭缝水平发散度为 1°，垂直发散度为 0.6°。采用闪烁计数器。

3. 测量参数。选择测量（111）、（200）和（311）三个衍射峰，即测量 111、200 和 311

三张不完整极图。具体实验过程如下。

（1）按照常规扫描方式分别快速扫描试样的（111）、（200）和（311）三个衍射峰。记录下衍射峰各自的峰位、低角背底和高角背底位置。

（2）倾动角 χ 选用 5°间隔，即试样每倾动 5°，试样绕其自身法线旋转一周（φ 转动）。φ 转动采用步进扫描方式，步宽 5°，计数时间 2s。即试样自转一周有 72（360°/5°）个测量点，每点测量时间为 2s。最大倾动角 χ_{max} 定为 75°，即试样将逐步倾动 16（75°/5°）次，在极式网上对应 α=90°，85°，80°，…，20°，15°等 16 个纬线圆。

（3）数据测量。按以上参数设置好控制文件，并按控制文件测量试样的 3 个衍射峰数据。

（4）绘制极图。打开 Bruker Texture Evaluation Program，读入测量数据，绘制出三张不完整极图。

（5）ODF 分析。按下 ODF analysis，计算得到三张完整极图和 ODF。

五、实验报告及要求

1. 按实验步骤测量 3 个极图，分别绘制出完整极图、ODF 截面图，并分析出试样的织构种类、强度。

2. 说明试样中起主要作用的织构是哪种类型的织构。

六、思考题

1. 不同织构对材料性能的影响有哪些？

2. 如何通过 ODF 图分析织构类型？

参考文献

[1] 江超华．多晶 X 射线衍射技术与应用．北京：化学工业出版社，2014.

[2] 潘清林．材料现代分析测试实验教程．北京：冶金工业出版社，2011.

[3] 周玉，武高．材料分析测试技术——材料 X 射线衍射与电子显微分析．哈尔滨：哈尔滨工业大学出版社，2007.

[4] 徐勇，范小红．X 射线衍射测试分析基础教程．北京：化学工业出版社，2013.

实验 9　X 射线小角衍射分析

一、实验目的与任务

1. 学习 X 射线小角衍射原理。

2. 学会用 X 射线小角衍射方法分析层状材料的层结构或微孔、介孔材料的孔结构。

二、实验原理

1. 小角 X 射线衍射

小角 X 射线衍射是相对于广角 X 射线衍射而言的。普通的粉末衍射其衍射范围一般为 5°～140°，这是由于一般的结晶材料它们的晶面间距都比较小，其相应的衍射角一般都处在 5°～140°，所以对材料进行物相鉴定时一般都采用广角衍射。而对于大晶面间距的层状结构材料，有序微孔、介孔材料以及 MOF 材料，在其晶体结构中存在几纳米至几十纳米的面网间距。根据布拉格原理，这么大的面网间距其衍射角都小于 5°，如果依然采用广角衍射将无法获取这类材料的大间距晶面的衍射数据，因此必须采用小角衍射（衍射角范围为 0.5°～5°）。

2. 小角 X 射线衍射原理

小角 X 射线衍射原理与广角 X 射线衍射原理一样，即满足布拉格条件便可发生衍射。由布拉格方程 $n\lambda=2d\sin\theta$ 可得：$d=n\lambda/2\sin\theta$，当晶面间距越大时，衍射角 θ 越小。

三、实验设备与材料

1. 仪器

采用荷兰帕纳科锐影衍射仪，如图 9-1 所示。该仪器配有高分辨测角仪、线焦斑 Cu 靶 X 射线管、PIXcel-3D 探测器、仪器控制与数据采集系统。

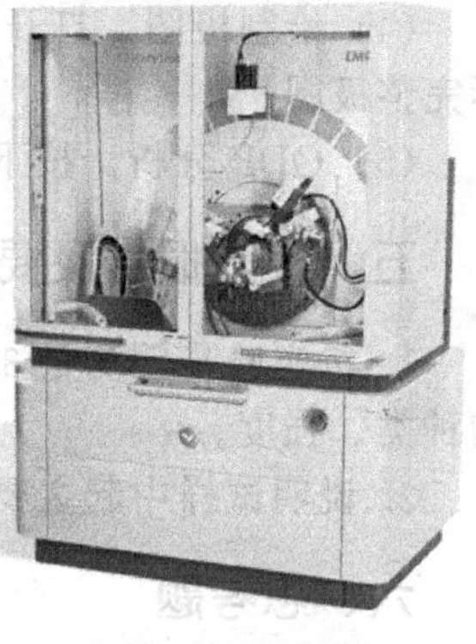

图 9-1　帕纳科锐影多功能衍射仪

2. 光路配置

入射光路：选用 BBHD 高分辨光路模块，1/32°的发散狭缝，1/8°的防散射狭缝，0.04°的梭拉狭缝，10mm 的遮罩；如图 9-2 所示。

衍射光路：选用 PIXcel-3D 探测器，如图 9-3 所示。采用 9.1°防散射狭缝、0.04°的梭拉狭缝，将探测器探测模式设置为一维扫描模式。

3. 实验材料

不会产生小角衍射峰的带凹槽载样玻璃片，样品，载玻片。

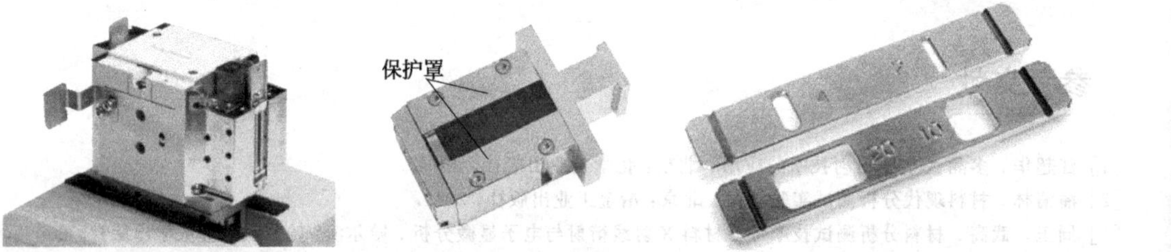

(a) BBHD高分辨光路模块　(b) 0.04° 的梭拉狭缝　(c) 四种不同尺寸的遮罩

图 9-2　入射光路配置器件

四、实验方法与步骤

1. 样品制备

粉末样品：用研钵将粉末样品研细，细至无明显颗粒感，然后将粉末倒入玻璃载样片凹槽内，用盖玻片将粉末样品压平即可。

块状或膜状样品：在制备样品时只要将需测试部分做成一个平整的平面，然后用金属样品托架将样品放在托架上，确保测试平面与金属载样架的基准面处在同一平面上即可。

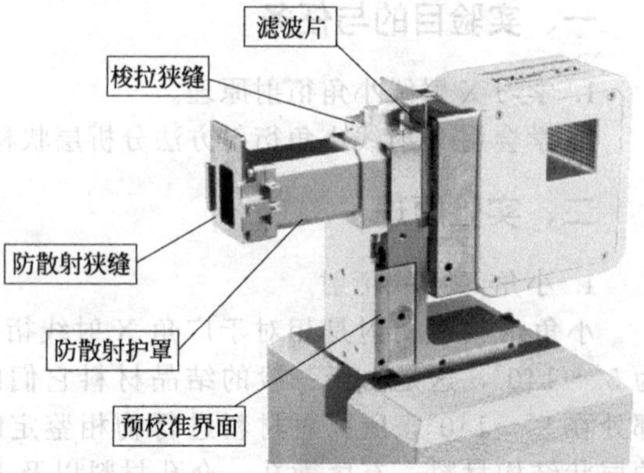

图 9-3　PIXcel-3D 探测器

2. 仪器准备

开机前开启空气压缩机，检查气压表气

压是否正常［示值处在4～4.55bar（1bar＝10^5Pa）之间］。若正常，即可开启仪器总电源、按下主机面板上的仪器开启开关，仪器进入自检状态，仪器自检后无错误提示，说明自检通过；然后开启水冷机，检查水压、水温是否正常，水压正常即可开启仪器高压开关，开启X射线高压发生器。开启后，仪器上显示电压为30kV，电流为10mA，说明仪器正常，然后根据小角衍射光路配置要求配置仪器光路。

3. 小角衍射测试

（1）先检查光路狭缝配置是否正确，然后单击仪器控制软件的"connect"菜单项，使仪器控制计算机与仪器建立连接，在仪器控制软件上先设置测试管压为40kV；再设置管流为40mA；然后打开小角测试程序，根据测试需要更改测试角度范围、步长、每步扫描时间等测试参数并保存。

（2）新建小角衍射测试程序，单击新建程序，在弹出对话框选择新建程序类型为"Absolute"，在弹出的程序对话框中根据光路配置要求设置入射光路、衍射光路硬件参数，设置扫描轴、测试角度范围、步长、步时等。设置完毕后保存程序，并命名为小角衍射。

（3）将制备好的样品装入仪器样品台，关好仪器门；单击软件菜单"measure"，在下拉菜单中单击"program"，在弹出的程序列表框中选择小角衍射测试程序，单击"open"，然后在弹出的对话框中选择测试数据保存路径和设置数据文件名，单击"OK"，仪器即开始小角衍射测试。测试完毕，数据将自动保存至设定的文件路径中。

4. 关机

测试完毕，利用仪器控制程序先逐步降低X射线管管流至5mA；再将X射线管电压逐步降低至15kV。然后旋转高压发生器开关钥匙至"off"位置，高压关闭，再按关机按钮，关机。数分钟后关闭水冷机和空气压缩机。

5. 数据处理

测试完毕后，将样品的测试数据转移至数据处理计算机进行数据处理，利用highscore软件打开测试数据，单击背底设定按钮，设定数据背底，然后单击"peaksearch"，进行寻峰，然后单击峰形拟合按钮进行峰形拟合，可求出峰参数，包括峰位置、峰面积、半峰宽、d值等。根据这些峰参数即可分析层状材料或多孔材料的层结构或孔结构信息。

五、实验报告及要求

1. 实验课前必须预习实验讲义和教材，掌握实验原理和熟悉实验步骤。

2. 实验报告内容包括：实验目的、实验原理、仪器配置、样品制备、数据处理、小角衍射获取的实验分析结果等。

六、思考题

1. 试述小角衍射的目的及测试注意事项。

2. 小角衍射测试可用于哪类材料的结构分析、可获取哪些结构信息，为什么？

参考文献

［1］潘峰，王英华，陈超．X射线衍射技术．北京：化学工业出版社，2016.

［2］马礼敦．近代X射线多晶体衍射——实验技术与数据分析．北京：化学工业出版社，2004.

［3］汤云晖．介孔材料的小角度X射线衍射实验条件研究．分析测试学报，2009（3）：365-367.

［4］Empyrean Reference Manual. Netherlands：Panalytical Corporation. 2015.

实验 10 纳米颗粒尺寸与介孔孔径分布分析

一、实验目的与任务

1. 学习、掌握 X 射线小角散射分析原理。

2. 学会利用 X 射线小角散射技术分析纳米材料的颗粒尺寸分布和介孔材料的孔径分布。

二、实验原理

1. X 射线小角散射

X 射线小角散射是指当 X 射线照射到存在纳米尺度电子密度不均匀区域的样品时，则会在入射光束周围小角度范围内，一般小于 6°时出现散射 X 射线。这种现象称为 X 射线小角散射或小角 X 射线散射，简称 SAXS（small angle X-ray scattering）。

2. X 射线小角散射原理

当一束 X 射线照射到一样品上时，会发生两种现象：一种是晶格面网间的 X 射线衍射；另一种就是高电子密度表面的 X 射线散射，如图 10-1(a) 所示。

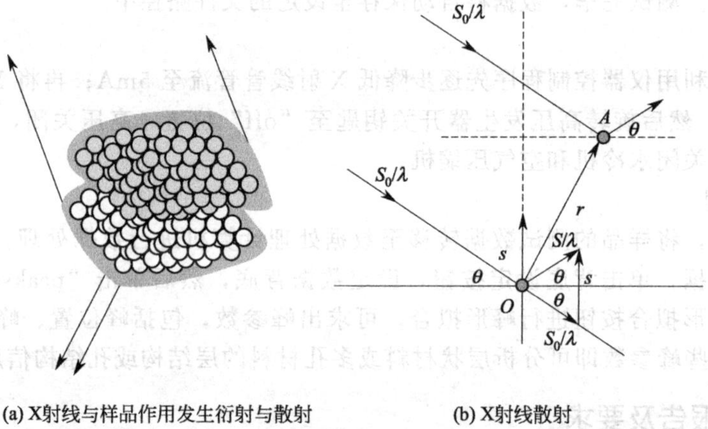

(a) X射线与样品作用发生衍射与散射　　(b) X射线散射

图 10-1　X 射线与样品发生作用示意

当 X 射线在一个散射点上发生散射时，如图 10-1(b) 所示，其散射振幅可以表示为：

$$A(x)=A_0\exp(-i2\pi sr) \tag{10-1}$$

因为样品中的散射点数量很大，所以可视为连续分布，它可表示为电子密度函数 $\rho(r)$。整个样品体积的振幅可用积分表示：

$$A(s)=\int_V \rho(r)\exp(-i2\pi sr)\mathrm{d}r \tag{10-2}$$

可以看出当一个 s 确定后，照射体积内所有粒子都通过 sr 贡献同一个振幅，即一个振幅是由照射体积内所有粒子通过此 s 决定，即实空间中的电子密度函数 $\rho(r)$ 转换为倒易空间中 s 的振幅函数 $A(s)$。所以，式(10-2) 经过傅里叶变换可得：

$$\rho(r)=\int_V A(s)\exp(i2\pi sr)\mathrm{d}s \tag{10-3}$$

式(10-2) 中的 s 总是与 2π 同时出现，故可设 $q=2\pi s$，则

$$A(q)=\int_V \rho(r)\exp(-iqr)\mathrm{d}r \tag{10-4}$$

由于散射强度等于振幅的平方：则

$$
\begin{aligned}
I(q) &= |A(q)|^2 = A(q) \times A^*(q) \\
&= \left[\int \rho(u')\mathrm{e}^{-iqu'}\mathrm{d}u'\right] \times \left[\int \rho(u)\mathrm{e}^{iqu}\mathrm{d}u\right] \\
&= \int\left[\int \rho(u)\rho(u+r)\mathrm{d}u\right]\mathrm{e}^{-iqr}\mathrm{d}r
\end{aligned} \tag{10-5}
$$

设 $\Gamma_\rho(r) = \int \rho(u)\rho(u+r)\mathrm{d}u$，即 $\Gamma_\rho(r)$ 称为 $\rho(r)$ 的自相关函数。

$\Gamma_\rho(r)$ 与 $\rho(u)$ $\rho(u+r)$平均值有关：设固定 r 不变，则

$$
\langle \rho(u)\rho(u+r) \rangle = \frac{\int \rho(u)\rho(u+r)\mathrm{d}u}{\int \mathrm{d}u} = \frac{\Gamma_\rho(r)}{V} \tag{10-6}
$$

当 $r=0$ 时，$\Gamma_\rho(0) = \langle \rho^2 \rangle V$，

$$
I(q) = \int\left[\int \rho(u)\rho(u+r)\mathrm{d}u\right]\mathrm{e}^{-iqr}\mathrm{d}r = \int \Gamma_\rho(r)\mathrm{e}^{-iqr}\mathrm{d}r \tag{10-7}
$$

式(10-7) 表明强度等于自相关函数的傅里叶变换。

密度函数 $\rho(r)$、振幅函数 $A(q)$、散射强度 $I(q)$ 与自相关数 $\Gamma_\rho(r)$ 的关系如图 10-2 所示。

由图 10-2 可知，通过测试样品的小角散射数据，然后通过傅里叶变换可求结构参数、散射体尺寸和质量密度，并通过实空间模型进行数据拟合验证。

3. 实验测试原理

实验测试原理如图 10-3 所示。将样品垂直放置在样品台上，平行 X 射线透过样品，发生散射，探测器在样品另一侧的 0.1°～4°范围内探测散射 X 射线信号并记录，得到样品的 X 射线小角散射图谱。

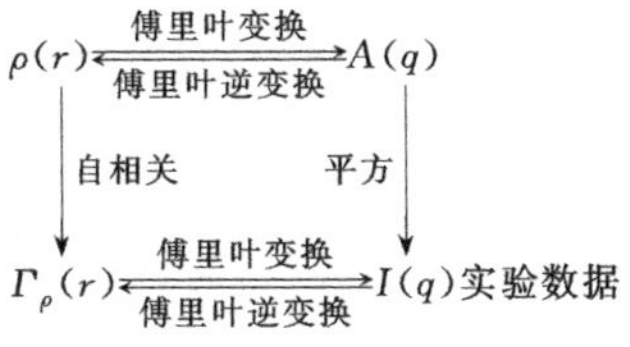

图 10-2 密度函数 ρ(r)、振幅函数 A(q)、散射强度 I(q) 与自相关数 Γρ(r)的关系

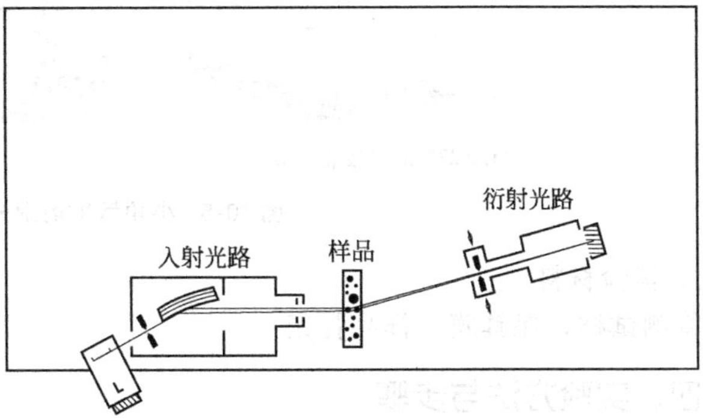

图 10-3 X 射线小角散射测试示意

三、实验设备与材料

1. 仪器

采用荷兰帕纳科锐影衍射仪，如图 9-1 所示。该仪器配有高分辨测角仪、线焦斑 Cu 靶 X 射线管、PIXcel-3D 探测器、仪器控制与数据采集系统。

2. 光路配置

入射光路：采用 Mirror 平行光模块，选用 1/16°入射狭射、0.04°梭拉狭缝、Cu 0.1mm 衰减片和 1/32°钼防散射狭缝，如图 10-4 所示。

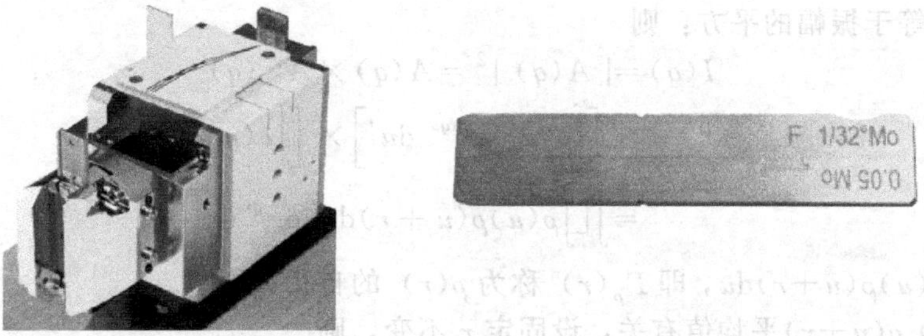

(a) Mirror平行光模块　　(b) 1/32° 钼防散射狭缝

图 10-4　小角散射平行光入射光路器件

衍射光路：采用 0.27°的平板准直器，选用 0.1mm 防散射狭缝和 0.04°梭拉狭缝，将 PIXcel-3D 探测器设置为狭缝模式，狭缝大小为 3 个计数单位。小角散射衍射光路如图 10-5 所示。

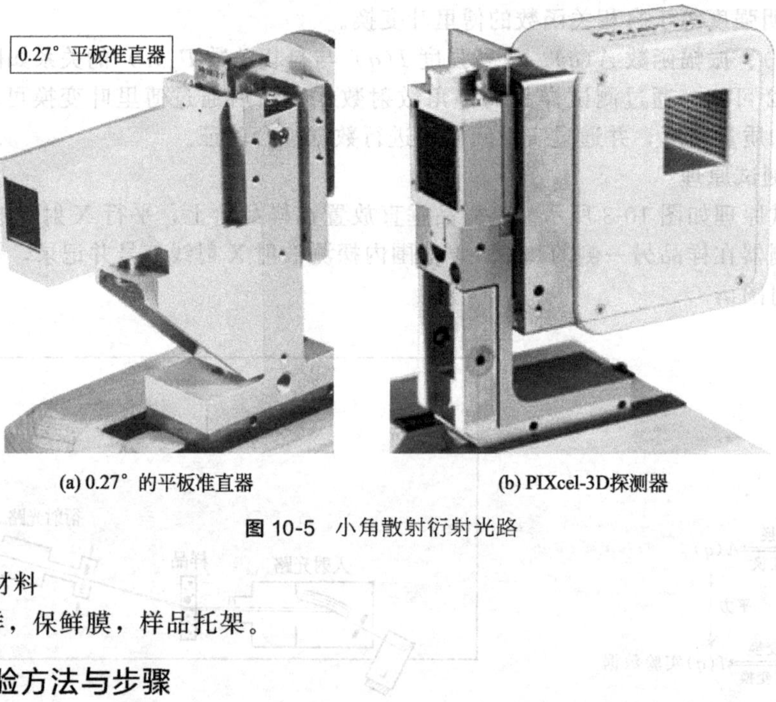

(a) 0.27° 的平板准直器　　(b) PIXcel-3D探测器

图 10-5　小角散射衍射光路

3. 实验材料

待测试样，保鲜膜，样品托架。

四、实验方法与步骤

1. 样品制备

粉末样品：需要先用研钵研细，然后尽可能薄并均匀地分布在小角散射载样台上；胶体样品：直接将胶体样品装入载样台；薄膜样品：将薄膜样品拉平并固定在载样台上。

2. 仪器准备

开机前开启空气压缩机，检查气压表气压是否正常（示值为 4～4.5bar）。若正常，即可开启仪器总电源、按下主机面板上的仪器开启开关，仪器进入自检状态，仪器自检后无错误提示，说明自检通过；然后开启水冷机，检查水压、水温是否正常，水压正常即可开启仪器高压开关，开启 X 射线高压发生器，开启后仪器上显示电压为 30kV、电流为 10mA，说明仪器正常，然后根据小角散射光路配置要求配置仪器光路。

3. 小角散射测试

(1) 检查光路模块、狭缝配置是否正确。单击仪器控制软件的“connect”菜单项，使仪器控制计算机与仪器建立连接，在仪器控制软件上先设置测试管压为40kV，再设置管流为40mA。

（2）仪器光路校准，采用手动测试模式，检查透射光位置。若有偏移，则将透射光谱峰的中心位置设置为新的零点，然后再次检查透射光中心是否处在零位置，或重复校准步骤直至透射光处在零位置。

（3）建立小角散射测试程序，单击新建程序。在弹出对话框中选择新建程序类型“Absolute”，在弹出的程序对话框中根据光路配置要求设置入射光路、衍射光路硬件参数；设置 2θ 为扫描轴，测试角度范围、步长、步时，选择探测器为狭缝模式，狭缝大小为0.05mm等。设置完毕后保存程序，并命名为小角散射。

（4）将未装样品的载样架放入样品台，关好仪器门。单击软件菜单“measure”，在下拉菜单中单击“program”，在弹出的程序列表框中选择小角散射测试程序，单击“open”，然后在弹出的对话框中选择测试数据保存路径及设置数据文件名，单击“OK”，测试空白背景的散射曲线。

（5）将制备好的样品装入仪器样品台，关好仪器门。单击软件菜单“measure”，在下拉菜单中单击“program”，在弹出的程序列表框中选择小角散射测试程序，单击“open”，然后在弹出的对话框中选择测试数据保存路径及设置数据文件名。单击“OK”，测试完毕，数据将自动保存至设定的文件路径中。

4. 关机

测试完毕，利用仪器控制程序先逐步降低X射线管管流至5mA，再将X射线管电压逐步降低至15kV，然后旋转高压发生器开关钥匙至“off”位置，高压关闭；再按关机按钮，关机。数分钟后关闭水冷机和空气压缩机。

5. 数据处理

（1）打开easySAXS分析软件，单击选择自动分析模式，根据试样散射曲线形状选择数据分析模板类型；

（2）单击添加分析对象，在弹出的对话框中单击添加数据，勾选“background”添加空白载样架的背景散射数据，勾选“sample”；添加试样散射数据，添加完试样数据，单击“excute”，分析软件将自动计算试样的颗粒尺寸分布或孔径分布。计算结束会出现一个颗粒尺寸或孔径尺寸分布曲线图，并生成一个数据分析报告；报告中含有平均尺寸和20%、50%、80%累积尺寸分布，以及比表面积等信息。

五、实验报告及要求

1. 实验课前必须预习实验讲义和教材，掌握小角散射实验原理和熟悉实验步骤。

2. 实验报告内容包括：实验目的、实验原理、仪器配置、样品制备、数据处理步骤、小角散射分析取得的实验结果等。

六、思考题

1. 试述小角散射测试过程的注意事项及如何进行测试结果的分析与验证。

2. 试述如何根据小角散射曲线类型，选择粒度分布分析模型。

参考文献

[1] 朱育平．小角X射线散射．北京：化学工业出版社，2008.

[2] 朱晓东．X射线小角散射分析教程．上海：帕纳科X射线仪器应用实验室，2013.

[3] Empyrean Reference Manual. Netherlands: Panalytical Corporation. 2015.

实验 11 薄膜物相定性分析

一、实验目的与任务

1. 学习、了解掠入射衍射原理。
2. 学会用掠入射衍射方法分析薄膜的物相组成。

二、实验原理

1. 掠入射 X 射线衍射

掠入射 X 射线衍射是指将 X 射线入射角固定在一个很小的角度（一般小于 1°），然后通过旋转衍射光路和探测器来采集样品表面薄层衍射信息的衍射方法。由于纳米薄膜非常薄，采用广角衍射法时，X 射线会直接穿透膜层，使得基体的衍射强度大于膜层的衍射强度，甚至无法获取膜层的衍射信息。所以，只有采用掠入射的方法，减少 X 射线的穿透深度，增加 X 射线与膜层的有效作用体积，减少基体的衍射，从而提高膜层的衍射强度。

2. 掠入射衍射原理

掠入射 X 射线衍射示意如图 11-1 所示，入射光路采用平行光或 BBHD 单色光，通过小的入射狭缝和防散射狭缝控制较小的入射光束，使得在低入射角情况下，X 射线束斑仅照射在薄膜样品上，减小杂散光对衍射结果的影响。在衍射光路使用 0.27°的平板长狭缝，使得不同方位角晶面产生的衍射光不发生偏移，减小衍射峰半峰宽，可提高衍射图谱分辨率。通过改变入射角角度，可以探测不同深度膜层的衍射信息，可对多层膜的物相和结构进行分析。入射角越小，采集的衍射信息对应的膜层越薄；入射角越大，采集的衍射信息对应的膜层越厚。

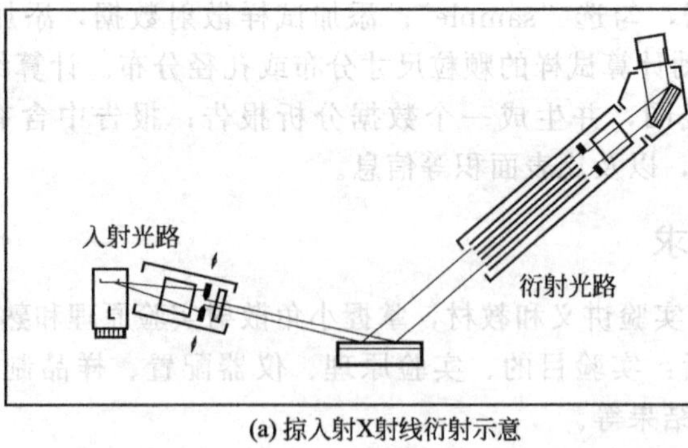

(a) 掠入射X射线衍射示意

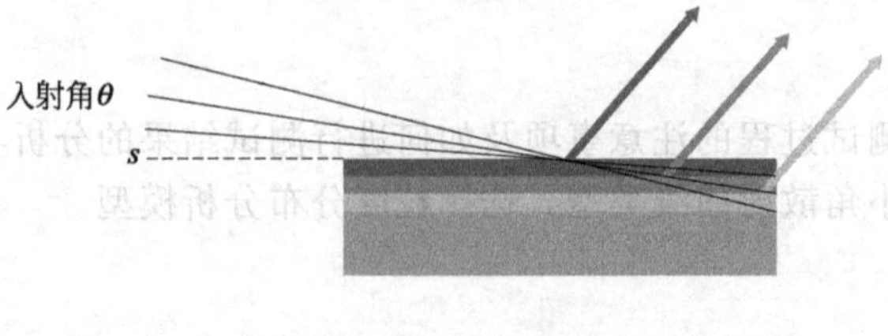

(b) 改变入射角X射线穿透深度及衍射线示意

图 11-1 掠入射衍射示意

三、实验设备与材料

1. 仪器

采用荷兰帕纳科锐影衍射仪，如图 9-1 所示。该仪器配有高分辨测角仪、线焦斑 Cu 靶 X 射线管、PIXcel-3D 探测器、仪器控制与数据采集系统。

2. 光路配置

入射光路：采用 BBHD 光路模块或 Mirror 平行光模块，选择 1/8°入射狭缝、0.04°梭拉狭缝、1/4°的防散射狭缝和 10mm 遮罩。Bragg-BrentanoHD 入射光路器件如图 11-2 所示。

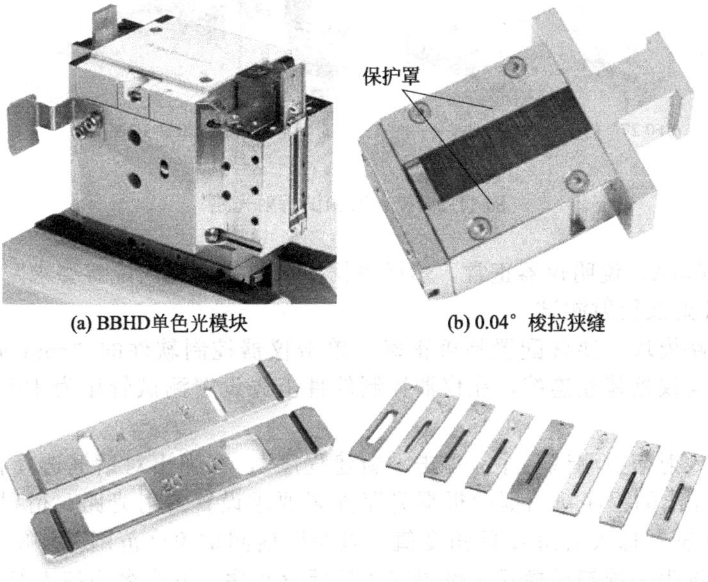

(a) BBHD单色光模块　(b) 0.04° 梭拉狭缝

(c) 4～20mm的遮罩　(d) 不同角度的入射狭缝和防散射狭缝

图 11-2 Bragg-Brentano HD 入射光路器件

衍射光路：采用 0.27°的平板准直器，选用 0.04°梭拉狭缝，将 PIXcel-3D 探测器的探测模式设置为一维扫描模式。掠入射测试衍射光路如图 11-3 所示。

3. 实验材料

待测薄膜试样，盖玻片。

四、实验方法与步骤

1. 样品制备

薄膜制备的方法有很多，请根据本课题组的研究采用相应的方法制备薄膜样品，要求薄膜样品表面必须平整，将薄膜样品固定在样品架上，以确保薄膜平面与载样架平面处在同一平面上即可。

2. 仪器准备

开机前开启空气压缩机，检查气压表气压是否正常（示值处在 4～4.5bar，1bar＝10^5Pa)。若正常，即可开启仪器总电源、按下主机面板上的仪器开启开关，仪器进入自检状态，仪器自检后无错误提示，说明自检通过；然后开启水冷机，检查水压、水温是否正常，水压正常即可开启仪器高压开关，开启 X 射线高压发生器，开启后仪器上显示电压为

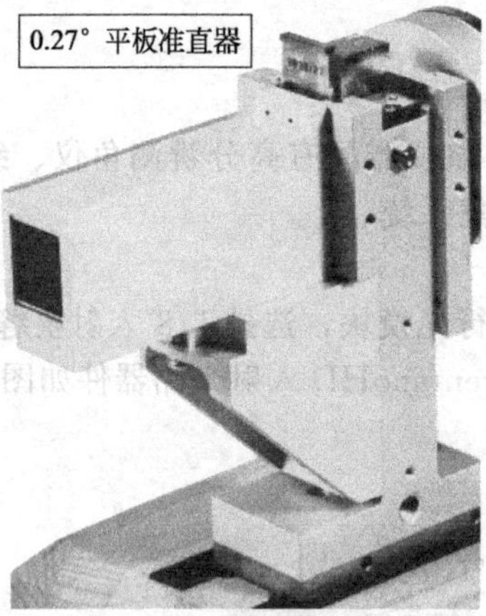

(a) 0.27° 的平板准直器

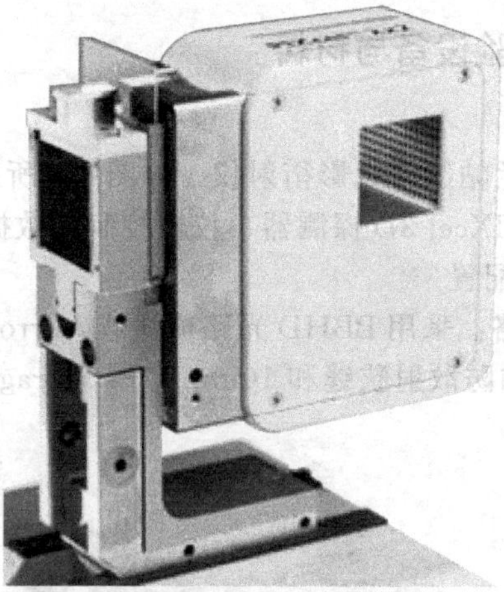

(b) PIXcel-3D探测器

图 11-3 掠入射测试衍射光路

30kV，电流为 10mA，说明仪器正常，然后根据掠入射衍射光路配置要求配置仪器光路。

3. 掠入射 X 射线衍射测试

（1）检查光路模块、狭缝配置是否正确。单击仪器控制软件的“connect”菜单项，使仪器控制计算机与仪器建立连接，在仪器控制软件上先设置测试管压为 40kV，再设置管流为 40mA。

（2）建立掠入射衍射测试程序。单击“新建程序”，在弹出对话框选择新建程序类型为“Absolute”，在弹出的程序对话框中根据光路配置要求设置入射光路、衍射光路硬件参数，设置扫描轴为 2θ 轴、掠入射角 Ω 的角度值，以及图谱测试角度范围 5°～85°，步长、步时、探测器探测模式设为一维扫描模式，设置完毕后保存程序，并命名为掠入射 X 射线衍射。

（3）将制备好的样品装入仪器样品台，关好仪器门。单击软件菜单“measure”，在下拉菜单中单击“program”，在弹出的程序列表框中选择掠入射衍射测试程序，单击“open”，然后在弹出的对话框中选择测试数据保存路径及设置数据文件名，单击“OK”开始测试，测试完毕后数据将自动保存至设定的文件路径中。

4. 关机

测试完毕，利用仪器控制程序先逐步降低 X 射线管管流至 5mA，再将 X 射线管电压逐步降低至 15kV。然后旋转高压发生器开关钥匙至“off”位置，高压关闭，再按关机按钮，关机。数分钟后，关闭水冷机和空气压缩机。

5. 数据处理

数据处理及薄膜物相分析方法与粉末物相分析方法相同，需要注意的是掠入射衍射采集的是符合布拉格原理的相应方位角晶面的衍射信息，以及薄膜可能存在的择优取向。所以，薄膜不同衍射角衍射峰的相对强度与标准卡片对比会有比较大的差异；同时，X 射线在膜内会有一定的折射，所以采集到的衍射峰衍射角会往高角度偏移。在物相定性分析时，注意不要受相对强度比和峰位置略有偏移的限制，可以放宽角度偏移量，不限定峰相对强度比；仅以衍射峰 d 值进行数据库检索，结合膜元素组成和膜制备工艺进行薄膜物相定性分析。

五、实验报告及要求

1. 实验课前必须预习实验讲义和教材，掌握实验原理和熟悉实验步骤。

2. 实验报告内容包括：实验目的、实验原理、仪器配置、样品制备、数据处理、薄膜物相定性分析注意事项及实验分析结果等。

六、思考题

1. 试述掠入射 X 射线衍射与广角衍射的异同点，薄膜物相定性分析的注意事项及分析结果真伪辨别。

2. 试述如何使用掠入射 X 射线衍射技术分析多层薄膜的物相组成？

参考文献

[1] 占勤，杨洪广等．Fe-Al/Al_2O_3 涂层表面氧化膜的掠入射 X 射线衍射研究．原子能科学技术，2012（A1）：517-521.

[2] 刘忠良，刘金锋等．3C-SiC/Si（111）的掠入射 X 射线衍射研究．无机材料学报，2008（5）：928-932.

[3] 朱晓东．掠入射 X 射线衍射分析教程．上海：帕纳科 X 射线分析仪器应用实验室，2015.

[4] Empyrean Reference Manual. Netherlands：Panalytical Corporation. 2015.

实验 12 薄膜厚度测定

一、实验目的与任务

1. 学习、了解薄膜厚度测定原理。

2. 学会用 X 射线反射法测定薄膜厚度。

二、实验原理

1. 薄膜材料

薄膜材料是指厚度介于一个纳米到几个微米之间的单层或多层材料。单层薄膜的膜层与基体的密度不同，它们之间有一个明显的界面，多层膜不同膜层的密度也存在差异，层与层之间、底层与基体之间都存在界面。

2. X 射线界面反射原理

X 射线与物质作用时会发生散射现象，如图 12-1 所示。当散射体无规律自由分布时，X 射线呈现不同方向的漫散射，而当散射体规则排列时，其散射也呈现规律。由两种或两种以上的材料交替沉积形成的纳米多层膜具有成分周期性变化的调制结构。当入射 X 射线在不同层界面且界面粗糙度不大时，其反射线将满足布拉格条件，就会如晶体材料一样在界面发生 X 射线相干散射。由于纳米多层膜的成分调制周期一般为几纳米至几十纳米，大于晶体材料的晶面间距，所以其相干散射产生于极小的角度区域，一般处在 0.3°～6°。

3. 薄膜厚度测试原理

薄膜反射曲线测试原理如图 12-2 所示。采用平行光，小狭缝在低角度 0.1°～5°作 θ-θ 扫描，薄膜不同界面间的 X 射线相干散射将被探测器记录下来，即采集到薄膜样品的反射曲线，如图 12-3 所示。反射曲线的峰间距与薄膜厚度相关，峰形及峰的振幅与膜层密度、界面粗糙度相关，临界角与膜密度相关，最高的平台与样品尺寸、膜层吸收系数、仪器及样品平整度相关。

4. 薄膜厚度计算

薄膜厚度可以用式(12-1) 进行计算。

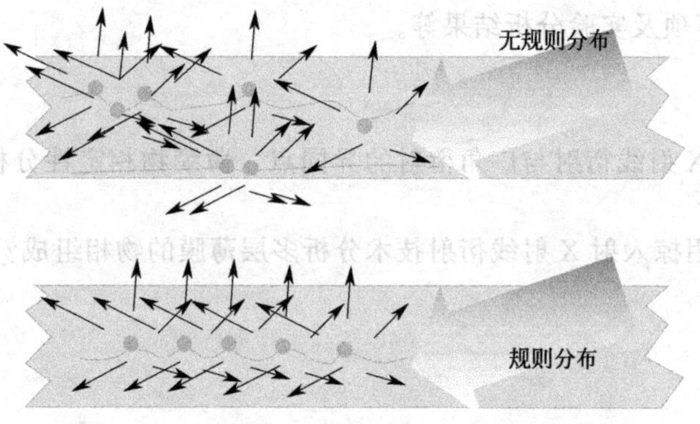

图 12-1　X 射线在不同分布散射体上的散射示意

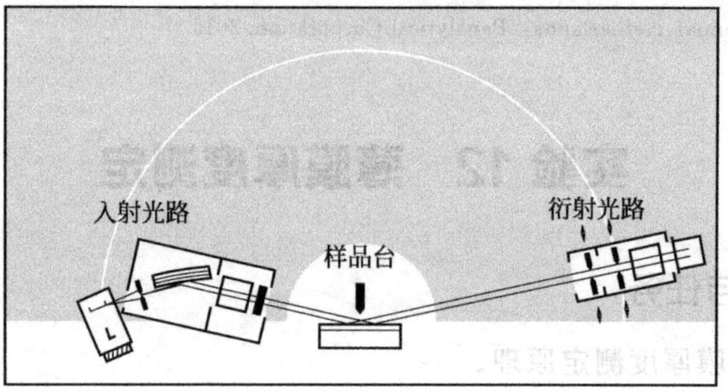

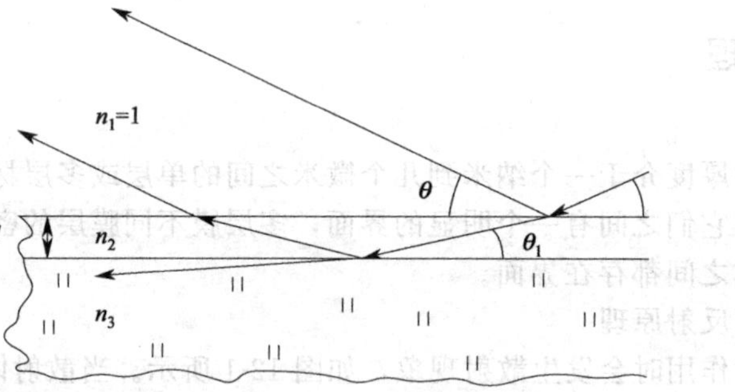

图 12-2　薄膜反射曲线测试原理

$$\lambda=2t\left[\sqrt{(\cos^2\theta_c-\cos^2\theta_2)}-\sqrt{(\cos^2\theta_c-\cos^2\theta_1)}\right] \tag{12-1}$$

式中，λ 为 X 射线波长；t 为薄膜厚度；θ_c 为临界角；θ_1 为反射曲线中一个峰的起始角；θ_2 为这个峰的终止角。

三、实验设备与材料

1. 仪器

采用荷兰帕纳科锐影衍射仪，如图 9-1 所示。该仪器配有高分辨测角仪、线焦斑 Cu 靶 X 射线管、PIXcel-3D 探测器、仪器控制与数据采集系统。

2. 光路配置

入射光路：mirror 平行光模块，1/32°的发散狭缝、1/32°的防散射狭缝、0.04°的梭拉

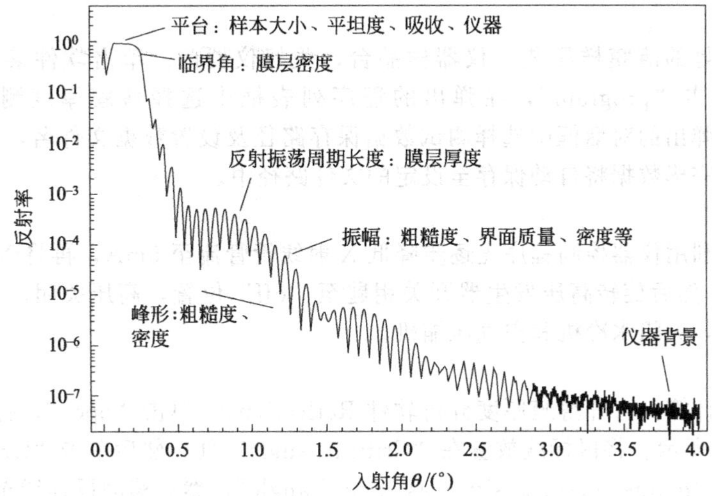

图 12-3 多层薄膜反射曲线

狭缝，0.1mm Cu 衰减片。

衍射光路：平板准直器，0.04°的梭拉狭缝，选择 PIXcel-3D 探测器为狭缝模式，开启角度为 0.165°。

3. 实验材料

待测薄膜样品、玻璃载玻片。

四、实验方法与步骤

1. 样品制备

薄膜制备的方法有很多，请根据本课题组的研究采用相应的方法制备薄膜样品，要求薄膜样品表面必须平整，将薄膜样品固定在样品架上，确保薄膜平面与载样架平面处在同一平面上即可。注意：薄膜样品表面必须平整，不同膜层间或膜层与基体的界面清晰，即两种材料密度差异明显；同时，界面粗糙度不能太大，粗糙度太大，反射峰振幅会变得很弱，可能会导致采集不到反射峰，将无法分析膜厚。

2. 仪器准备

开机前开启空气压缩机，检查气压表气压是否正常（示值处在 4～4.5bar）。若正常，即可开启仪器总电源、按下主机面板上的仪器开启开关，仪器进入自检状态，仪器自检后无错误提示，说明自检通过；然后开启水冷机，检查水压、水温是否正常，水压正常时即可开启仪器高压开关；开启 X 射线高压发生器，开启后仪器上显示电压为 30kV，电流为 10mA，说明仪器正常，然后根据膜厚测试光路配置要求，并配置仪器光路。

3. X 射线衍射反射曲线测试

(1) 检查光路模块、狭缝配置是否正确。单击仪器控制软件的“connect”菜单项，使仪器控制计算机与仪器建立连接，在仪器控制软件上先设置测试管压为 40kV，再设置管流为 40mA。

(2) 建立薄膜厚度测试程序。单击新建程序，在弹出对话框选择新建程序类型为“Absolute”，在弹出的程序对话框中根据光路配置要求设置入射光路、衍射光路硬件及相应参数，设置扫描轴为“Gonio”、测试角度范围为 0.1°～5°、步长为 0.001°、步时为 0.3s，探测器选择狭缝模式，狭缝开启角度为 0.165°；设置完毕后保存程序，并命名为薄膜厚度测试。

（3）将制备好的薄膜样品装入仪器样品台，关好仪器门。单击软件菜单“measure”，在下拉菜单中单击“program”，在弹出的程序列表框中选择薄膜厚度测试程序，单击“open”，然后在弹出的对话框中选择测试数据保存路径及设置数据文件名，单击“OK”即开始测试，测试完毕数据将自动保存至设定的文件路径中。

4. 关机

测试完毕，利用仪器控制程序先逐步降低 X 射线管管流至 5mA，再将 X 射线管电压逐步降低至 15kV；然后旋转高压发生器开关钥匙至“off”位置，高压关闭，再按关机按钮，关机。数分钟后，关闭水冷机和空气压缩机。

5. 数据处理

单层膜厚度计算：打开薄膜厚度分析软件 Reflectivity，单击“open”，打开相应的数据文件，如图 12-4 所示。将鼠标线放置在“Critical Angle”处，然后单击“Graph”菜单，在弹出菜单中单击“define cursor position as critical angle”，然后移动鼠标线至某一最清晰反射峰起始位置，然后单击 Graph 菜单，在弹出菜单中单击“define cursor position as first fringe angle”，然后再移动鼠标线至这个反射峰的终点位置，然后单击“Graph”菜单，在弹出菜单中单击“define cursor position as second fringe angle”。此时在窗口左下角“Thickness analysis”处会显示膜厚度为 63.051nm，如图 12-5 所示。

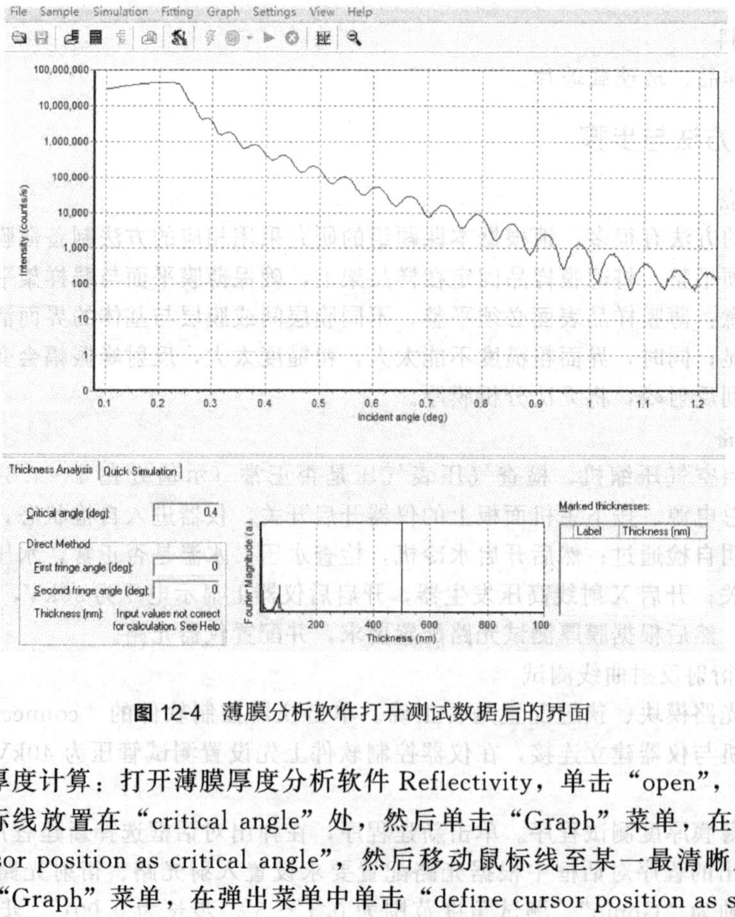

图 12-4 薄膜分析软件打开测试数据后的界面

多层薄膜厚度计算：打开薄膜厚度分析软件 Reflectivity，单击“open”，打开采集的数据文件，将鼠标线放置在“critical angle”处，然后单击“Graph”菜单，在弹出菜单中单击“define cursor position as critical angle”，然后移动鼠标线至某一最清晰反射峰起始位置，然后单击“Graph”菜单，在弹出菜单中单击“define cursor position as start fringe angle”，再移动鼠标线至这组反射峰的终点位置，然后单击“Graph”菜单，在弹出菜单中单击“define cursor position as last fringe angle”。此时在窗口下方会出现一个薄膜厚度分布曲线图，如图 12-6 所示。从图中可知薄膜厚度以 65.4nm 和 68.5nm 为主。

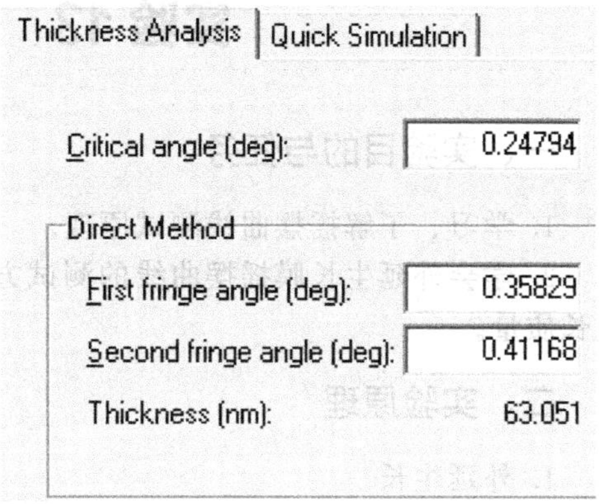

图 12-5 薄膜厚度计算结果

五、实验报告及要求

1. 实验课前必须预习实验讲义和教材，掌握实验原理和熟悉实验步骤。

2. 实验报告内容包括：实验目的、实验原理、仪器配置、样品制备、薄膜厚度计算步骤和结果。

六、思考题

1. 试述薄膜界面粗糙度对 X 射线反射率曲线的影响，如何提高薄膜厚度的测试准确度。

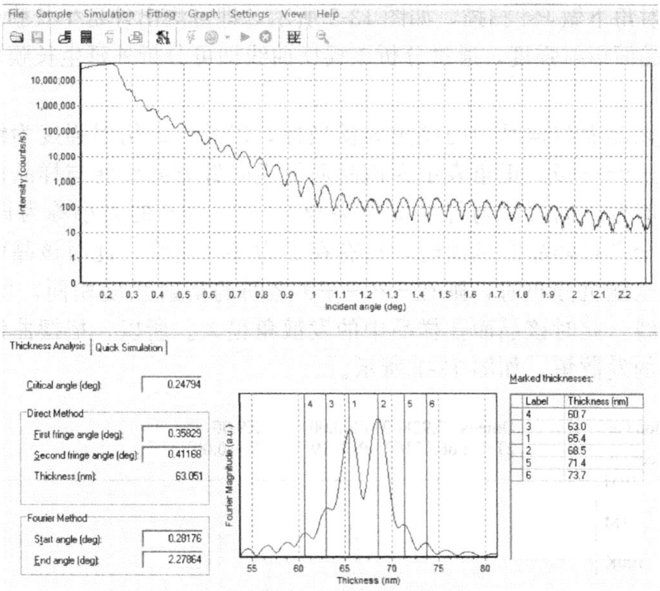

图 12-6 薄膜厚度分析界面

2. 试述 X 射线反射曲线的周期大小与膜厚之间的关系，为什么？

参考文献

[1] 李洪涛，罗毅等．基于 X 射线衍射的 GaN 薄膜厚度的精确测量．物理学报，2008 (11)：7119-7125.

[2] 张延志，赖新春等．具有择优取向性的基材表面的薄膜厚度的 X 射线衍射测量修正．无损检测，2009，31 (8)：628-630.

[3] 朱晓东．薄膜厚度的 X 射线反射测试与分析教程．上海：帕纳科 X 射线分析仪器应用实验室，2015.

[4] Empyrean Reference Manual. Netherlands：Panalytical Corporation. 2015.

实验 13 外延生长膜分析

一、实验目的与任务

1. 学习、了解摇摆曲线测试原理。

2. 学会外延生长膜摇摆曲线的测试方法，并解析摇摆曲线，分析外延生长膜的缺陷和生长质量。

二、实验原理

1. 外延生长

外延生长是指在单晶衬底（基片）上生长一层有一定要求的、与衬底晶向相同的单晶层，犹如原来的晶体向外延伸了一段，故称外延生长。要检查外延生长质量，可通过 X 射线衍射法进行分析。由于是在单晶衬底上向外延伸生长一层，如果生长完美即整个生长晶面没有畸变，所有晶面都平行于样品表面，这样仅当 ψ 角为零时才会出现 X 射线衍射峰；若外延生长不好，即会出现晶格畸变，新生长的晶面方向会发生倾转，这样在 ψ 角不为零时也会出现衍射峰，由此若在特定晶面衍射角下做 Psi 扫描，如图 13-1 所示，即可测出外延生长膜中不同程度偏离原来晶面方向生长的晶面衍射强度，通过分析该摇摆曲线即可分析外延生长膜质量。

2. 摇摆曲线

摇摆曲线是指以晶面与样品面的夹角为横坐标，以晶面的衍射强度为纵坐标组成的曲线图，横坐标范围从 $-\theta \sim +\theta$。正角表示为该晶面沿逆时针方向旋转与样品面的夹角；负角度表示为该晶面沿顺时针方向旋转与样品面的夹角，$-\theta \sim +\theta$ 的大小称为该晶面在样品中的发散角。当晶面完全平行样品测试面时，只有在 θ 为零时出峰，此时该晶面在样品中的发散角为零；当晶面完全随机分布时，则在 $-\theta \sim +\theta$ 之间的衍射强度相同，即该摇摆曲线为平行于横轴的一条直线，此时该晶面在样品中的发散角很大。所以，摇摆曲线是用来描述某一特定晶面在样品中的发散角，如图 13-1 所示。

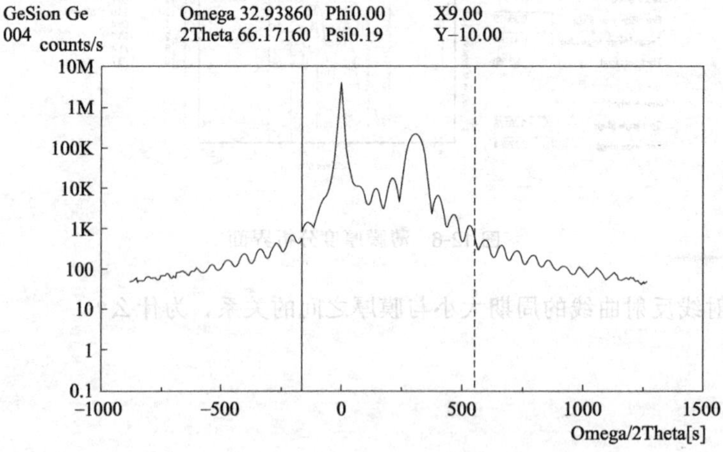

图 13-1 Ge（004）上长一层 GeSi 外延膜的摇摆曲线

3. 摇摆曲线测试原理

摇摆曲线的测试原理如图 13-2 所示。由于是测试某一特定晶面，所以其衍射角是固定的，然后旋转 ψ 角，测试不同 ψ 角该晶面的衍射强度。摇摆曲线要测试晶面生长是否发生畸变，所以是高分辨 X 射线衍射，要求用单色平行 X 射线作为入射光源，在衍射光路上要用三轴分析器，以达到高分辨的测试结果。

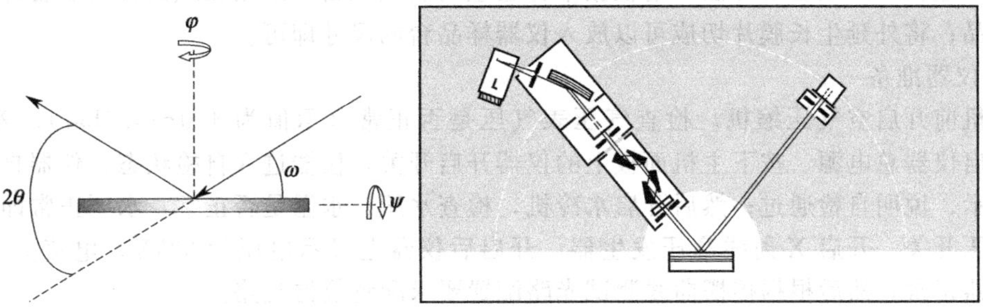

图 13-2 摇摆曲线的测试原理

三、实验设备与材料

1. 仪器

采用荷兰帕纳科锐影衍射仪，如图 9-1 所示。该仪器配有高分辨测角仪、线焦、点焦斑 Cu 靶 X 射线管、PIXcel-3D 探测器、仪器控制与数据采集系统。

2. 光路配置

入射光路：采用 Hybrid 单色平行光模块，选用 1/4°的发散狭缝、0.1mm Cu 衰减片，如图 13-3(a) 所示。

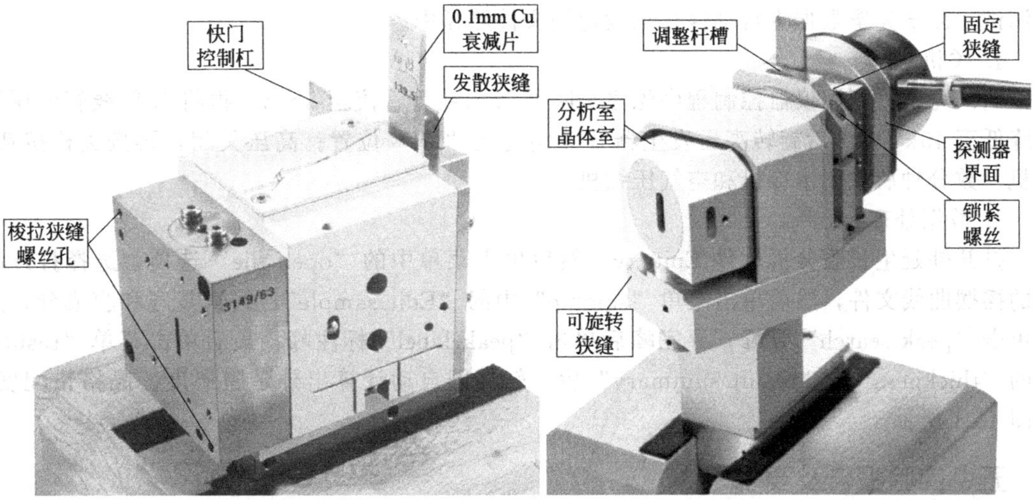

(a) 入射光路单色平行光Hybrid模块　　(b) 三轴分析器模块

图 13-3 高分辨分析测试光路模块

衍射光路：采用三轴分析器和闪烁计数探测器或选用 PIXcel-3D 探测器并设为零维工作模式，如图 13-3(b) 所示。

3. 实验材料

待测外延生长膜样品。

四、实验方法与步骤

1. 样品制备

外延生长薄膜制备的方法，请根据本课题组的研究项目，采用相应的方法制备外延生长薄膜样品；将外延生长膜片切成可以放入仪器样品台的尺寸即可。

2. 仪器准备

开机前开启空气压缩机，检查气压表气压是否正常（示值为 4.0～4.5bar）。若正常，即可开启仪器总电源、按下主机面板上的仪器开启开关，仪器进入自检状态，仪器自检后无错误提示，说明自检通过；然后开启水冷机，检查水压、水温是否正常，水压正常即可开启仪器高压开关。开启 X 射线高压发生器，开启后仪器上显示电压为 30kV，电流为 10mA，说明仪器正常，然后根据摇摆曲线测试光路配置要求配置仪器光路。

3. 外延生长膜摇摆曲线测试

（1）检查光路模块、狭缝配置是否正确。单击仪器控制软件的“connect”菜单项，使仪器控制计算机与仪器建立连接，在仪器控制软件上先设置测试管压为 40kV，再设置管流为 40mA。

（2）建立摇摆曲线测试程序。单击新建程序，在弹出对话框选择新建程序类型为 Absolute，在弹出的程序对话框中根据光路配置要求设置入射光路、衍射光路硬件及相应参数，设置扫描轴为 Psi，测试角度范围为±1500s、步长为 0.001°、步时为 1s，探测器选择零维模式，设置完毕后保存程序，并命名为摇摆曲线测试。

（3）将制备好的薄膜样品装入仪器样品台，关好仪器门。单击软件菜单“measure”，在下拉菜单中单击“program”，在弹出的程序列表框中选择摇摆曲线测试程序，单击“open”，然后在弹出的对话框中选择测试数据保存路径及设置数据文件名，单击“OK”开始测试，测试完毕数据将自动保存至设定的文件路径中。

4. 关机

测试完毕，利用仪器控制程序先逐步降低 X 射线管管流至 5mA，再将 X 射线管电压逐步降低至 15kV，然后旋转高压发生器开关钥匙至“off”位置；高压关闭，再按关机按钮，关机。数分钟后关闭水冷机和空气压缩机。

5. 数据处理

打开外延生长膜分析软件 Epitaxy，然后单击菜单中的“open file”选项，选择打开测试的摇摆曲线文件，然后单击菜单“sample”中的“Edit sample”，编辑基底和膜成分，然后单击“peak search”寻峰，寻完峰后单击“peak label”标注峰，最后单击菜单“result”中的“thickness”和“result summary”后，软件即自动计算出外延膜厚度、晶格错配度，如图 13-4 所示。

五、实验报告及要求

1. 实验课前必须预习实验讲义和教材，掌握实验原理和熟悉实验步骤。

2. 实验报告内容包括：实验目的、实验原理、仪器配置、样品制备、外延膜生长质量分析步骤和结果。

六、思考题

1. 试述外延生长膜质量评价方法与注意事项。

2. 试述外延生长缺陷的定量分析方法及位错密度计算。

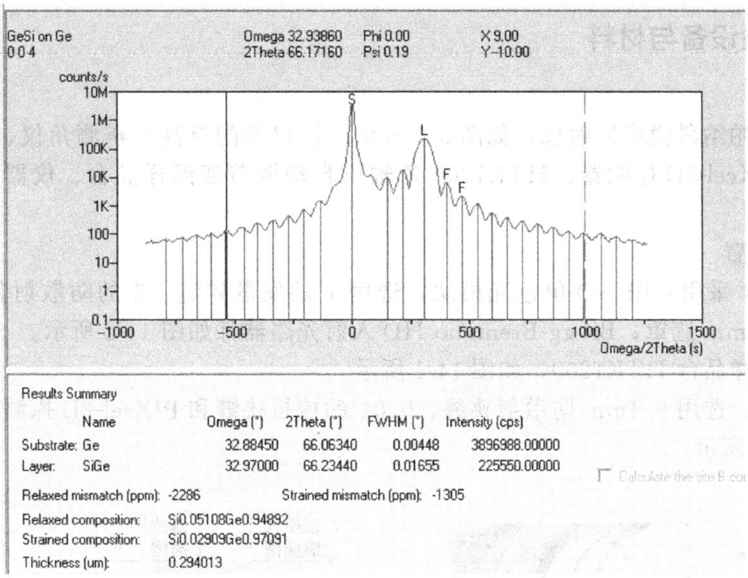

图 13-4　外延膜分析软件界面

参考文献

[1] 于国建，徐明升等．SiC 衬底上生长的 GaN 外延层的高分辨 X 射线衍射分析．人工晶体学报，2014，43（5）：1017-1022.

[2] 李忠辉，罗伟科等．金属有机物化学气相沉积同质外延 GaN 薄膜表面形貌的改善．物理学报，2017，66（10）：106101.

[3] 何菊生，张萌等．基于三轴 X 射线衍射方法的 n-GaN 位错密度的测试条件分析．物理学报，2017，66（21）：216102.

[4] Empyrean Reference Manual. Netherlands：Panalytical Corporation. 2015.

实验 14　原位 X 射线衍射分析

一、实验目的与任务

1. 学习、了解原位 X 射线衍射分析原理。

2. 学会运用原位 X 射线衍射分析方法，分析材料随温度和气氛变化所发生的相变及微观结构变化。

二、实验原理

原位 X 射线衍射分析是指在特定温度和气氛条件下，对材料进行 X 射线衍射分析，分析材料在特定温度与气氛下的物相组成及结构。所以，原位 X 射线衍射分析原理与普通 X 射线衍分析原理完全相同，唯一不同的是常规衍射分析样品是在室温和大气环境下进行；而对于原位 X 射线衍射分析，样品则是处在一个特定的温度和气氛环境。所以，仅需配置一个原位变温样品台即可对材料进行原位衍射分析，原位变温样品台有低温、中温和高温；样品台可根据实验需要配置气氛控制系统，或真空泵对样品室抽真空。

三、实验设备与材料

1. 仪器

采用荷兰帕纳科锐影衍射仪，如图 9-1 所示。该仪器配有高分辨测角仪、线焦斑 Cu 靶 X 射线管、PIXcel-3D 探测器、HTK1200 Z 轴可自动调节变温样品台、仪器控制与数据采集系统。

2. 光路配置

入射光路：采用；BBHD 单色光模块，选用 1°的发散狭缝、2°的防散射狭缝、0.04°的梭拉狭缝和 10mm 遮罩；Bragg-Brentano HD 入射光路器件如图 11-2 所示。

变温原位样品台 HTK1200，如图 14-1 所示。

衍射光路：选用 9.1mm 防散射狭缝、0.04°的梭拉狭缝和 PIXcel-3D 探测器一维扫描模式，如图 14-2 所示。

图 14-1 HTK1200 变温原位样品台

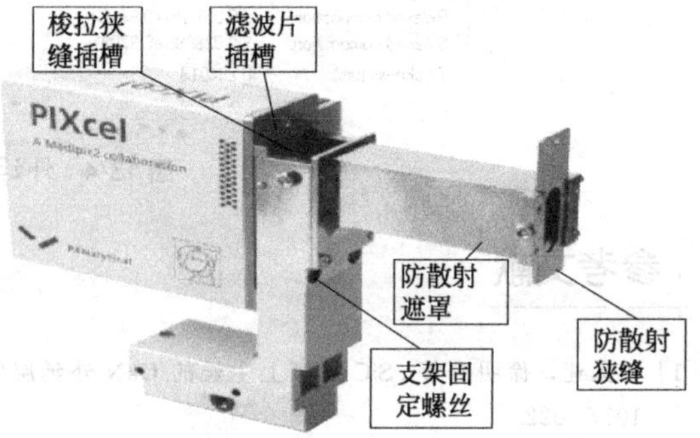

图 14-2 物相分析衍射光路模块

3. 实验材料

待测粉末或块状样品、玻璃载玻片、游标卡尺。

四、实验方法与步骤

1. 样品制备

若是粉末样品先研细，然后放入变温样品台配套的样品托盘内，并压平表面，表面与样品托盘边缘保持在一个平面上；然后将样品装入原位样品台，即可。

若是块状样品，则需切成直径或边长为 10mm 的块状样品，且确保上下两平面平行，然后用游标卡尺测量样品厚度（以设置准确的 Z 轴值），然后将切好的样品放进变温样品台的陶瓷托盘上。

2. 仪器准备

开机前开启空气压缩机，检查气压表气压是否正常（示值处在 4～4.5bar）。若正常，即可开启仪器总电源、按下主机面板上的仪器开启开关，仪器进入自检状态，仪器自检后无错误提示，说明自检通过；然后开启水冷机，检查水压、水温是否正常，水压正常即可开启仪器高压开关，开启 X 射线高压发生器，开启后仪器上显示电压为 30kV，电流为 10mA，说明仪器正常，然后根据变温原位测试光路配置要求配置仪器光路。

3. 变温原位 X 射线衍射测试

(1) 检查光路模块、狭缝配置是否正确，单击仪器控制软件的“connect”菜单项，使仪器控制计算机与仪器建立连接，在仪器控制软件上先设置测试管压为40kV，再设置管流为40mA。

(2) 建立常规物相测试程序，单击新建程序，在弹出对话框选择新建程序类型为“absolute”，在弹出的程序对话框中根据光路配置要求设置入射光路、衍射光路硬件及相应参数，设置扫描轴为“Gonio”、测试角度范围为5°～90°、步长为0.013°、步时为20s，探测器选择一维扫描模式，设置完毕后保存程序，并命名为常规物相测试。

(3) 建立变温原位X射线衍射测试序列程序，单击新建程序，在弹出对话框选择新建程序类型为“Non-ambiant program”，然后在弹出的对话框中编写变温测试序列，序列包含起始温度、升温速率、每个温度点保温时间、每个温度点调用常规物相测试程序，以及降温速率、降温温度点保温时间（有需要测降温时设置）；序列编好后，检查程序正误，然后保存并命名为变温原位测试。

(4) 将制备好的样品装入变温样品台，关好仪器门；确认打开温控设备；反应气路连接完好并已通气。校准样品台Z轴高度，然后单击软件菜单“measure”，在下拉菜单中单击“program”。在弹出的程序列表框中选择变温原位测试程序，单击“open”，然后在弹出的对话框中选择测试数据保存路径并设置数据文件名，单击“OK”，仪器便开始按程序序列进行变温原位测试。测试完毕，数据将自动保存至设定的文件路径中。

4. 关机

测试完毕，利用仪器控制程序先逐步降低X射线管管流至5mA，再将X射线管电压逐步降低至15kV，然后旋转高压发生器开关钥匙至“off”位置，高压关闭；再按关机按钮，关机。数分钟后，关闭水冷机和空气压缩机。

5. 数据处理

运行highscore软件，单击打开文件按钮，打开原位测试数据，比较不同温度点图谱变化；也可选择“cluster”数据统计主成分分析，将相近的衍射图谱分到同一组，然后对每一组图谱进行物相定性分析、物相定量分析、物相晶胞参数分析、晶粒尺寸分析、晶格畸变分析以及结构精修等，这些分析方法参照前面的相关实验进行。

五、实验报告及要求

1. 实验课前必须预习实验讲义和教材，掌握实验原理和熟悉实验步骤。

2. 实验报告内容包括：实验目的、实验原理、仪器配置、样品制备、原位XRD分析步骤和结果讨论。

六、思考题

1. 试述变温原位X射线衍射分析方法与常规相分析的差异及注意事项，原位X射线衍射有哪些应用？

2. 试述变温X射线衍射分析中样品热膨胀对X射线衍射图谱的影响？

参考文献

[1] 马利静，郭烈锦．采用原位变温X射线衍射技术研究不同气氛下TiO_2的相变机理．光谱学与光谱分析，2011 (4)：1133-1137.

[2] 岳廷，何灏等．$La_{0.55}Ca_{0.45}MnO_3$的电子密度分布变温X射线衍射测量．物理学报，2011 (5)：691-697.

[3] 朱晓东．变温X射线衍射测试分析教程．上海：帕纳科X射线分析仪器应用实验室，2015.

[4] Empyrean Reference Manual. Netherlands：Panalytical Corporation. 2015.

第二章

电子显微分析

实验 15　扫描电子显微镜的构造、工作原理与使用

一、实验目的与任务

1. 了解扫描电镜的基本结构和工作原理。
2. 初步学习 Zeiss Supra 55 场发射扫描电镜的操作方法。

二、扫描电子显微镜的构造

扫描电子显微镜（scanning electron microscope，简称扫描电镜）是利用细聚电子束在样品表面逐点扫描，与样品相互作用产生各种物理信号。这些信号经检测器接收、放大并转换成调制信号，最后在荧光屏上显示反映样品表面各种特征的图像。扫描电镜具有景深大、图像立体感强、放大倍数范围大且连续可调、分辨率高、样品室空间大且样品制备简单等特点，是进行样品表面研究的有效工具。

图 15-1 所示为德国 Zeiss Supra 55 场发射扫描电镜外观照片，其构造如图 15-2 所示，主要由以下四部分构成。

(1) 电子光学系统：包括电子枪、电磁透镜和扫描线圈等。

(2) 真空系统：包括机械泵、扩散泵等。

(3) 成像系统：包括信号的收集、放大、处理和显示与记录部分。

(4) 机械系统：包括支撑部分、样品室等。

三、扫描电镜的工作原理

扫描电镜的工作原理是依据电子与物质的相互作用。当一束高能的入射电子轰击物质表面时，被激发的区域将产生二次电子、俄歇电子、特征 X 射线和连续谱 X 射线、背散射电子、透射电子，以及在可见、紫外、红外光区域产生的电磁辐射。电子激发样品可获得的各种信号如图 15-3 所示；同时，也可产生电子-空穴对、晶格振动（声子）、电子振荡（等离子体）。原则上讲，利用电子和物质的相互作用，可以获取被测样品本身的各种物理、化学性质的信息，如形貌、组成、晶体结构、电子结构和内部电场或磁场等。扫描电子显微镜正是根据上述不同信息产生的机理，采用不同的信息检测器，使选择检测得以实现。例如，对二次电子、背散射电子的采集，可得到有关物质微观形貌的信息；对 X 射线的采集，可得到物质化学成分的信

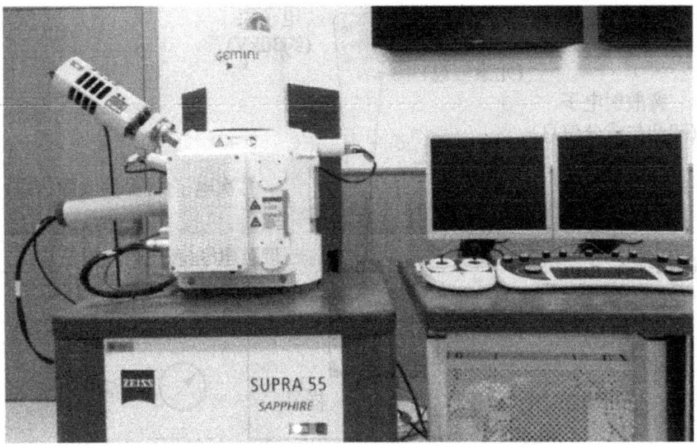

图 15-1　Zeiss Supra 55 场发射扫描电镜外观照片

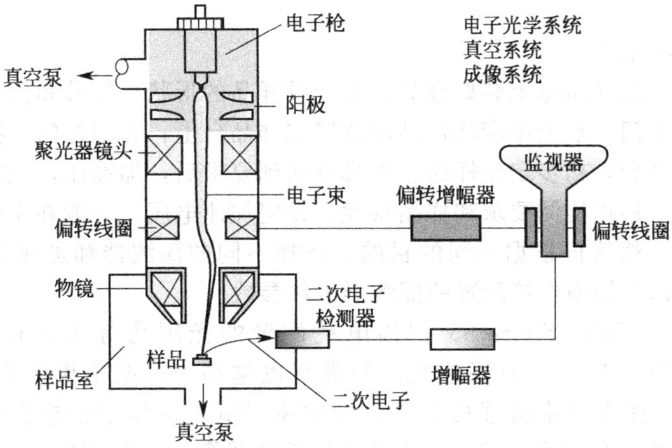

图 15-2　扫描电镜结构示意

息。正因如此，根据不同需求，可制造出功能配置不同的扫描电子显微镜。

扫描电镜所需的加速电压比透射电镜要低得多，一般为 1～30kV，实验时可根据被分析样品的性质适当地选择，最常用的加速电压为 20kV 左右。扫描电镜的图像放大倍数在一定范围内（几十倍到几十万倍）可以实现连续调整。放大倍数等于荧光屏上显示的图像横向长度与电子束在样品上横向扫描的实际长度之比。扫描电镜的电子光学系统与透射电镜有所不同，其作用仅仅是为了提供扫描电子束，作为使样品产生各种物理信号的激发源。扫描电镜最常使用的是二次电子信号和背散射电子信号。前者用于显示表面形貌衬度，后者用于显示原子序数衬度。

四、扫描电镜的使用

1. 样品准备

在使用扫描电镜观察样品时，要求样品干燥，各样品观察点高度基本一致；确认样品不会脱落，并用洗耳球吹一下。高真空模式观察时，需确保样品导电性。

样品的干燥方法：对一般潮湿样品，直接晾干或用烘箱烘干；对生物样品，先用液氮冷冻后，再用冷冻干燥仪干燥。

样品的固定方法：对一般块体样品，用碳胶带粘接在样品桩上。也可用带弹簧夹的样品座夹住；对粉末样品，粘接在碳胶带上后，需用洗耳球吹一下。

不导电样品处理：不导电样品在高真空模式下观察，一般需喷碳或镀金。

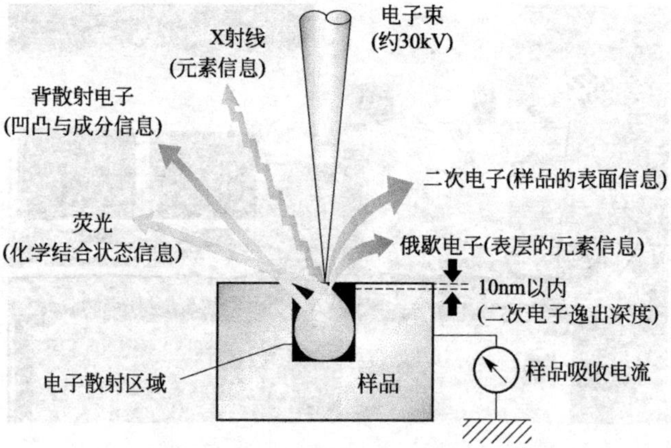

图 15-3　电子激发样品可获得的各种信号

2. 扫描电镜操作流程

（1）放入样品　在样品座上装好样品，并记录样品的形状、编号和位置；关闭高压和放气；拉开样品室的舱门，戴上手套将样品座放置在样品台上；关闭舱门，抽真空，在等待过程中，可先移动样品台，初步定位样品。当真空达到要求后，加高压，观察样品。

（2）高压选择　根据检测要求和样品特性，设定加速电压。一般在 10～20kV 用二次电子像进行初步观察，然后再根据不同的目的，选择不同的探测器和加速电压进行测试。表 15-1 为 Zeiss Supra 55 扫描电镜配置的探测器工作参数。

（3）光阑选择　Zeiss Supra 55 扫描电镜配置的光阑孔有 10μm、30μm、60μm 和 120μm 四挡。光阑孔径越小，景深越大，分辨率也越高，但电子束流会减小。一般选择 30μm 的标准光阑，此光阑束流强度适中，分辨率最好，适用于拍摄高倍图像。60μm 和 120μm 光阑束流较强，分辨率稍差，适用于拍摄低倍图像和采集 EDX、EBSD 谱。

表 15-1　Zeiss Supra 55 扫描电镜配置的探测器工作参数

探测器	加速电压/kV	工作距离/mm	成像特点
Inlens	≤20	2～10	具有边缘效应，分辨率高，适用于高倍成像，低加速电压效果更好
SE2	无限制	＞5	具有阴影效应，立体感较好，低倍效果好
AsB	≥10	5～10	反映元素衬度
VPSE	一般≤5	5～10	低真空模式下形貌像

（4）聚焦和消像散　在观察样品时要保证聚焦准确才能获得清晰的图像。一般来说，遵循“高倍聚焦，低倍观察”的原则，即把图像放大到高倍，先调粗聚焦，然后在焦点附近反复做稍欠焦、正焦、过焦的操作。如果存在像散，在欠焦和过焦时，像被拉长，而且欠焦与过焦时拉长方向是垂直的。选择 stigma align（x，y），通过操作面板上的 x，y 旋钮调整至图像至心脏式跳动而不是摇摆晃动。

（5）亮度和对比度的选择　二次电子像的对比度受试样表面形貌凹凸不平而引起二次电子发射数量不同的影响，可通过调节光电倍增管的电压来调节。一般来说，增加对比度也增加了信号的直流成分，所以亮度也会增高，因此调节对比度和亮度一般应同时进行。

高质量的扫描照片满足以下要求：①分辨率高；②视野选择好；③景深大，立体感强；④图像层次丰富，衬度和亮度合理。要获得高质量的照片，就要求正确的操作和合理选择观察条件。

图 15-4 为 Zeiss Supra 55 扫描电镜拍摄的 T8 钢断口组织形貌。图 15-4 中 EHT 表示加速电压，Signal A 表示探测器类型，WD 表示工作距离，Mag 表示放大倍数。

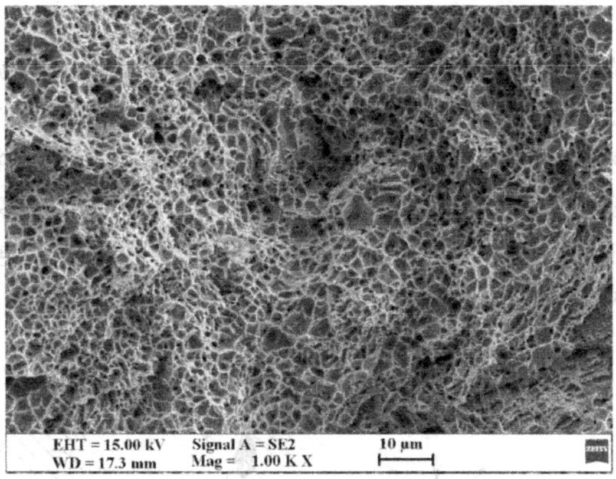

图 15-4　Zeiss Supra 55 扫描电镜拍摄的 T8 钢断口组织形貌

五、实验报告及要求

1. 简要说明扫描电镜的基本结构及特点。
2. 简要说明扫描电镜的基本工作原理。

六、思考题

1. 扫描电镜的加速加压与样品的成像质量有何关系？
2. 样品的导电性与电镜测试参数的选择有何关系？

参考文献

[1] 潘清林．材料现代分析测试实验教程．北京：冶金工业出版社，2011.
[2] 周玉．材料分析方法．北京：机械工业出版社，2011.
[3] 赵岩．扫描电子显微镜基本原理及使用技术．上海：上海海洋大学，2015.
[4] 李炎．材料现代微观分析技术——基本原理及应用．北京：化学工业出版社，2011.

实验 16　扫描电镜形貌分析

一、实验目的与任务

1. 理解扫描电镜二次电子像的成像原理。
2. 理解扫描电镜背散射电子像成像原理。
3. 掌握扫描电镜形貌分析方法。

二、实验原理

1. 二次电子像及其衬度原理

二次电子信号来自于样品表面层 5～10nm，信号的强度对样品微区表面相对于入射束的取向非常敏感。在扫描电镜中，二次电子的产生额（产生数量）δ 随入射角 θ 的变化而变化。对于给定的电子束，二次电子发射率主要取决于电子束的入射角 θ：

$$\delta \propto 1/\cos\theta$$

二次电子产生额对微区表面的几何形状十分敏感，随入射束与试样表面法线夹角增大，二次电子产生额增大。因为电子束穿入样品激发二次电子的有效深度增加，使表面 5～10nm 作用体积内逸出表面的二次电子数量增多。如果样品表面光滑平整（无形貌特征），则不形成衬度；而对于表面有一定形貌的样品，其形貌可看成由许多不同倾斜程度的面构成的凸尖、台阶、凹坑等细节组成。这些细节的不同部位发射的二次电子数不同，从而产生衬度。图 16-1 为实际样品中二次电子的激发过程。

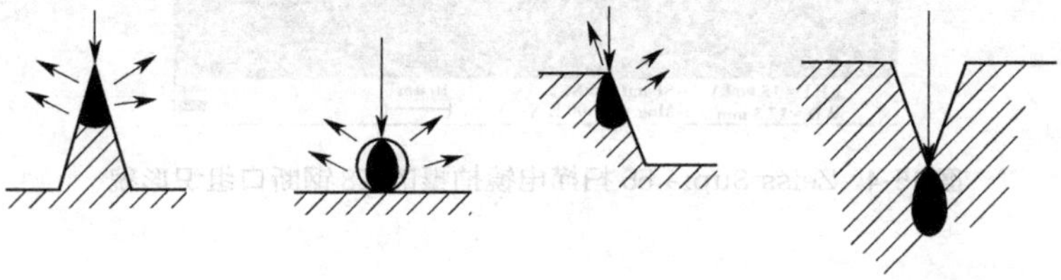

(a) 凸出尖嘴　(b) 小颗粒　(c) 侧面　(d) 凹槽

图 16-1　实际样品中二次电子的激发过程

图中凸出的尖棱、小粒子以及比较陡的斜面处二次电子产生额较多，在荧光屏上这部分的亮度较大；平面上的二次电子产生额较小，亮度较低；在深的凹槽底部尽管能产生较多的二次电子，使其不易被控制，因此相应衬度也较暗。

二次电子像的分辨率较高，一般为 3～6nm。其分辨率的高低主要取决于束斑直径，而实际上真正达到的分辨率与样品本身的性质、制备方法，以及电镜的操作条件（如高压、扫描速率、光强度、工作距离、样品的倾斜角等因素）有关。在最理想的状态下，目前可达到的最佳分辨率为 1nm。

扫描电镜图像表面形貌衬度几乎可以用于显示任何样品表面的超微信息，其应用已渗透到许多科学研究领域，在失效分析、刑事案件侦破、病理诊断等技术部门也得到广泛应用。在材料科学研究领域，表面形貌衬度在断口分析等方面有突出的优越性。

利用试样或构件断口的二次电子像所显示的表面形貌特征，可以获得有关裂纹的起源、裂纹扩展的途径以及断裂方式等信息。根据断口的微观形貌特征可以分析裂纹萌生的原因、裂纹的扩展途径以及断裂机制。

几种比较常见的金属断口的扫描电镜二次电子形貌如图 16-2 所示。

(1) 韧窝断口　该断口的重要特征是在断面上存在大量的等轴“韧窝”状花样，有时在韧窝的底部可以观察到夹杂物或第二相粒子，如图 16-2(a) 所示。

(2) 解理断口　解理断口的典型特征是在断口上存在许多台阶。在解理裂纹扩展过程中，台阶相互汇合形成河流花样。如图 16-2(b) 所示。

(3) 准解理断口　实质上是由许多解理面组成，其断口中有许多弯曲的撕裂棱，河流花样由点状裂纹源向四周放射。如图 16-2(c) 所示。

(4) 脆性沿晶断口　沿晶断口特征是晶粒表面形貌组成的冰糖状花样。但某些材料的晶间断裂也可以显示出较大的延性，此时断口上除呈现晶间断裂的特征外，还会有韧窝等存在，表现为混合花样的特征，如图 16-2(d) 所示。

2. 背散射电子成像原理

背散射电子（back scattered electron，BSE）是由样品反射出来的初次电子，通常以直

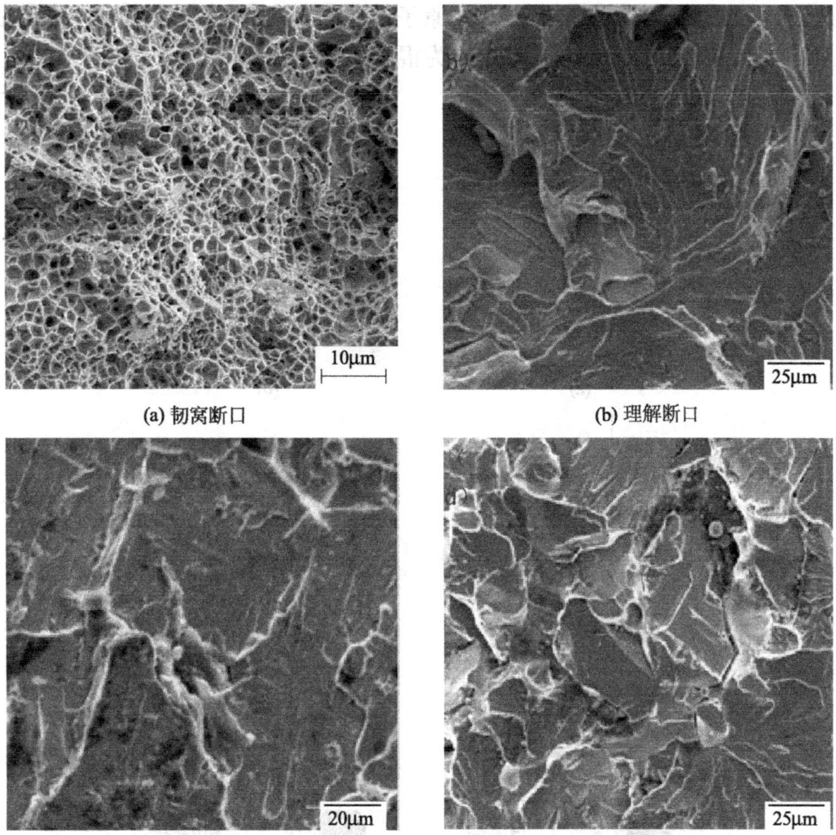

(a) 韧窝断口　(b) 理解断口

(c) 准解理断口　(d) 脆性沿晶断口

图 16-2 扫描电镜韧窝形貌

线轨迹逸出样品表面，其能量很高；有相当部分接近入射电子能量，在试样中产生的范围大，像的分辨率低。

通常来说，背散射电子能够提供三种样品信息：一是样品表层形貌信息，即形貌衬度（topography contrast），凸起、尖锐和倾斜面的背散射电子多，探头接收到的信号强，图像较亮，见图 16-3(a)、(b)；二是原子序数信息，即原子序数衬度成像（Z-contrast），原子序数越大，背散射电子越多，探头接收到的信号越强，反映在图像上就越亮，见图 16-3(c)、(d)；三是晶体取向信息，背散射电子的强度取决于入射电子束与晶面的相对取向，见图 16-3(e)、(f)。晶体取向和入射电子束方向的改变均可以导致 BSE 强度的改变。当入射电子束与晶面之间的夹角越大时，溢出试样表面的背散射电子就越多，探头接收到的信号越强，图像亮度越高；而当入射电子束与晶面之间的夹角越小时，晶面间形成通道，背散射电子多数进入试样内部，溢出试样表面的背散射电子越少，信号越弱，图像越暗。材料科学家研究的多为多晶材料，此时每个晶粒取向不尽相同，晶面和入射电子束的夹角不同，从而利用电子通道衬度成像（electron channeling contrast imaging，ECCI）。

目前扫描电镜上可配置的背散射探头主要有两类：一种是传统的平插式探头；另一种是安装在 EBSD 探头最前端的倾斜 70°的探头，又称前置背散射（ECC 衬度比传统平插式探头强），见图 16-4。前置背散射的优点如下。探头分成 4 片，同时每片均可以打开或者关闭（可以实现衬度反转，类似 TEM 上的明、暗场像），从而实现选择是否滤掉 Z-contrast 信息，只保留 ECC 信息，或者只保留 Z-contrast 信息，滤掉 ECC 信息。这只是理论上的结论，实际拍摄的背散射照片均是形貌衬度、原子序数衬度和取向衬度的混合衬度成像。对于平插式探头而言，一般情况下所拍摄照片均为混合衬度像。

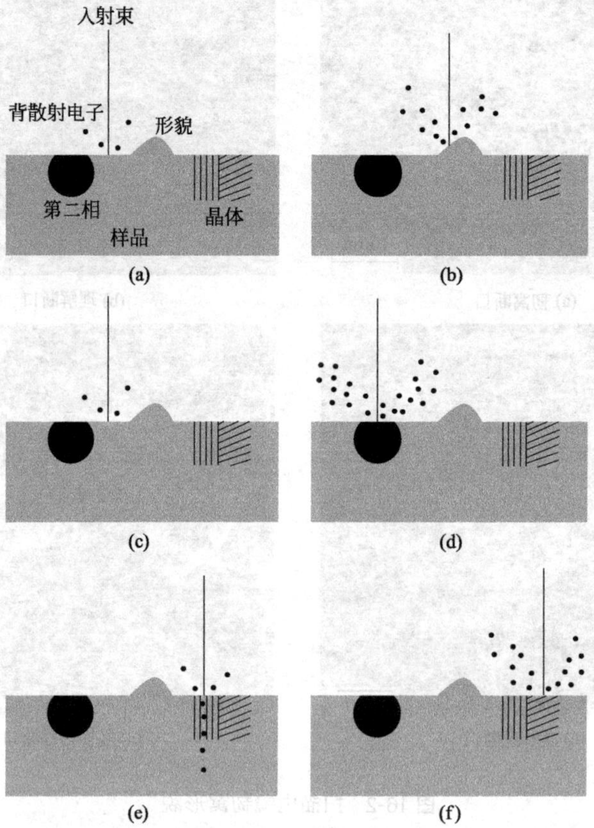

图 16-3 背散射电子成像原理

图 16-5 为冷拔高强钢丝珠光体组织的二次电子像和背散射电子像的对比图。对于二次电子像，在制样过程中需要进行腐蚀，样品在冷变形过程中存在局部应力集中，造成组织腐蚀的不均匀；在同一腐蚀时间下，有些区域内的片层组织遭到严重破坏，如图 16-5(a) 中黑色箭头所示。由于渗碳体片层和铁素体片层的原子序数（平均原子序数）不同，利用背散射像可以通过原子序数衬度成像原理进行观察。由于铁素体的原子序数较大，显示出白亮色；而渗碳体原子序数较小，显示出灰黑色。由于没有经过化学侵蚀液的腐蚀作用，从而避免了上述侵蚀带来的诸多问题。

三、实验方法与步骤

1. 实验设备及材料

Zeiss Supra 55 场发射扫描电镜，断口试样，珠光体钢样品。

2. 样品制备

扫描电镜的优点之一是样品制备简单，对于新鲜的金属断口样品不需要做任何处理，可直接进行观察。但在有些情况下需对样品进行必要的处理。

（1）样品表面附着有灰尘和油污，可用有机溶剂（乙醇或丙酮）在超声波清洗器中清洗。

（2）样品表面锈蚀或严重氧化，可采用化学清洗或电解的方法处理。清洗时可能会失去

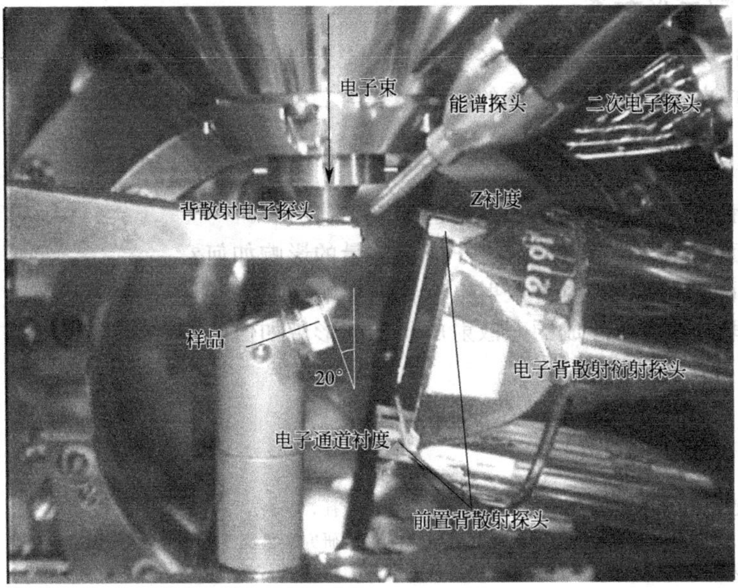

图 16-4 背散射电子探头种类及在 SEM 上的位置

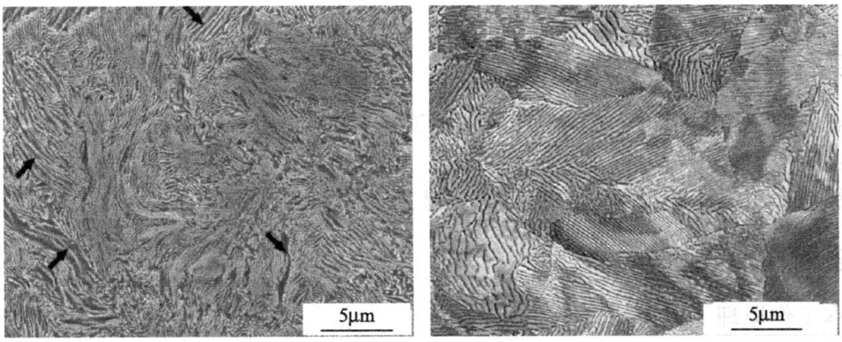

(a) 二次电子像 (b) 背散射电子像

图 16-5 冷拔钢丝中珠光体组织的 SEM 形貌

一些表面形貌特征的细节，操作过程中应该注意。

（3）对于不导电的样品，观察前需在表面喷镀一层导电金属或碳，镀膜厚度控制在 5～10nm 为宜。

要进行背散射电子成像观察时，对样品有更高的要求。对钢铁样品来说，一般采用机械磨抛＋电解抛光法。具体实验步骤包括：首先经过 240# 和 400# 砂纸机械研磨，然后用 9μm 金刚石颗粒悬浮液进行机械抛光；为了有效去除磨抛过程带来的残余应力，最后采用电解抛光，电解抛光液为 10％高氯酸加乙醇，直流电压为 20V，电流为 0.5～0.9mA，温度低于－10℃，时间 1min 左右。

3. 形貌观察

将准备好的样品按顺序用导电胶粘贴到样品座上，放入电镜样品台，抽真空，加高压，进行形貌观察。

四、实验报告及要求

1. 简要描述扫描电镜样品的制备过程。
2. 分析扫描电镜背散射电子像的特点，并与二次电子像进行对比分析。

五、思考题

1. 样品表面形貌与二次电子像衬度的关系如何？
2. 样品表面不导电颗粒对二次电子成像质量的影响如何？
3. 样品的原子序数大小对背散射电子像的影响如何？
4. 样品的取向衬度所形成的背散射电子像的形貌如何？

参考文献

[1] 潘清林．材料现代分析测试实验教程．北京：冶金工业出版社，2011.
[2] 郭宁．桥梁缆索用冷拔珠光体钢丝微观组织表征及力学性能研究．重庆：重庆大学，2012.
[3] 张晓丹．钢帘线钢丝冷拉拔过程中组织演变的定量研究与力学性能．北京：清华大学，2009.

实验 17　背散射电子衍射分析

一、实验目的与任务

1. 了解背散射电子衍射（EBSD）的基本工作原理。
2. 掌握背散射电子衍射样品的制备方法。
3. 掌握背散射电子衍射分析方法及数据处理。

二、实验原理

1. 基本工作原理

20 世纪 90 年代以来，装配在 SEM 上的电子背散射衍射花样（electron back-scattering patterns，EBSP）晶体微区取向和晶体结构的分析技术取得了较大发展。该技术也被称为电子背散射衍射（electron backscatter diffraction，EBSD）或取向成像显微技术（orientation imaging microscopy，OIM）等。EBSD 测定晶体取向技术是在 Kossel 衍射线分析晶体局部区域的取向和电子通道花样分析晶体取向的基础上逐渐发展起来的快速测定材料微区晶体取向的一种技术。

EBSD 系统测定晶体学取向的完整标定过程如图 17-1 所示。当扫描电镜中的样品倾斜一定角度之后，样品表面激发出的背散射电子便可以发生衍射，产生类似于 TEM 中观察到的菊池花样。与 TEM 不同的是，SEM 中产生的菊池花样来源于样品表层以下 50nm 左右的背散射电子，而不是透射电子。对菊池衍射花样进行 Hough 变换，然后根据电镜样品室坐标系、背散射衍射花样探头坐标系及花样采集平面样品台坐标系三者之间的相对空间几何关系信息，结合衍射几何原理，即可通过计算机拟合确定菊池花样对应的取向。同时，计算机会根据这一测得的取向、空间几何关系以及材料的晶体学信息，模拟出这一取向对应的菊池花样。对模拟结果和计算结果进行比较、拟合、判断，最终将各个晶面和晶带轴对应的菊池线和菊池极指标化，得到该点的晶体取向，相对花样采集样品台坐标系的取向，即 3 个欧拉角数值。与其他方法相比，EBSD技术在织构分析方面显示出明显优势，主要表现在如下几个方面。

(1) EBSD技术在定量测定各种取向晶粒所占比例时，还能直观显示各种取向在显微组织中的分布。

(2) EBSD技术也可用多种形式描述织构，如极图、反极图、ODF等，其优势是数据处理方便、快捷。

(3) EBSD技术方法灵活，可在较大区域中提取选区数据，从而进行微区或选区织构的测定；也可选择某种取向成像，从而显示该取向的晶粒形貌和分布。

(4) EBSD技术测定织构的结果与实际情况偏离较小。

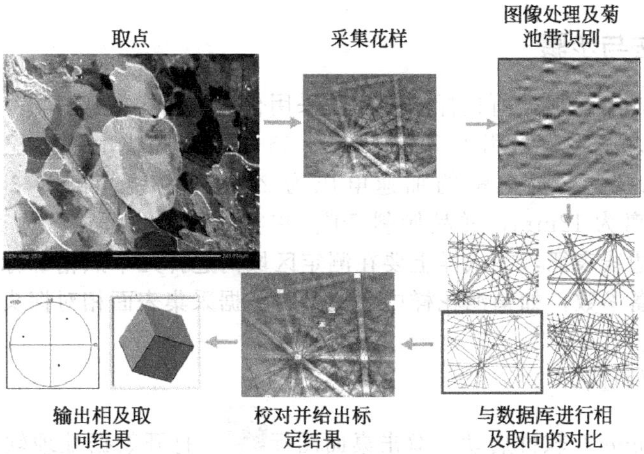

图17-1 一个完整的EBSD标定过程

2. 样品制备

EBSD试验对样品的基本要求是表面平整、清洁，无残余应力，导电性良好，样品形状和尺寸适合；并且样品外观坐标系要准确，以便后续的数据分析。

EBSD样品常见的制备方法有机械抛光、电解抛光、化学侵蚀、离子轰击、聚焦离子束（FIB）等。金属样品最常用的是电解抛光方法，它是获得平整试样表面的最好方法之一。电解抛光效果的好坏，影响因素很多，除了样品材料、抛光面大小和厚度外，还有电解液成分、电压值、电流密度、搅拌条件、电极板间距和温度等，需要选择合理的抛光工艺。

在电解抛光之前，需要对样品表面进行处理，选择砂纸从粗到细进行机械磨光。在电解抛光的过程中，样品接阳极，不锈钢电极作为阴极。抛光装置放在磁力搅拌器上，调节适当速度使得抛光液平缓均匀流动，在特定的温度和电压下，可通过调整样品与电极之间的相对距离来调整抛光电流密度值。

镁合金电解抛光液为商用AC2抛光液，抛光电压为20V，时间为50～60s，电流值为0.2～0.3A。电解抛光结束后，立即用乙醇清洗表面，避免抛光面接触到水以防止表面氧化。为防止抛光液残留在样品表面，可用超声波清洗获得较为清洁的表面。由于镁合金极易氧化，所以清洗后的样品尽量和空气隔绝，可存放在乙醇或者丙酮中，并及时上电镜进行EBSD表征。

铝合金电解抛光液为5%的高氯酸与乙醇混合液，抛光电压为40V，温度为−20℃，时间为1～2min。电解抛光结束后，立即把样品放在水龙头下冲洗，然后用乙醇冲洗样品表面，吹干，并及时上电镜进行EBSD表征。

3. EBSD数据处理

利用HKL Channel 5商业软件包对采集到的EBSD数据进行常规处理，可用来分析与晶体取向有关的现象，如孪生取向和基体取向，动态再结晶晶粒取向和变形基体的取向；还可分析晶体微织构，统计晶粒尺寸、织构的组分等。而对于某些复杂的数据分析和处理，则需要自行编写程序后续处理。

三、实验设备与材料

1. 实验设备：德国Zeiss Supra 55扫描电镜，Oxford HKL Channel 5 EBSD系统。
2. 实验材料：铝合金、不锈钢、钛合金、镁合金。

四、实验方法与步骤

1. EBSD样品制备。根据所选择的样品，采用合适的制样方式。

2. EBSD表征。本实验采用了Zeiss Supra 55场发射扫描电镜上配置的Oxford HKL Channel 5 EBSD系统。扫描电镜的加速电压为20kV，物镜光阑为30μm，探头距离为174.5mm，工作距离为12mm，样品倾斜70°。在实际表征过程中，为获得准确的取向信息，对菊池线采用边线表征，在试样上要在测定区域内选择几个点精确标定EBSD花样指数来精确调整当前设备参数，如菊池花样中心位置、数据采集表面相对探头的取向等，然后再进行晶体取向表征。

3. EBSD数据处理。

（1）HKL Channel 5软件启动。双击桌面图标，打开数据处理软件，选择样品对应的数据库，如Ti（图17-2）。

（2）打开EBSD采集到的数据文件。把文件拖到Tango图标上，可进行取向成像图分析（图17-3）。

图17-2 Channel 5启动界面

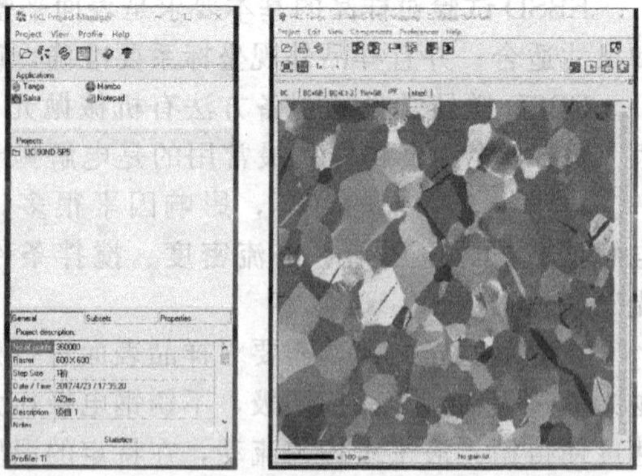

图17-3 Tango分析

（3）把文件拖到Manbo图标，可进行极图、反极图分析（图17-4）。

五、实验报告及要求

1. 简要说明EBSD的基本工作原理。

2. 针对实际选择的样品采集到的EBSD数据进行数据处理，并说明所获信息的物理意义。

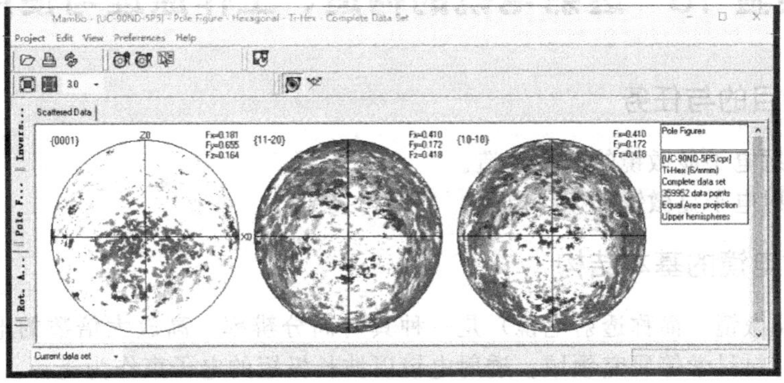

(a) 极图散点图

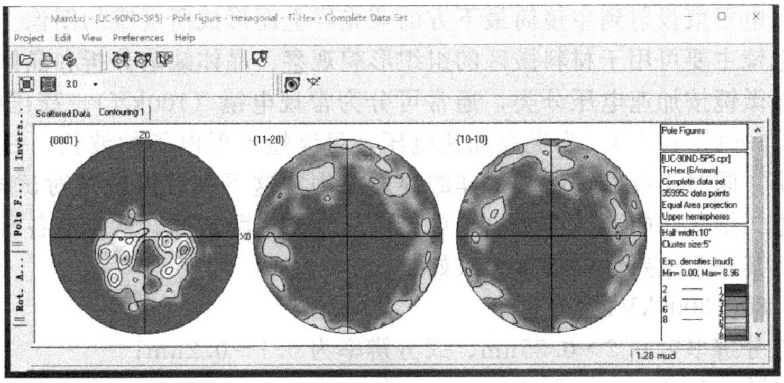

(b) 计算后的极图

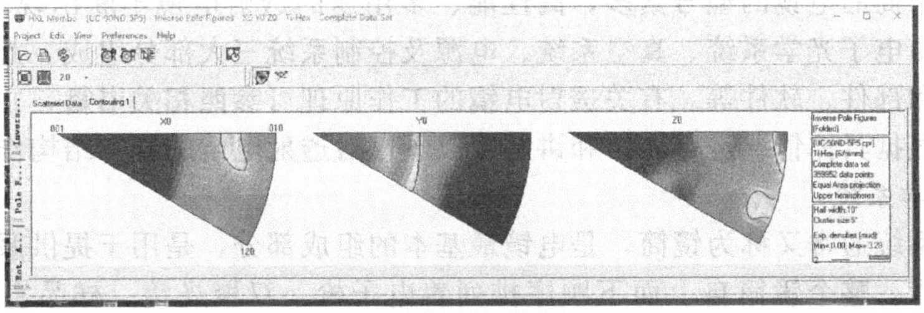

(c) 计算后的反极图

图 17-4　Manbo 分析

六、思考题

1. 样品的变形量对 EBSD 花样的影响如何？
2. EBSD 统计晶粒度的原理是什么？

参考文献

[1] 汪炳叔．初始取向及变形条件对 AZ31 镁合金压缩塑性行为影响的研究．重庆：重庆大学，2012.

[2] 郭宁．桥梁缆索用冷拔珠光体钢丝微观组织表征及力学性能研究．重庆：重庆大学，2012.

[3] 杨平．电子背散射衍射技术及其应用．北京：冶金工业出版社，2007.

实验 18 透射电镜的构造、工作原理与使用

一、实验目的与任务

1. 了解透射电子显微镜的基本构造。
2. 理解透射电子显微镜的工作原理。

二、透射电镜的基本结构

透射电子显微镜（简称透射电镜）是一种具有高分辨率、高放大倍数的电子光学仪器，被广泛应用于材料科学等研究领域。透射电镜以波长极短的电子束作为光源，电子束经由聚光镜系统的电磁透镜将其聚焦成一束近似平行的光线穿透样品，再经成像系统的电磁透镜成像和放大，然后电子束投射到主镜筒最下方的荧光屏上而形成所观察的图像。在材料科学研究领域，透射电镜主要可用于材料微区的组织形貌观察、晶体缺陷分析和晶体结构测定。

透射电子显微镜按加速电压分类，通常可分为常规电镜（100kV）、高压电镜（300kV）和超高压电镜（500kV 以上）。为提高加速电压，可缩短入射电子的波长。一方面有利于提高电镜的分辨率，同时又可以提高对试样的穿透能力，这不仅可以放宽对试样减薄的要求，而且厚试样与近二维状态的薄试样相比，更接近三维的实际情况。就当前各研究领域使用的透射电镜来看，其三个主要性能指标大致如下。

加速电压：80～3000kV；

分辨率：点分辨率为 0.2～0.35nm、线分辨率为 0.1～0.2nm；

最高放大倍数：30 万～100 万倍。

尽管近年来商品电镜的型号繁多，高性能、多用途的透射电镜不断出现，但总体来说，透射电镜一般由电子光学系统、真空系统、电源及控制系统三大部分组成。此外，还包括一些附加的仪器和部件、软件等。有关透射电镜的工作原理可参照相关书籍，并结合本实验室的透射电镜，根据具体情况进行介绍和讲解。以下仅对透射电镜的基本结构作简单介绍。

1. 电子光学系统

电子光学系统通常又称为镜筒，是电镜最基本的组成部分，是用于提供照明、成像、显像和记录的装置。整个镜筒自上而下顺序排列着电子枪、双聚光镜、样品室、物镜、中间镜、投影镜、观察室、荧光屏及照相室等。通常又把电子光学系统分为照明、成像、观察与记录系统。

2. 真空系统

为保证电镜正常工作，要求电子光学系统应处于真空状态下。电镜的真空度一般应保持在 10^{-5}torr（1torr＝133.32Pa），这需要机械泵和油扩散泵两级串联才能得到保证。目前的透射电镜增加一个离子泵以提高真空度，真空度可高达 133.322×10^{-8}Pa 或更高。如果电镜的真空度达不到要求会出现以下问题。

（1）电子与空气分子碰撞改变运动轨迹，影响成像质量。

（2）栅极与阳极间空气分子电离，导致极间放电。

（3）阴极炽热的灯丝迅速氧化烧损，缩短使用寿命甚至无法正常工作。

（4）试样易于氧化污染，产生假象。

3. 供电控制系统

供电系统主要提供两部分电源：一是用于电子枪加速电子的小电流高压电源；二是用于各透镜激磁的大电流低压电源。目前先进的透射电镜多已采用自动控制系统，其中

包括真空系统操作的自动控制，从低真空到高真空的自动转换、真空与高压启闭的联锁控制，以及用微机控制参数选择和镜筒合轴对中等。图 18-1 为 Tecnai G2 F20 型场发射透射电子显微镜。

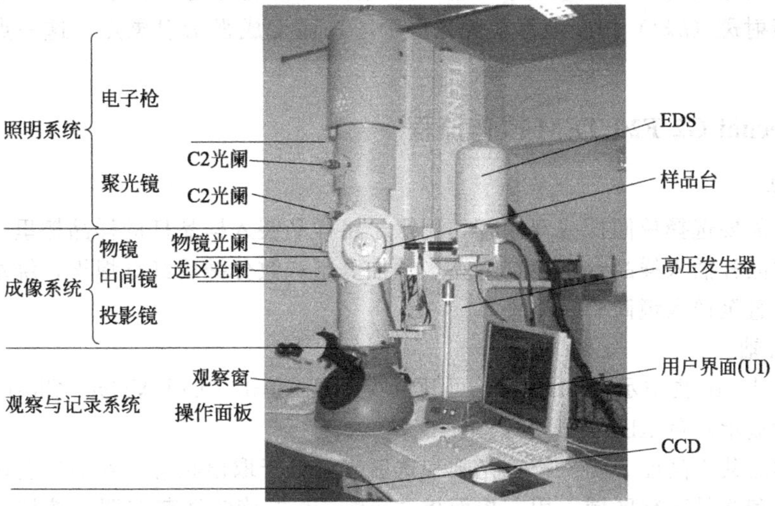

图 18-1　Tecnai G2 F20 型场发射透射电子显微镜

三、明暗场成像原理

晶体薄膜样品明暗场像的衬度（即不同区域的亮暗差别）是由于样品相应的不同部位结构或取向的差别导致衍射强度的差异而形成的，因此称其为衍射衬度。以衍射衬度机制为主而形成的图像称为衍衬像。如果只允许透射束通过物镜光阑成像，称其为明场像；如果只允许某支衍射束通过物镜光阑成像，则称为暗场像。有关明暗场成像的光路原理参见图 18-2。就衍射衬度而言，样品中不同部位结构或取向的差别，实际上表现在满足或偏离布拉格条件程度上的差别。满足布拉格条件的区域，衍射束强度较高，而透射束强度相对较弱，用透射束成明场像该区域呈暗衬度；反之，偏离布拉格条件的区域，衍射束强度较弱，透射束强度

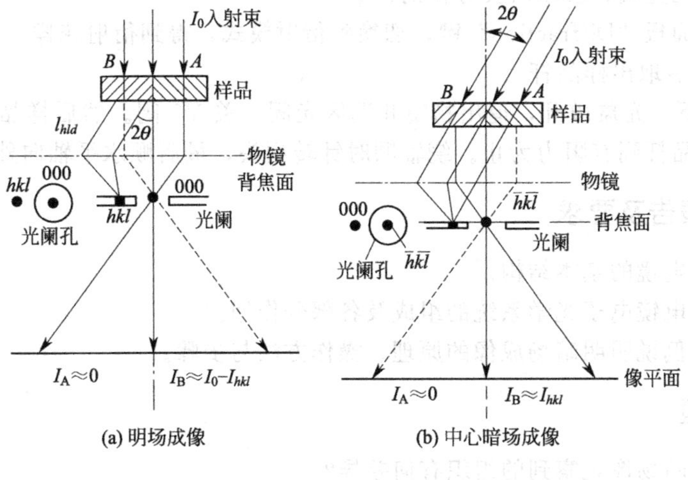

图 18-2　明暗场成像的光路原理

相对较高，该区域在明场像中显示亮衬度。而暗场像中的衬度则与选择的衍射束成像有关。如果在一个晶粒内，在双光束衍射条件下，明场像与暗场像的衬度恰好相反。通过倾斜入射束方向，把成像的衍射束调整至光轴方向，这样可以减小球差，获得高质量的图像。用这种方式形成的暗场像称为中心暗场像。在倾斜入射束时，应将透射斑移至原强衍射斑（*hkl*）位置，而弱衍射斑（*hkl*）相应地移至荧光屏中心，而变成强衍射斑点，这一点应该在操作时引起注意。

四、 Tecnai G2 F20 TEM 操作流程

1. 装样品

（1）根据需要选择单倾杆或双倾杆，用镊子将样品装入样品杆的样品槽里。

（2）将样品杆插入样品台中，红灯亮，预抽真空；数分钟后红灯熄灭，绕水平轴逆时针旋转样品杆，直至送入镜筒中。

2. 电镜合轴

（1）在 Column 真空示数<12 后，可开启 V7 阀：单击"Col. Valves Closed"图标，使其变灰，同时显示灰色 READY 图标。

（2）调样品共心高度。确认物镜光阑和选区光阑处于取出状态，在 SA 模式的放大倍数下，找到光斑和样品观察区域，用左控面板"Intensity"旋钮调节照明，按控制板"Eucentric focus"键，调节"Z axis"键使图像聚焦到衬度最低；也可按控制板"Wobbler"键后，调节"Z axis"键让样品图像摆动幅度最小来辅助聚焦。

3. 明场像观察

（1）在 SA 模式下，选择合适的放大倍数，检查基本合轴正常。

（2）按亮右控面板"Diffraction"，在衍射模式下，插入物镜光阑套取中心透射斑点；按灭右控面板"Diffraction"，切换回 SA 模式。

（3）用右控面板"Magnification"钮调节放大倍数，用左控面板"Intensity"钮调节照明亮度。

（4）在控制面板上按"R1"键，升起荧光屏，用 CCD 拍照。

4. 选区衍射操作

（1）选定样品中感兴趣的区域，在 SA 模式下调整至合适放大倍数。

（2）加入选区光阑，套取所要分析的位置。

（3）按控制面板"Diffraction"键，切换到衍射模式，得到衍射花样。

5. 分析结束后取出样品杆

在 SA 模式下，光斑散开，退出物镜和选区光阑，关 V7 阀。然后样品台归零，再顺水平轴向外拔出样品杆到有阻力为止。绕轴顺时针转到头，最后顺水平轴向外拔出样品杆。

五、实验报告及要求

1. 简述透射电镜的基本结构。
2. 简述透射电镜电子光学系统的组成及各部分作用。
3. 绘图并举例说明明暗场成像的原理、操作方法与步骤。

六、思考题

1. 明场像与暗场像观察到的组织有何差异？
2. 加速电压改变后，需不需要重新进行电镜合轴？为什么？

参考文献

[1] 卢焕明，陈国新．透射电子显微镜培训资料．宁波：中科院宁波材料所公共技术服务中心，2012.
[2] 周玉．材料分析方法．北京：机械工业出版社，2011.

实验 19　透射电镜样品的制备

一、实验目的与任务

1. 掌握塑料-碳二级复型样品的制备方法。
2. 掌握材料薄膜样品的制备方法——电解双喷减薄法和离子减薄法。

二、塑料-碳二级复型的制备原理与方法

1. AC 纸的制作

所谓 AC 纸就是醋酸纤维素薄膜。它的制作方法是：首先按质量份配制 6%醋酸纤维素丙酮溶液。为了使 AC 纸质地柔软、渗透性强并具有蓝色，在配制溶液中再加入 2%磷酸三苯酯和几粒甲基紫。

待上述物质全部溶入丙酮中且形成蓝色半透明的液体，再将它调制均匀并等气泡逸尽后，适量地倒在干净、平滑的玻璃板上，倾斜转动玻璃板，使液体大面积展平。用一个玻璃钟罩扣上，让钟罩下边与玻璃板间留有一定间隙，以便保护 AC 纸的清洁和控制干燥速度。乙酸纤维素丙酮溶液蒸发过慢，AC 纸易吸水变白；干燥过快，AC 纸会产生龟裂。所以，要根据室温、湿度确定钟罩下边和玻璃间的间隙大小。经过 24h 后，把贴在玻璃板上已干透的 AC 纸边沿用薄刀片划开，小心地揭下 AC 纸，将它夹在书本中即可备用。

2. 塑料-碳二级复型的制备方法

(1) 在腐蚀好的金相样品表面滴上一滴丙酮，贴上一张稍大于金相样品表面的 AC 纸（厚 30～80μm），如图 19-1(a) 所示。注意不要留有气泡和皱折。若金相样品表面浮雕大，可在丙酮完全蒸发前适当加压。静置片刻后，最好在灯泡下烘烤 15min 左右使之干燥。

(2) 小心地揭下已经干透的 AC 纸复型（即第一级复型），将复型复制面朝上平整地贴在衬有纸片的胶纸上，如图 19-1(b) 所示。

(3) 把滴上一滴扩散泵油的白瓷片和贴有复型的载玻片置于镀膜机真空室中。按镀膜机的操作规程，先以倾斜方向“投影”铬，再以垂直方向喷碳，如图 19-1(c) 所示。其膜厚度以无油处白色瓷片变成浅褐色为宜。

(4) 打开真空室，从载玻片上取下复合复型，将要分析的部位小心地剪成 2mm×2mm 的小方片，置于盛有丙酮的磨口培养皿中，如图 19-1(d) 所示。

(5) AC 纸从碳复型上全部被溶解后，第二级复型（即碳复型）将漂浮在丙酮液面上，用铜网布制成的小勺把碳复型捞到清洁的丙酮中洗涤，再移到蒸馏水中，依靠水的表面张力使卷曲的碳复型展平并漂浮在水面上。最后用镊子夹持支撑铜网把它捞起，如图 19-1(e) 所示，放到过滤纸上，干燥后即可置于电镜中观察。AC 纸在溶解过程中，常常由于它的膨胀使碳膜畸变或破坏。为了得到较完整的碳复型，可采用下述方法。

① 使用薄的或加入磷酸三苯酯及甲基紫的 AC 纸。

② 用 50%乙醇冲淡的丙酮溶液或加热（≤55℃）的纯丙酮溶解 AC 纸。

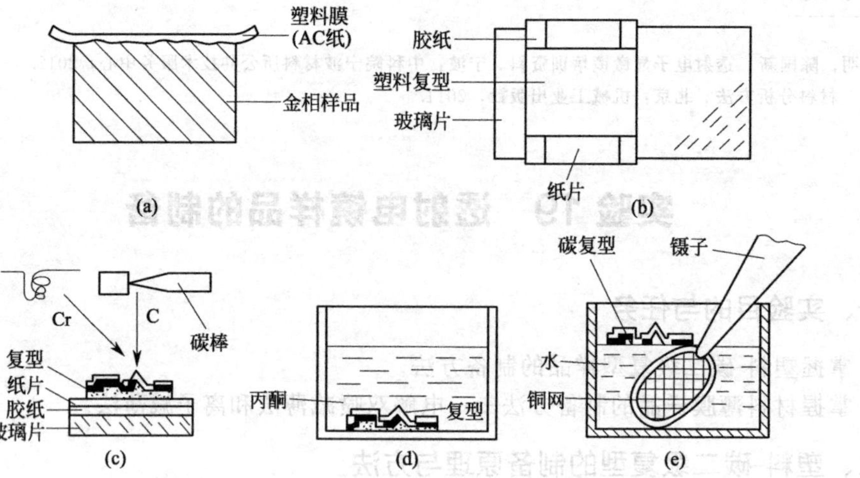

图 19-1 塑料-碳型二级复型制备方法

③ 保证在优于 2.66×10^{-3}Pa 高真空条件下喷碳。

④ 在溶解 AC 纸前用低温石蜡加固碳膜。即把剪成小方片的复合复型碳面与熔化在烘热的小玻璃片上的低温石蜡液贴在一起，待石蜡液凝固后，放在丙酮中溶解掉 AC 纸，然后加热（≤55℃）丙酮并保温 20min，使石蜡全部熔掉，碳复型将漂浮在丙酮液面上；再经干净的丙酮和蒸馏水的清洗，捞到样品支撑铜网上，这样就获得不碎的碳复型。

三、材料薄膜样品的制备方法

制备薄膜样品最常用的方法是电解双喷减薄法和离子减薄法。

1. 电解双喷减薄法

(1) 装置 图 19-2 为电解双喷抛光装置原理示意。此装置主要由三部分组成：电解冷却与循环部分、电解抛光减薄部分以及观察样品部分。

① 电解冷却与循环部分。通过耐酸泵把低温电解液经喷嘴打在样品表面。低温循环电解减薄，不使样品因过热而氧化；同时又可得到表面平滑而光亮的薄膜。

② 电解抛光减薄部分。电解液由泵打出后，通过相对的两个铂阴极玻璃嘴喷到样品表面。喷嘴口径为 1mm，样品放在聚四氟乙烯制作的夹具上。样品通过直径为 0.5mm 的铂丝与不锈钢阳极之间保持电接触，调节喷嘴位置使两个喷嘴位于同一直线上。

③ 观察样品部分。电解抛光时一根光导纤维管把外部光源传送到样品的一个侧面。当样品刚一穿孔时，透过样品的光通过在样品另一侧的光导纤维管传到外面的光电管，切断电解抛光射流，并发出报警声响。

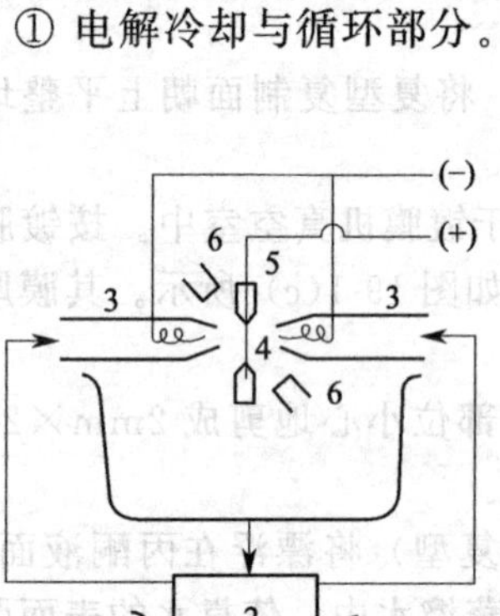

图 19-2 电解双喷抛光装置原理

1—冷却设备；2—泵、电解液；3—喷嘴；4—试样；5—样品架；6—光导纤维管

(2) 样品制备过程

① 切薄片。用电火花（Mo 丝）线切割机床或锯片机从试样上切割下厚 0.2～0.3mm 的薄片。在冷却条件下热

影响区很薄，一般不会影响样品原来的显微组织形态。

② 预减薄。预减薄分为机械磨薄和化学减薄两类。

机械磨薄时，用砂纸手工磨薄至 50μm，注意均匀磨薄，试样不能扭折以免产生过大的塑性变形，引起位错及其他缺陷密度的变化。具体操作方法：用 502 胶将切片粘到玻璃块或其他金属块的平整平面上，用系列砂纸（从 300 号粗砂纸至金相 4 号砂纸）磨至一定程度后将样品反转后继续研磨。注意样品反转时，通过丙酮溶解使样品与磨块脱落。反转后样品重新粘到磨块上，重复上述过程，直至样品切片膜厚达到 50μm。

化学减薄是直接适用于切片的减薄，减薄快速且均匀。但事先应磨去 Mo 丝切割留下的纹理；同时，磨片面积应尽量大于 $1cm^2$。普通钢用 HF、H_2O_2 及 H_2O，比例为 1∶4.5∶4.5 的溶液，约 6min 即可减薄至 50μm，且效果良好。最后，将预减薄的厚度均匀、表面光滑的样品膜片在小冲床上冲成直径为 3mm 的小圆片以备用。

③ 电解抛光减薄。电解抛光减薄是最终减薄，采用电解双喷减薄仪进行。目前电解减薄装置已经规范化。将预减薄的直径为 3mm 的样品放入样品夹具上时，要保证样品与铂丝接触良好；将样品夹具放在喷嘴之间时，应调整样品夹具、光导纤维管和喷嘴处于同一水平面上，喷嘴与样品夹具距离大约 15mm 且喷嘴垂直于试样。电解液循环泵发动机转速应调节到能使电解液喷射到样品上。按样品材料的不同，配制不同的电解液。需要在低温条件下电解抛光时，可先放入干冰和乙醇冷却，温度控制在－20～－40℃；或采用半导体冷阱等专门装置。由于样品材料与电解液的不同，最佳抛光规范要发生改变。最有利的电解抛光条件，可通过在电解液温度及流速恒定时，做电流-电压曲线确定。双喷抛光法的电流-电压曲线一般接近于直线。抛光质量高的样品可获得大而平坦的电子束所能透射的面积。表 19-1 为某些金属材料电解双喷抛光规范。

④ 样品制成后应立即在乙醇中进行两次漂洗，以免残留电解液腐蚀金属薄膜表面。从抛光结束到漂洗完毕，动作要迅速，争取在几秒钟内完成；否则，将前功尽弃。

⑤ 样品制成后应立即观察，暂时不观察的样品要妥善保存，可根据薄膜抗氧化能力选择保存方法。若薄膜抗氧化能力很强，只要保存在干燥器内即可。易氧化的样品要放在甘油、丙酮、无水乙醇等溶液中保存。

双喷法制得的薄膜有较厚的边缘，中心穿孔有一定的透明区域，不需要放在电镜铜网上，可直接放在样品台上观察。

总之，在制作过程中要仔细、认真，不断地总结经验，一定会得到满意的样品。

表 19-1　某些金属材料电解双喷抛光规范

材料	高氯酸-乙醇电解液浓度/%	技术条件	
		电压/V	电流/mA
铝	10	45～50	30～40
钛合金	10	40	30～40
不锈钢	10	70	50～60
硅钢片	10	70	50
钛钢	10	80～100	80～100
马氏体时效钢	10	80～100	80～100
6%Ni 合金钢	10	80～100	80～100

2. 离子减薄法

离子减薄法不仅适用于用双喷方法所能减薄的各种样品，而且还能减薄双喷法所不能减薄的样品，例如陶瓷材料、高分子材料、矿物、多层结构材料、复合材料等。如用双喷法穿孔后，孔边缘过厚或穿孔后样品表面氧化，皆可用离子减薄法继续减薄直至样品厚薄合适或去掉氧化膜为止。用于高分辨电镜观察的样品，通常双喷穿孔后再进行离子减薄，只要严格按操作规范减薄就可以得到薄而均匀的观察区，该法的缺点是减薄速度慢，通常制备一个样品需要十几个小时甚至更长，而且样品有一定的温升；如操作不当，会受到辐射损伤。

（1）离子减薄装置 离子减薄装置由工作室、电系统、真空系统三部分组成。

工作室是离子减薄装置的一个重要组成部分，它是由离子枪、样品台、显微镜、微型电机等组成。

在工作室内沿水平方向有一对离子枪，样品台上的样品中心位于两枪发射出来的离子束中心，离子枪与样品的距离为 25～30mm。两个离子枪均可以倾斜，根据减薄的需要可调节枪与样品的角度，通常调节成 7°～20°角。样品台能在自身平面内旋转，以使样品表面均匀减薄。为了在减薄期间随时观察样品被减薄的情况，在样品下面装有光源，在工作室顶部安装有显微镜。当样品被减薄透光时，打开光源在显微镜下可以观察到样品的透光情况。

电系统主要包括供电、控制及保护三部分。真空系统保证工作室高真空。

（2）离子减薄的工作原理 稀薄气体氩气在高压电场作用下辉光放电产生氩离子，氩离子穿过阴极中心孔时受到加速与聚焦，高速运动的离子射向装有试样的阴极，把原子打出样品表面，减薄样品。

（3）离子减薄程序

① 切片。从大块试样上切下薄片。对金属、合金、陶瓷切片厚度应不小于 0.3mm，对岩石和矿物等脆、硬样品要用金刚石刀片或金刚石锯切下毫米数量级的薄片。

② 研磨。用汽油等介质去除试样油污后，用黏结剂将清洗的样品粘在玻璃片上研磨，直至样品厚度小于 50μm。操作过程同电解双喷减薄中样品的预减薄过程。

③ 将研磨后的样品切成直径为 3mm 的小圆片。

④ 装入离子减薄装置进行离子减薄。

为提高减薄效率，一般情况减薄初期采用高电压、大束流、大角度（20°），以获得大陡坡的薄化，这个阶段约占整个制样时间的一半。然后减少高压束流与角度（一般采用 15°）使大陡坡的薄化逐渐削为小陡坡直至穿孔。最后以 7°～10°的角度、适宜的电压与电流继续减薄，以获得平整而宽阔的薄区。

四、实验报告及要求

1. 简述塑料-碳二级复型样品的制备方法。
2. 试述双喷电解减薄仪的结构原理及金属薄膜样品制备的操作方法与步骤。
3. 试述离子薄化仪的结构原理以及材料薄膜样品的制备方法。

五、思考题

1. 电解双喷液的温度对样品的薄区质量有何影响？
2. 离子减薄的电子枪与样品的角度设置和减薄的时间有何关系？

参考文献

[1] 左演声，陈文哲，梁伟．材料现代分析方法．北京：北京工业大学出版社，2003.
[2] 周玉．材料分析方法．北京：机械工业出版社，2011.

实验 20 透射电镜典型组织观察

一、实验目的与任务

1. 了解质厚衬度、衍射衬度的原理。
2. 学会观察、分析各种样品的典型组织形貌。

二、实验原理

透射电镜图像常见的衬度有两种类型，即质厚衬度和衍射衬度。

1. 质厚衬度的原理

质厚衬度是质量厚度的简称，它是建立在非晶体样品中原子对入射电子的散射和透射电镜小孔径角成像基础上的衬度理论，是解释非晶体样品（如复型样品）电子显微图像衬度的理论依据。

入射电子与原子的相互作用发生弹性散射和非弹性散射。由于电子的质量比原子核的质量小得多，所以原子核对入射电子的散射作用，一般只引起电子改变运动方向，而能量没有变化（或变化甚微），这种散射叫作弹性散射，而且原子系数越大，产生弹性散射的比例就越大。弹性散射是透射电镜成像的基础。核外电子对入射电子发生散射作用时，由于两者质量相等，散射过程不仅使电子改变运动方向，还发生能量变化，这种散射叫作非弹性散射。非弹性散射引起的色差将使背景强度增高，图像衬度降低。

对于非晶体样品来说，入射电子透过样品时碰到的原子数目越多（或样品越厚），样品原子核库仑电场越弱（或样品原子序数越大，或密度越大），被散射到物镜光阑外的电子就越多；而通过物镜光阑参与成像的电子强度也就越低，从而产生了质量厚度衬度。换句话说，质厚衬度反映了样品不同区域厚度或平均原子系数的差别。

2. 衍射衬度的原理

对于平均原子系数差别不大而且局部区域厚度也差不多的多晶体薄膜样品来说，不可能利用质厚衬度来获得满意的图像反差，而且无法显示样品内与晶体学特性有关的信息。对于这种样品通常采用衍衬成像方法，图像和衬度来源于衍射衬度。

设想样品薄膜内有两颗同种晶粒 A 和 B，如图 18-2 所示，它们之间的唯一差别在于它们的晶体学位向不同。如果在入射电子束照射下，B 晶粒的（hkl）晶面组恰与入射方向交成精确的布拉格角；而其余的晶面组均与衍射条件存在较大偏差，即 B 晶粒的位向满足“双光束条件”。此时，在 B 晶粒的选区电子衍射花样中，hkl 斑点特别亮，即其（hkl）晶面的衍射束最强。如果假定对于足够薄的样品，入射电子受到的吸收效应可不予考虑，且在“双光束条件”下忽略所有其他较弱的衍射束，则强度为 I_0 的入射电子束在 B 晶粒区域内经过散射之后，将成为强度为 I_{hkl} 的衍射束和强度为 $I_0 \sim I_{hkl}$ 的透射束两个部分。同时，设想与 B 晶粒位向不同的 A 晶粒内所有的晶面组均与布拉格条件存在较大的偏差，即在 A 晶粒的选区电子衍射花样中将不出现任何强斑点，或者说其所有衍射束的强度均可视为零。于是，A 晶粒区域的透射束强度仍近似等于入射束强度 I_0。由于在透射电镜中样品的第一幅衍射花样出现在物镜的背焦面上，所以若在这个平面上加进一只尺寸足够小的物镜光阑，把 B 晶粒的 hkl 衍射束挡掉，而只让透射束通过光阑孔并到达像平面，构成样品的第一幅放大像。此时，两颗粒的像亮度将有所不同，因为 $I_A \approx I_0$，$I_B \approx I_0 - I_{hkl}$。于是，在荧光屏上 B 晶粒较暗而 A 晶粒较亮。这种让透射束通过物镜光阑而把衍射束挡掉得到图像衬度的方法，叫作明场（BF）成像。

如果将物镜光阑的位置移动一下，套住B晶粒的 hkl 斑点而把透射束挡掉，可以得到暗场（DF）像。但是，由于此时用于成像的是离轴光线，所得的图像质量不高，有较严重的像差。通常以另一种方式产生暗场像，即把入射电子束方向倾斜 2θ 角度（通过照明系统的倾斜来实现），使B晶粒的（$\bar{h}\bar{k}\bar{l}$）晶面组处于强烈衍射的位向；而物镜光阑仍在光轴位置，此时只有B晶粒的 $\bar{h}\bar{k}\bar{l}$ 衍射正好通过光阑孔，而透射束被挡掉，这叫作中心暗场（CDF）方法。B晶粒的像亮度为 $I_B \approx I_{\bar{h}\bar{k}\bar{l}}$，而A晶粒由于在该方向的散射强度极小，像亮度几乎为零，图像的衬度特征恰与明场像相反，B晶粒较亮而A晶粒很暗。显然，暗场像的衬度将明显地高于明场像。衍衬图像完全是由衍射强度的差别所产生的，所以这种图像必将是样品内不同部位晶体学特征的反映。衍衬成像方法经常用于观察晶界、位错、出溶相及各种畸结构等。

在对某些材料组织进行分析时，将明场像和暗场像对比分析，可以获得更多的信息。图20-1为钢丝冷拉拔过程中渗碳体变形情况。该组织中有两种典型的组织：一种为层片状组织平行于拉拔方向；另一种为层片状组织垂直于拉拔方向。这两种组织内部的渗碳体变形的共同点是变形后的渗碳体暗场像显示为多晶结构。

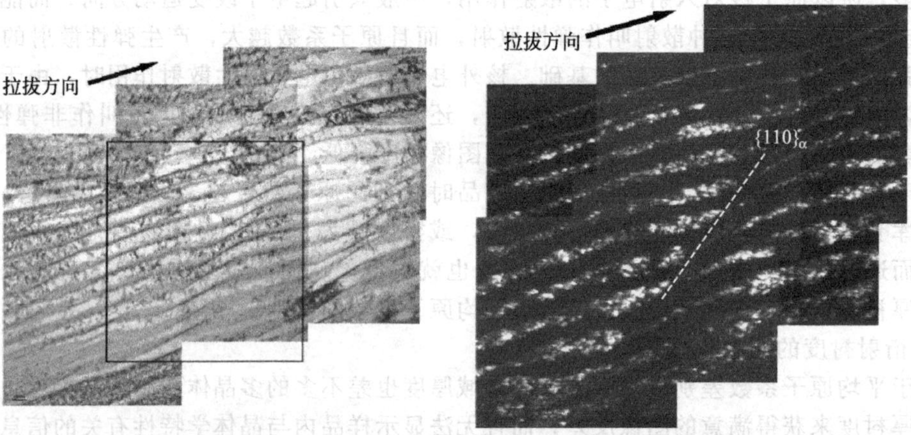

(a) 明场像　　(b) 暗场像

图 20-1　钢丝冷拉拔过程中渗碳体变形情况

三、透射电镜下典型图像的观察实验

观察晶体薄膜样品中由衍射衬度所反映的晶体形态、晶界、位错、出溶相、双晶及各种畸结构的形态，学会识别等厚条纹、弯曲消光条纹等常见图像。

（1）在选区模式下，选择较薄的样品区域，聚焦样品。

（2）插入选区光阑，按一下衍射“Diff”键，转换到衍射模式，得到衍射花样；聚焦衍射花样，再将透射束斑平移到荧光屏的中心。

（3）插入较小的物镜光阑，套住透射斑点，按一下“ZOOM”键，返回成像模式，移出选区光阑，便得到了明场（BF）图像，聚焦图像。

（4）观察明场像中的典型图像现象。

① 晶界。在明场像中垂直晶界表现为一条线；倾斜晶界表现为具有一系列明暗相间条纹的带状图像。倾转样品时，晶界像只产生宽窄变化而不会消失。

② 位错。在明场像中位错像有时为一条线，有时为双线，有时为点线。还可能有

位错环、位错网、位错缠结等现象。当倾转样品时，位错像的衬度会发生变化，但位置不发生变化，在某些特殊的方位位错像会消失，根据缺陷不可见判据可以确定柏格斯矢量 **b**。

③ 层错。在明场像中倾斜于样品膜面的层错通常表现为具有一系列明暗相间条纹的带状图像，与倾斜晶界相似，根据缺陷不可见判据可以确定层错的晶体学性质。

④ 等厚条纹。在明场像中，样品薄区边缘往往会出现一系列较宽的明暗相间的条纹，同一条亮条纹（或暗条纹）所经过的样品区域的厚度都相等，称为等厚条纹。当倾转样品时，等厚条纹的位置会发生移动，照相时应避开等厚条纹较密集的区域。

⑤ 弯曲消光条纹。当样品晶体局部发生弯曲变形时，在明场像中会出现弯曲消光条纹。弯曲消光条纹不规则，条纹较细，倾转样品时条纹的位置会发生变化，照相时应避开有弯曲消光条纹的区域。

(5) 移出物镜光阑，插入选区光阑，按一下衍射“Diff”键，转换到衍射模式。

(6) 倾转样品，得到某一反射斑点（g）的双束条件，即衍射花样中有一个强衍射斑点和一个透射斑点，其余的衍射斑点都很弱。

(7) 按一下暗场“DF”键，转换到暗场模式，倾斜入射电子束，将与强反射斑点（g）对称的弱反射斑点（$-g$）移到荧光屏中心，这时该弱斑点必然变为强反射斑点；而透射束则移到原强反射斑点的位置，即得到了$-g$ 的双束条件。

(8) 在暗场模式下，观察各种典型的衍衬图像，并与明场模式下的图像进行对比，不难发现明、暗场图像的衬度具有反转性。

四、实验报告及要求

1. 简述明、暗场成像的原理和方法。
2. 简述位错像、等厚条纹及弯曲消光条纹的镜下判别方法。

五、思考题

1. 非晶样品是否有暗场像?
2. 晶体样品中暗场像与明场像的关系如何?

参考文献

[1] 左演声，陈文哲，梁伟．材料现代分析方法．北京：北京工业大学出版社，2003.
[2] 黄孝英．材料微观结构的电子显微学分析．北京：冶金工业出版社，2008.
[3] 李炎．材料现代微观分析技术——基本原理及应用．北京：化学工业出版社，2011.
[4] 周玉．材料分析方法．北京：机械工业出版社，2011.
[5] 张晓丹．钢帘线钢丝冷拉拔过程中组织演变的定量研究与力学性能．北京：清华大学，2009.

实验 21　选区电子衍射操作及衍射花样标定

一、实验目的与任务

1. 掌握选区电子衍射的操作方法。
2. 掌握单晶电子衍射花样的标定。

3. 掌握多晶电子衍射花样的标定。

二、实验原理

（一）TEM的电子衍射原理

选区电子衍射就是对样品中感兴趣的微区进行电子衍射，以获得该微区电子衍射图的方法。选区电子衍射又称微区衍射，它是通过移动安置在中间镜上的选区光阑（又称中间镜光阑），使之套在感兴趣的区域上，分别进行成像操作或衍射操作，实现所选区域的形貌分析和结构分析。

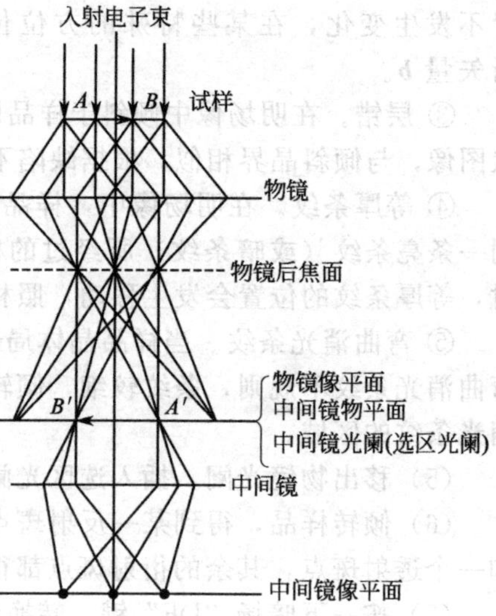

图 21-1 选区电子衍射原理

图 21-1 即为选区电子衍射原理。平行入射电子束通过试样后，由于试样薄，晶体内满足布拉格衍射条件的晶面组（hkl）将产生与入射方向成 2θ 角的平行衍射束。由透镜的基本性质可知，透射束和衍射束将在物镜的后焦面上分别形成透射斑点和衍射斑点，从而在物镜的后焦面上形成试样晶体的电子衍射谱，然后各斑点经干涉后重新在物镜的像平面上成像。如果调整中间镜的励磁电流，使中间镜的物平面分别与物镜的后焦面和像平面重合，则该区的电子衍射谱和像分别被中间镜和投影镜放大，显示在荧光屏上。

显然，单晶体的电子衍射谱为对称于中心透射斑点的规则排列的斑点群。多晶体的电子衍射谱则为以透射斑点为中心的衍射环。非晶则为一个漫散射的晕斑（图 21-2）。

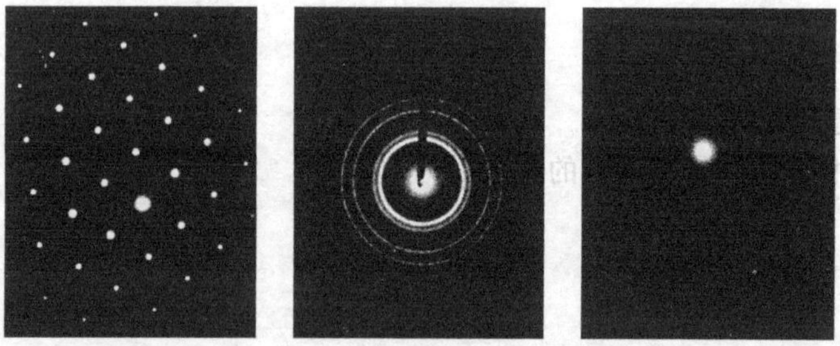

(a) 单晶　(b) 多晶　(c) 非晶

图 21-2 电子衍射花样

（二）电子衍射花样的标定方法

电子衍射花样的标定：即衍射斑点指数化，并确定衍射花样所属的晶带轴指数［uvw］，对未知其结构的还包括确定点阵类型。

1. 单晶

单晶体的电子衍射花样有简单和复杂之分，简单衍射花样即电子衍射谱满足晶带定律（$hu+kv+lw=0$），通常又有已知晶体结构和未知晶体结构两种情况。

（1）已知晶体结构的花样标定

① 确定中心斑点，按距离由小到大依次排列：R_1、R_2、R_3、R_4……，各斑点之间的夹角依次为 ϕ_1、ϕ_2、ϕ_3、ϕ_4……。

② 由相机常数 K 可得相应的晶面间距 d_1、d_2、d_3、d_4……。

③ 由已知的晶体结构和晶面间距公式，结合 PDF 卡片，分别定出对应的晶面族指数 $\{h_1k_1l_1\}\{h_2k_2l_2\}\{h_3k_3l_3\}\{h_4k_4l_4\}$……。

④ 假定距中心斑点最近的斑点指数。若 R_1 最小，设其晶面指数为 $\{h_1k_1l_1\}$ 晶面族中的一个，即从晶面族中任取一个 $(h_1k_1l_1)$ 作为 R_1 的斑点指数。

⑤ 确定第二个斑点指数。

$$\cos\phi_1=\frac{h_1h_2+k_1k_2+l_1l_2}{\sqrt{(h_1^2+k_1^2+l_1^2)(h_2^2+k_2^2+l_2^2)}}$$

由晶面族 $\{h_2k_2l_2\}$ 中取一个 $(h_2k_2l_2)$ 代入公式计算夹角 ϕ_1，当计算值与实测值一致时，即可确定 $(h_2k_2l_2)$。当计算值与实测值不符时，则需重新选择 $(h_2k_2l_2)$，直至相符为止，从而定出 $(h_2k_2l_2)$。

注意：$(h_2k_2l_2)$ 是晶面族 $\{h_2k_2l_2\}$ 中的一个，仍带有一定的任意性。

⑥ 由确定的两个斑点指数 $(h_1k_1l_1)$ 和 $(h_2k_2l_2)$，通过矢量合成其他点。

⑦ 定出晶带轴 $[uvw]$。

$$u:v:w=(k_1l_2-k_2l_1):(l_1h_2-l_2h_1):(h_1k_2-h_2k_1)$$

⑧ 系统核查各个过程，算出晶格常数。

（2）未知晶体结构的花样标定　当晶体的点阵结构未知时，首先分析斑点的特点，确定其所属的点阵结构，然后再由前面所介绍的 8 个步骤标定其衍射花样。

其点阵结构主要从斑点的对称特点或 $1/d^2$ 值的递增规律来确定。

具体步骤如下。

① 判断是否为简单电子衍射谱。如是则选择三个与中心斑点最近的斑点：P_1、P_2、P_3，并与中心构成平行四边形，测量三个斑点至中心的距离 r_i。

② 测量各衍射斑点间的夹角。

③ 由 $Rd=L\lambda$，将已测量的距离换算成面间距 d_i。

④ 由试样成分、处理工艺及其他分析手段，初步估计物相，并找出相应的卡片；与实验得到的 d_i 对照，得出相应的 $\{hkl\}$。

⑤ 用试探法选择一套指数，使其满足矢量叠加原理。

⑥ 由已标定好的指数，根据 JCPDS 卡片所提供的晶系计算相应的夹角，检验计算的夹角是否与实测的夹角相符。

⑦ 若各斑点均已指数化，夹角关系也符合，则被鉴定的物相即为 JCPDS 卡片相，否则重新标定指数。

⑧ 确定晶带轴。

2. 多晶

多晶体的电子衍射花样等同于多晶体的 X 射线衍射花样，为系列同心圆。其花样标定相对简单，同样分为以下两种情况。

（1）已知晶体结构　具体步骤如下：

① 测定各同心圆直径 D_i，算得各半径 R_i；

② 由 R_i/K（K 为相机常数）算得 $1/d_i$；

③ 对照已知晶体 PDF 卡片上的 d_i 值，直接确定各环的晶面指数 $\{hkl\}$。

（2）未知晶体结构　具体标定步骤如下：

① 测定各同心圆的直径 D_i，算得各系列圆半径 R_i；

② 由 R_i/K（K 为相机常数）算得 $1/d_i$；

③ 由小到大的连比规律，推断出晶体的点阵结构；

④ 写出各环的晶面族指数 $\{hkl\}$。

三、选区电子衍射操作方法

选区电子衍射是通过在物镜平面上插入选区光阑实现的。其作用如同在样品所在平面内插入一虚光阑，使虚光阑以外的照明电子束被挡掉。当电镜在成像模式时，中间镜的物平面与物镜的像平面重合，插入选区光阑便可以选择感兴趣的区域。调节中间镜电流使其物平面与物镜背焦面重合，将电镜置于衍射模式，即可获得与所选区域对应的电子衍射谱。

通过移动安置在中间镜上的选区光阑（又称中间镜光阑），使之套在感兴趣的区域上，分别进行成像操作或衍射操作，实现所选区域的形貌分析和结构分析。具体步骤如下所述。

(1) 由成像操作使物镜精确聚焦，获得清晰的形貌像。

(2) 选定样品中感兴趣的区域，在“SA”模式下调整至合适放大倍数。

(3) 加入选区光阑，套取所要分析的位置。

(4) 按控制板“Diffraction”键，切换到衍射模式，得到衍射花样。

(5) 若是所选区域为单晶：利用左控面板上的 α、β“Tilt”键倾转样品到感兴趣的晶向。在 TEM 模式下确认样品高度，在衍射模式下，用控制“Intensity”和“Focus”按钮进行聚焦衍射斑。

(6) 调节多功能键“X、Y”按钮将透射束移到观察屏中心；调节“Intensity”按钮调节衍射斑点强度变弱。

(7) 拍照：若是多晶衍射，请先插入中心斑点遮挡指针；若是单晶衍射，中心斑点太亮时，也需要插入指针遮挡中心斑点；设置曝光时间，开始拍摄照片，拍摄完成后马上放下荧光屏。

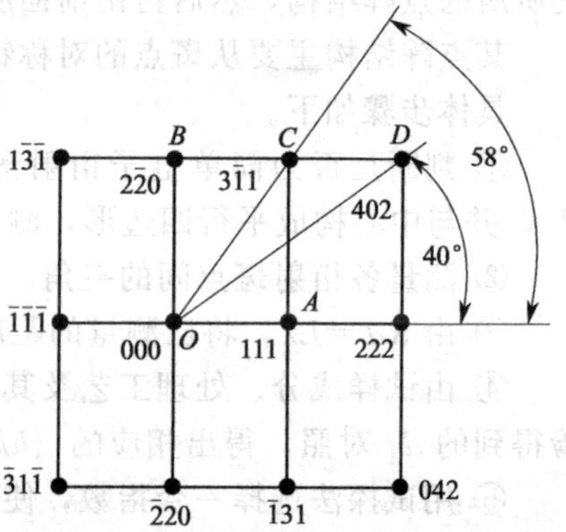

图 21-3 铝单晶电子衍射花样

四、单晶衍射花样指数化的方法示例

图 21-3 是铝单晶电子衍射花样，试标定指数及晶带轴。

1. 未知相机常数情况下指标化方法

(1) 尝试-校核法

① 选取靠近中心 O 附近且不在一直线上的 4 个斑点 A、B、C、D，分别测量它们的 R 值，并且找出 R^2 比值递增规律，确定点阵类型及斑点的晶面族指数 $\{hkl\}$，分析表明铝单晶为面心立方点阵。

② 任取 A 为 (111)，尝试 B 为 (220)，并测得 $\overline{R}_A \times \overline{R}_B = 90°$，$\overline{R}_A \times \overline{R}_C = 58°$。

$$\cos\phi = \frac{h_1h_2 + k_1k_2 + l_1l_2}{\sqrt{h_1^2+k_1^2+l_1^2}\sqrt{h_2^2+k_2^2+l_2^2}} = \frac{1\times2+1\times2+1\times0}{\sqrt{1^2+1^2+1^2}\sqrt{2^2+2^2+0^2}} = \frac{\sqrt{6}}{3}$$

$\phi = 35.27°$，与实测不符，应予否定。

根据晶体学知识或查表，选定 B 的指数为 $(2\bar{2}0)$，则夹角与实测相符。

③ 按矢量运算求得 C 与 D 及其他斑点指数。

因为 $\overline{R}_C = \overline{R}_A + \overline{R}_B$

所以 $h_C = h_A + h_B = 1 + 2 = 3$

$k_C = k_A + k_B = 1 + (-2) = -1$

$l_C=l_A+l_B=1+0=1$

所以斑点 C 指数为 $(3\bar{1}1)$。同理求得 D 指数为 (402)。计算知 (111)、(402) 晶面之间的夹角为 39.48°，与实测相符。

④ 求晶带轴 $[uvw]$。

选取 $\bar{g}_1=\bar{g}_B=[2\bar{2}0]$，$\bar{g}_2=\bar{g}_A=[111]$，因为在照片上分析计算，所以选取 $\bar{g}_2$ 位于 $\bar{g}_1$ 顺时针方向。

$$[uvw]=\bar{g}_1\times\bar{g}_2=[2\bar{2}0]\times[111]=[\bar{1}\ \bar{1}2]$$

(2) 查 $\sqrt{N}$ 比值表法　对于立方晶系有：

$$\frac{1}{d^2}=\frac{h^2+k^2+l^2}{a^2}=\frac{N}{a^2}$$

$$\frac{1}{d}=\frac{\sqrt{N}}{a}$$

$$R_1:R_2:R_3:\cdots=\sqrt{N_1}:\sqrt{N_2}:\sqrt{N_3}:\cdots$$

按照立方晶系可能出现的 N 值，列出一张 $\sqrt{N}$ 的比值表。指标化时先从底版上测量靠近中心斑点的两个低指数衍射斑点到中心斑点的距离 R_1 和 R_2 及其夹角，并求出 R_2/R_1 值。然后从 $\sqrt{N}$ 比值表中找出与 R_2/R_1 值相近的比值及相应的几组 $(h_1k_1l_1)$ 和 $(h_2k_2l_2)$ 指数，再用立方晶系晶面夹角表找出晶面间夹角，把夹角与测量的角相符或相近的一对面指数作为合理的标定指数。利用 $\sqrt{N}$ 比值表法计算上面例题的具体步骤如下所述。

① 选靠近中心 O 的斑点 A 和 B，测量 $R_A=7\text{mm}$，$R_B=11.4\text{mm}$，$\angle AOB\approx90°$，$R_B/R_A=11.4/7=1.628$。

② 查表。从 $\sqrt{N}$ 比值表中找到与 1.628 相近的值是 $1.6237=R_{432}^{520}/R_{311}$，$1.6239=R_{220}/R_{111}$。

③ 查表。

$\phi_{220\text{-}111}=35.26°，90°$；

$\phi_{520\text{-}311}=17.86°，43.29°，51.98°，66.93°，80.33°，86.79°$；

$\phi_{432\text{-}311}=17.86°，32.88°，43.29°，51.98°，66.93°，73.74°，80.33°，86.79°$。

④ 核对夹角，试标定指数。

$\phi_{220\text{-}111}=90°$与测得的 90°相符，选 A 为 {111}，B 为 {220}，任取 A 为 (111)，B 为 $(2\bar{2}0)$，将其代入晶面夹角公式：

$$\cos\phi=\frac{h_1h_2+k_1k_2+l_1l_2}{\sqrt{h_1^2+k_1^2+l_1^2}\sqrt{h_2^2+k_2^2+l_2^2}}=\frac{1\times2+1\times(-2)+1\times0}{\sqrt{1^2+1^2+1^2}\sqrt{2^2+(-2)^2+0^2}}=0$$

则得 $\phi=90°$。

计算值与实测值相符，说明试标指数正确。如果测得的 ϕ 值与实测值不相符，应予否定，重新选定试标指数。

⑤ 按矢量运算法则求得其余斑点指数。

⑥ 求晶带轴 $[uvw]$：

$$[uvw]=\bar{g}_1\times\bar{g}_2=[2\bar{2}0]\times[111]=[\bar{1}\ \bar{1}2]$$

(3) 标准花样对照法

① 查面心立方晶体的标准电子衍射花样，找出几何形状与其相似的图形。

② 计算边长比并测量夹角，考查是否与标准图形完全一致。如完全一致则可按标准花样指标化，如不一致应另找相似的花样重新核对。

2. 已知相机常数情况下的指标化方法

已知图 21-3 铝单晶电子衍射花样中的相机常数 $L\lambda=1.638\text{mm}\cdot\text{nm}$，指标化步骤如下所述。

(1) 由铝单晶的 JCPDS 卡片查得：

hkl	111	200	220	311	222
d/nm	0.2338	0.2025	0.1431	0.1221	0.1169

(2) 根据 $Rd=L\lambda$ 计算 d：

$R_A=7\text{mm}$，则 $d_A=L\lambda/R=1.638/7=0.234\text{nm}$

$R_B=11.4\text{mm}$，则 $d_B=L\lambda/R=1.638/11.4=0.1437\text{nm}$

$R_C=13.5\text{mm}$，则 $d_C=L\lambda/R=1.638/13.5=0.1213\text{nm}$

(3) 把计算出的 d 值与 JCPDS 卡片对照找出相应的 $\{hkl\}$，即斑点 A 为 $\{111\}$，B 为 $\{220\}$，C 斑点为 $\{311\}$。

(4) 用上述尝试-校核法确定具体的晶面组指数 (hkl)。

从上面的例题可知，A 斑点 (111) 是从 $\{111\}$ 中任选出来的，根据 N 值和夹角的限制计算出 B (220)；而满足这个 N 值与夹角的指数仍有若干个，比如 B (220) 等。因此，单晶衍射花样指数化具有不唯一性。就此题来说有 48 种标法，24 种晶带轴都是正确的。

五、实验报告及要求

1. 简述选区电子衍射的操作步骤及注意事项。
2. 对单晶样品的电子衍射花样进行详细标定。

六、思考题

1. 在选区电子衍射操作时如何确定入射束的方向？
2. 在对含有第二相或孪晶的区域进行衍射时常产生多套衍射斑点，如何进行区分？

参考文献

[1] 左演声，陈文哲，梁伟．材料现代分析方法．北京：北京工业大学出版社，2003.
[2] 黄孝英．材料微观结构的电子显微学分析．北京：冶金工业出版社，2008.
[3] 李炎．材料现代微观分析技术——基本原理及应用．北京：化学工业出版社，2011.
[4] 周玉．材料分析方法．北京：机械工业出版社，2011.

实验 22 透射电镜高分辨像的成像操作与观察

一、实验目的与任务

1. 了解高分辨像的种类。
2. 掌握拍摄高分辨像的操作方法与技巧。

二、高分辨像的成像过程

1. 基本过程描述

在透射电镜中入射电子束穿过样品，如果我们选取透射束和一个衍射束成像时，这两个电子束干涉叠加，就会在像平面得到规律的干涉图像。因为这个衬度来自透射束和衍射束的相位差，因此称为相位衬度（phase contrast）。假设这两个电子波之间存在特定的相位差，有相同的传播方向，电子束干涉叠加就会发生。当电镜的分辨能力很高，足以分辨出干涉条纹的明暗分布时，我们就得到了高分辨图像，也就是晶格条纹像。这个干涉图像与样品的原子排列有关。

高分辨成像过程要用电子的波动性质来描述，因此称为入射电子波，穿过样品的电子波称为样品出射波。透射电镜成像过程如图 22-1 所示。在穿透过程中，样品对入射电子波进行调制（即改变波的振幅、位相），导致样品出射波函数中携带了样品原子排列信息。请注意我们得到的是原子排列，也就是晶体、晶胞的信息，而不是原子本身的信息。样品出射波经过物镜系统传递到像平面上，得到高分辨像。采用“传递”来描述成像过程的处理是为了数学上的方便，成像过程可以表达成“传递函数”求解，因而样品出射波函数经过传递函数处理后就得到像函数。

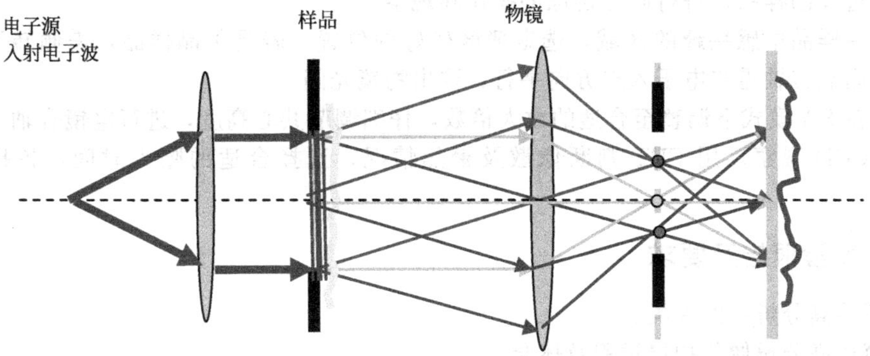

图 22-1 透射电镜成像过程

2. 晶格条纹像的形成过程

当只有透射束和一个强衍射束参加成像时，两电子束干涉得到一维条纹像（图 22-2）。操作中可以用物镜光阑在背焦面上来选择所需的成像电子束。

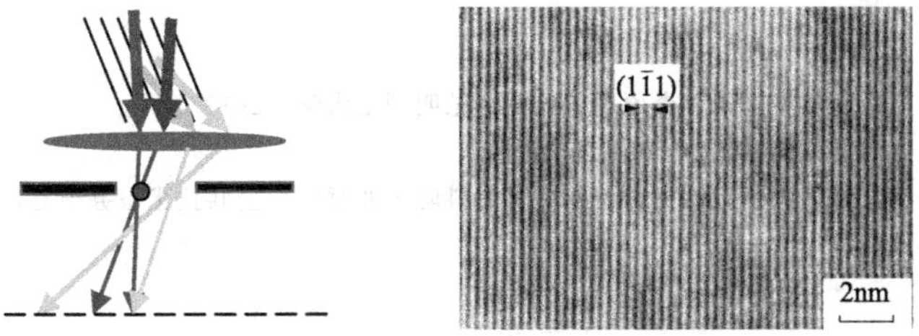

图 22-2 一维晶格条纹像的形成过程

晶格条纹间距 d_{tm} 与衍射晶面的倒易矢量存在如下关系：

$$d_{\text{tm}}=\frac{1}{\boldsymbol{g}_{\text{tm}}}=\frac{1}{\boldsymbol{g}_2-\boldsymbol{g}_1}$$

当有透射束和两个以上强衍射束参加成像时，多个电子束干涉得到二维晶格像（图22-3），这就是我们最常见到的高分辨图像的形式。

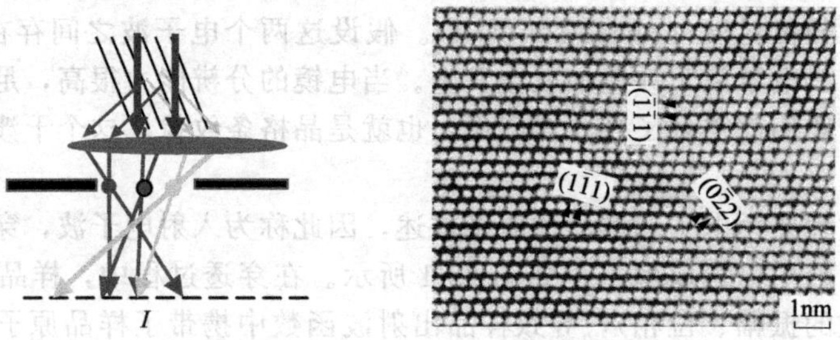

图 22-3　二维晶格像形成过程

三、实验内容

根据选择的样品，进行高分辨像的操作和观察。

（1）在样品中感兴趣的区域，选定薄区较好的位置。若是单晶样品，需倾转至正晶带轴，即样品晶带轴需与电子入射方向平行；取出物镜光阑。

（2）在 SA 模式下调整至合适的放大倍数，仔细调节共心高度，进行电镜合轴。

（3）CCD 观察，用 FFT 判断像散及聚焦情况，选择合适的曝光时间，拍摄图像并保存。

四、实验报告及要求

1. 简述高分辨像的种类。
2. 简述高分辨像的拍摄过程及体会。

五、思考题

1. 电子束入射方向对高分辨像的成像有何影响？
2. 如何对高分辨晶格像进行标定？

参考文献

[1] 王剑华．高分辨电子显微镜相干电子显微原理．昆明：昆明理工大学，2012.

[2] 周玉．材料分析方法．北京：机械工业出版社，2011.

[3] 卢焕明，陈国新．透射电子显微镜培训资料．宁波：中科院宁波材料所公共技术服务中心，2012.

第三章

谱学分析

实验 23　能谱仪元素定性与成分分布分析

一、实验目的与任务

1. 了解扫描电镜能谱仪的结构及工作原理。
2. 掌握能谱数据的分析方法。

二、能谱仪的工作原理

能谱仪全称为能量分散谱仪，目前最常用的是 Si（Li）X 射线能谱仪，是扫描电镜和透射电镜的一个重要附件，它同主机共用一套光学系统，可对材料中感兴趣部位的化学成分进行点分析、面分析、线分析，通常称为 X 射线能谱分析法，简称 EDS 或 EDX 方法。

1. 特征 X 射线的产生

内壳层电子被轰击后跳到比费米能级高的能级上，电子轨道内出现的空位被外壳层轨道的电子填入时，作为多余能量放出的就是特征 X 射线。特征 X 射线具有元素固有的能量。所以，将它们展开成能谱后，根据它的能量值就可以确定元素的种类，而且根据谱的强度分析就可以确定其含量。

2. 能谱仪的工作原理

能谱系统的工作过程如下：电子轰击样品产生特征 X 射线，X 射线进入探测器，然后在晶体内产生电子空穴对，晶体内产生的电荷由场效应晶体管放大并转换成电压台阶信号，接着前置放大器放大信号，多道脉冲分析器把代表不同能量（波长）X 射线的脉冲信号按高度编入不同频道，在荧光屏上显示谱线，最后利用计算机进行定性和定量计算。

3. 能谱仪系统的构成

能谱仪系统主要由 X 射线探测器、脉冲处理器、计算机等部分组成，如图 23-1 所示。

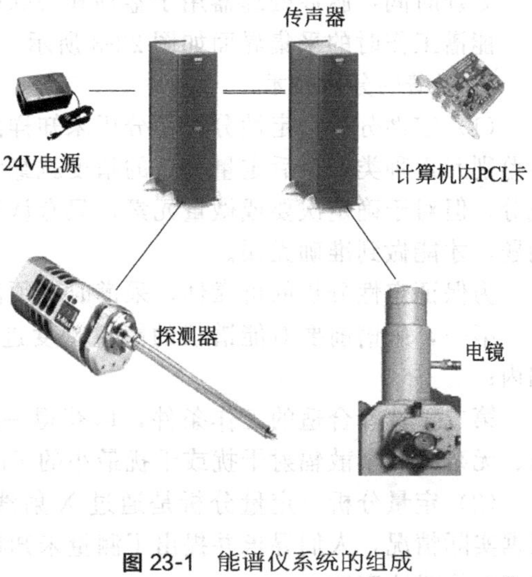

图 23-1　能谱仪系统的组成

目前更新的能谱探测器采用的是硅漂移探测器（silicon drift detector，SDD），采用的是电制冷，即通电就开始制冷，完全区别于传统的液氮型探测器——Si(Li) 探测器。该探测器的主要结构如图 23-2 所示。

各部分的功能如下所述。

准直器和电子陷阱系统：限制 X 射线的收集角度，它和窗口前的电子陷阱组成一体。电子陷阱由探头窗口前的两块小磁铁组成，使入射的电子路径偏转，防止电子进入探头。

探测器窗口：由合成材料制成，可以让低能量 X 射线透过，如 C、N、O 等，密封真空，同时保护晶体。

FET 场效应管：该场效应管具备高灵敏度，将晶体产生的电荷信号转化成电压信号。由于 FET 通过金导线与晶体相连接，电容效应较大。

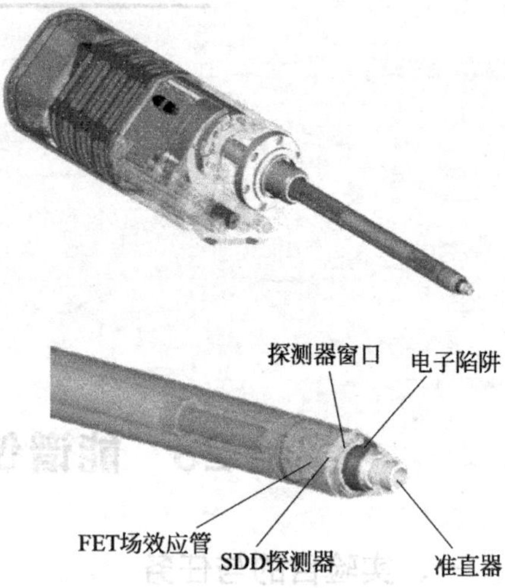

图 23-2　SDD 探测器的内部结构

三、能谱分析技术

1. 能谱采集参数

能谱数据的采集与电镜的参数设置密切相关，包括电镜的加速电压、束流、光阑等，其中加速电压决定了所能激发的特征 X 谱线能量。一般来说，选用的加速电压为特征谱线的 2～3 倍，常见的加速电压设置为 15kV 以上。

能谱的采集参数常见的有采集计数率、活时间、死时间、处理时间等，具体介绍如下所述。

采集计数率：以 cps（counts per second）表示在谱图中每秒得到的 X 射线计数。

活时间：活时间是脉冲测量电路能检测 X 射线光子的时间，也即能谱采集 X 射线的有效时间，软件中以秒表示。

死时间：计数测量系统处理一个脉冲信号后，恢复到能处理下一个脉冲信号所需的时间。死时间常常用总时间的百分数表示。活时间加上死时间就是实际的采集时间。

处理时间：脉冲处理器用于鉴别和去除噪声脉冲的时间。

能谱工作时的采集界面如图 23-3 所示。

2. 能谱的分析技术

(1) 定性分析　定性分析是分析未知样品的第一步，即鉴别所含的元素。如果不能正确地鉴别元素种类，最后定量分析的精度就毫无意义。通常能够可靠地鉴别出一个样品的主要成分，但对于确定次要或微量元素，只有认真地处理谱线干扰、失真和每个元素的谱线系等问题，才能做到准确无误。

为保证定性分析的可靠性，采谱时必须注意以下两点：

第一，采谱前要对能谱仪的能量刻度进行校正，使仪器的零点和增益值落在正确值范围内；

第二，选择合适的工作条件，以获得一个能量分辨率好，被分析元素的谱峰有足够计数、无杂峰和杂散辐射干扰或干扰最小的 EDS 谱。

(2) 定量分析　定量分析是通过 X 射线强度来获取组成样品材料的各种元素的浓度。根据实际情况，人们寻求并提出了测量未知样品和标样的强度比方法，再把强度比经过定量修正换算成浓度比。

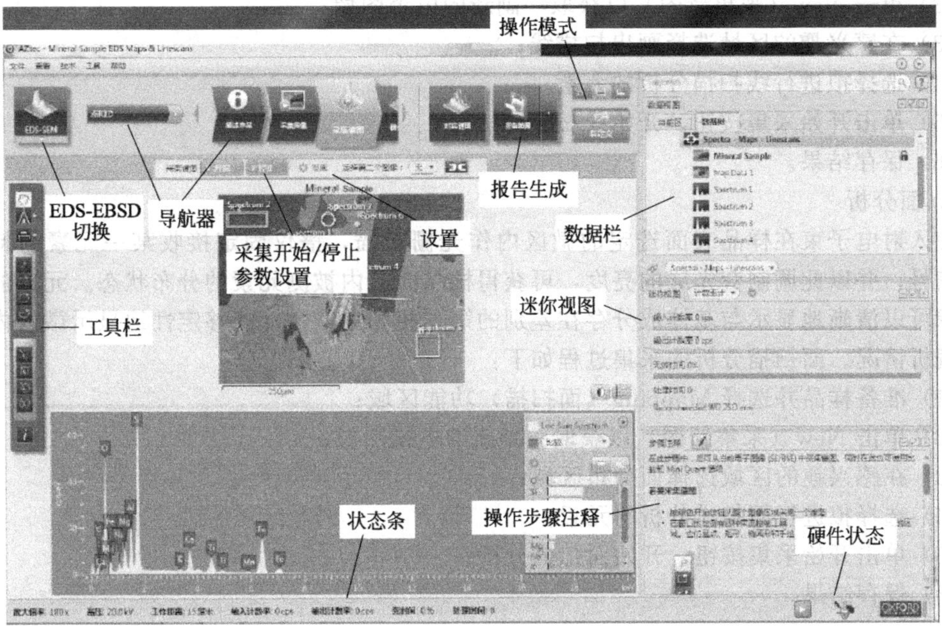

图 23-3　能谱工作时的采集界面

3. 能谱的工作模式

能谱常见的工作方式有三种：一是点分析，用于选定点的全谱定性分析或定量分析，以及对其中所含元素进行定量分析；二是线分析，用于显示元素沿选定直线方向上的浓度变化；三是面分析，用于观察元素在选定微区内的浓度分布。

四、实验内容

1. 样品要求

样品应具有良好的导电性，对于不导电的样品，表面需喷镀一层不含分析元素的薄膜。

2. 点分析

可以获得样品中一个选定微区的全谱分析，确定夹杂、第二相等选定点所含元素的种类和浓度。点分析的采集过程如下：

（1）准备样品并选择 Point scan（点扫描）功能区域；

（2）单击 New（采集新图）以获取一副新的电镜图像；

（3）在感兴趣的区域选择点；

（4）选择拟进行点扫描分析的元素；

（5）单击开始采集按钮，开始点扫描分析；

（6）保存结果。

3. 线分析

使入射电子束在样品表面沿选定的直线扫描，谱仪固定接收某一元素的特征 X 射线信号，其强度在这一直线上的变化曲线可以反映被测元素在此直线上的浓度分布，线分析法较适合于分析各类界面附近的成分分布和元素扩散。

线扫描分析的采集过程如下：

(1) 准备样品并选择 Line scan（线扫描）功能区域；
(2) 单击 New（采集新图）以获取一副新的电镜图像；
(3) 在感兴趣的区域选择画出扫描线；
(4) 选择拟进行线扫描分析的元素；
(5) 单击开始采集按钮，开始线扫描分析；
(6) 保存结果。

4. 面分析

使入射电子束在样品表面选定的微区内作光栅扫描，谱仪固定接收某一元素的特征 X 射线信号，并以此调制荧光屏的亮度，可获得样品微区内被测元素的分布状态。元素的面分布图像可以清晰地显示与基体成分存在差别的第二相和夹杂物，能够定性地显示微区内某元素的偏析情况。面扫描分析的采集过程如下：

(1) 准备样品并选择 Mapping（面扫描）功能区域；
(2) 单击 New（采集新图）以获取一副新的电镜图像；
(3) 在感兴趣的区域选择面分布区域；
(4) 选择拟进行面扫描分析的元素；
(5) 单击开始采集按钮，开始面扫描分析；
(6) 保存结果。

五、实验报告及要求

1. 简要说明能谱仪的工作原理。
2. 结合元素定性和定量分析的结果及样品形貌，说明能谱分析方法的特点。

六、思考题

1. 能谱数据采集计数率影响因素有哪些？
2. 在点分析模式下，定量分析和定性分析有何差异？

参考文献

[1] 蔡怿春．能谱仪培训资料．牛津仪器，2012.
[2] 周玉．材料分析方法．北京：机械工业出版社，2011.

实验 24 俄歇电子能谱分析

一、实验目的与任务

1. 了解俄歇电子能谱的原理、仪器构造及其测试方法。
2. 理解俄歇电子能谱在材料表面分析中的应用。

二、实验原理

俄歇电子能谱，英文全称为 Auger Electron Spectroscopy，简称为 AES，是材料表面化学成分分析、表面元素定性和半定量分析、元素深度分布分析及微区分析的一种有效手段。

俄歇电子能谱仪具有很高的表面灵敏度，通过正确测定和解释 AES 的特征能量、强度、峰位移、谱线形状和宽度等信息，能直接或间接地获得固体表面的组成、浓度、化学状态等信息。

当原子的内层电子被激发形成空穴后，原子处于较高能量的激发态，这一状态是不稳定的，它将自发跃迁到能量较低的状态——退激发过程。存在两种退激发过程：一种是以特征 X 射线形式向外辐射能量——辐射退激发；另一种是通过原子内部的转换过程把能量交给较外层的另一电子，使它克服结合能而向外发射——非辐射退激发过程（Auger 过程）。向外辐射的电子称为俄歇电子，其能量仅由相关能级决定，与原子激发状态的形成原因无关。因而它具有“指纹”特征，可用来鉴定元素种类。

1. 俄歇效应

俄歇效应是一个三能级过程。如图 24-1 所示的 KL_1L_3 俄歇跃迁：K 上有 1 个空位（外加能量束激发产生），L_1 上的 1 个电子填充此空位，同时 L_3 上的 1 个电子脱离原子发射出去。发射出去的就是俄歇电子，其能量仅由相关能级决定。

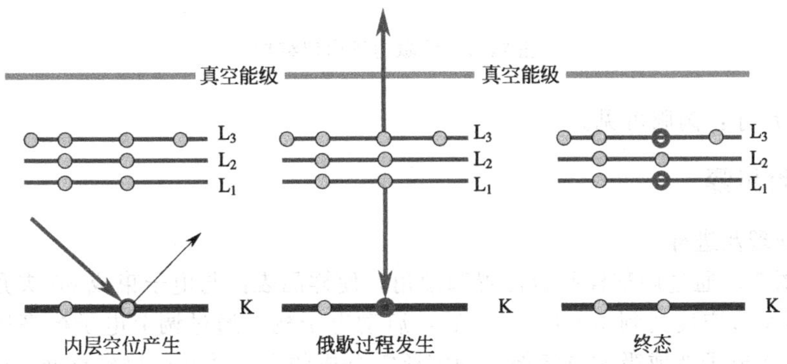

图 24-1 俄歇效应

作为一个三态过程，俄歇效应通常用 $W_iX_pY_q$ 表示。W_i 表示初始空位所在的能级，X_p 表示填充初始空位的电子的来源能级，Y_q 表示被发射出去的电子所在的能级。通常俄歇过程要求电离空穴与填充空穴的电子不在同一个主壳层内，即 $W \neq X$。若 $W = X \neq Y$，称为 C-K 跃迁（Coster-Kronig 跃迁，$p > i$），如 L_1L_2M；若 $W = X = Y$，称为超 C-K 跃迁（$p > i$，$q > i$），如 $N_5N_6N_6$。

2. 俄歇电子谱仪

图 24-2 为俄歇电子谱仪结构，它主要由安装在超高真空室中的电子源、电子能量分析器、电子检测器以及用于控制谱仪和数据处理的数据系统等组成。

俄歇电子能谱工作时的采集模式有以下四种：①点分析（Point analysis）；②线扫描（Line scan）；③面分析（Mapping）；④深度剖析（Profiling）。

三、样品制备注意事项

分析样品范围：固体、液体（需预处理）。

（1）半导体材料（注意荷电效应）。

（2）洁净样品（样品表面绝对禁止未戴手套就用手拿）。

（3）挥发性样品、表面污染样品及带有微弱磁性的样品等必须预处理。

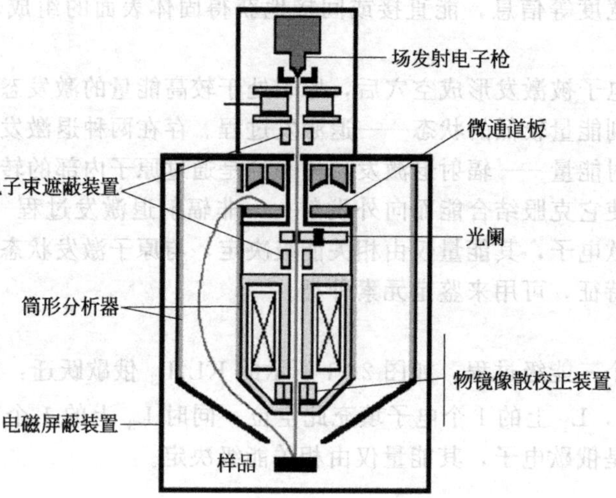

图 24-2 俄歇电子谱仪结构

(4) 样品尺寸：肉眼可见。

四、实验步骤

1. 样品处理及进样。

2. 硬件调节。通过调整样品台位置和倾角，使样品表面与电子束成60°夹角，与离子枪垂直。待分析室真空度达到 5×10^{-7} Pa 后，启动电子枪，通过调节电子枪高压，改变放大倍数，并在二次电子像或吸收电流像上确定所需分析的点，并使待分析点处在电子束与离子束的重叠区。调节电子枪的高压到2kV的校准位置，通过调节样品台与电子枪的距离使弹性峰的信号最强。然后把电子枪的高压升到所需的位置。开启Ar离子枪，调节Ar离子枪中的Ar气分压，使分析室的真空度优于 3×10^{-5} Pa。

3. 仪器参数设置和数据采集。选择深度剖析程序，设置谱仪的采集参数。收集的俄歇能量范围依据元素而定，设置合适的扫描步长，溅射时间和间隔，依据离子枪的溅射速率和样品厚度而定。

五、实验报告及要求

1. 简述俄歇电子能谱（AES）的原理和基本操作方法。
2. 根据所测样品，分析俄歇电子能谱在材料表面分析中的应用。

六、思考题

1. 俄歇电子能谱能否对表面元素进行定量分析？
2. 若把俄歇电子能谱的元素分布与俄歇化学效应结合起来分析，能获得什么信息？

参考文献

[1] 周玉，武高辉．材料分析测试技术．哈尔滨：哈尔滨工业大学出版社，1998.

[2] 张录平，李晖，刘亚平．俄歇电子能谱仪在材料分析中的应用．分析仪器，2009（4）：14-17.
[3] 周玉．材料分析方法．北京：机械工业出版社，2011.

实验 25　X 射线光电子能谱分析

一、实验目的与任务

1. 学习、掌握 X 射线光电子能谱仪的结构及分析原理。
2. 学会使用 X 射线光电子能谱仪定性分析表面元素及其价态。

二、实验原理

1. X 射线光电效应

众所周知，当一束 X 射线照射到物质上时，X 射线会与物质发生相互作用。一种是 X 射线光子与原子核外电子碰撞发生散射，这就是前面实验讲到的 X 射线衍射。另外一种是 X 射线的光子能量完全转移给某轨道电子。该轨道电子吸收能量后，导致电子从原子中发射出去，这就是光电效应，如图 25-1 所示，可以描述成式(25-1)。

$$A+h\nu \longrightarrow A^{+}+e \qquad (25\text{-}1)$$

根据爱因斯坦的能量关系可得：

$$h\nu=E_B+E_k \qquad (25\text{-}2)$$

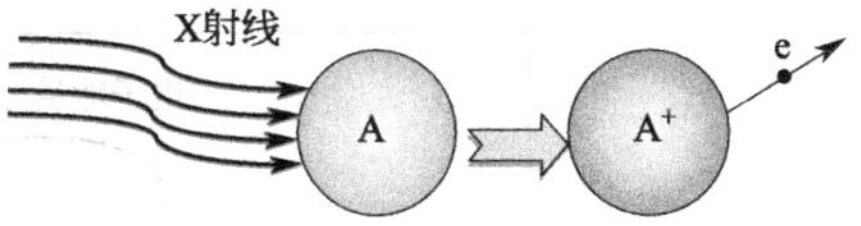

图 25-1　原子与 X 射线电离

式中，$h\nu$ 表示 X 射线光子能量，E_B 表示内层轨道电子的结合能；E_k 表示被 X 射线光子所激发出的电子的动能。显然：$E_B=h\nu-E_k$，因为确定的 X 射线光源其光电子能量 $h\nu$ 是已知的，所以只要利用能量分析器测量出被 X 射线光子激发出电子的动能，即可求出该电子在原子中的电子结合能。但对于固态样品，由于电子要从固体表面逸出需要一定的能量，这一能量叫作电子的逸出功 W_s，所以式(25-2) 应修正为：

$$h\nu=E_B+E_k+W_s \qquad (25\text{-}3)$$

2. 光电离概率

X 射线光电离概率是指一束一定能量的 X 射线照射到物质表面时，X 射线光子能量与原子核外电子相互作用，从某个能级激发出一个电子的概率，通常用 σ 表示。光电离概率 σ 与入射光子能量、原子序数大小以及电子能级壳层平均半径有关。不同元素同一壳层的电子随着原子序数增大 σ 越大；在同一元素中，电子能级壳层的平均半径越小，σ 值越大。电离概率 σ 值越大，对应的 X 射线光子能谱的谱峰强度越强。

3. 电子能级

由于原子核外电子中的单个电子所处的壳层和运动状态不同，电子的不同状态具有不同的电子结合能，所以我们用电子的状态来描述电子的能级。电子的状态用三个量子数来表示，主量子数 n 即电子所处壳层 K($n=1$)、L($n=2$)、M($n=3$)、N($n=4$)，n 相同即电子处于相同的电子壳层；角量子数 l 是表示电子云的不同形状，不同的 l 将同一壳层内的电子分为几个不同的亚层，通常用字母 s、p、d、f 表示，s 表示 $l=0$，p 表示 $l=1$，d 表示 $l=$

2，f 表示 $l=3$；磁量子数 m_l 表示电子云在空间的伸展方向，可取 $+l$ 和 $-l$ 之间的任何整数；自旋量子数 m_s 表示电子的旋转方向，可取 $+1/2$ 和 $-1/2$；对于 l 大于零的内壳层来说，自旋-轨道偶合作用使能级发生分裂，这种分裂可以用内量子数 j 来表示，其值表示为 $j=|l+m_s|=\left|l\pm\frac{1}{2}\right|$。所以，核外电子能级用主量子数 n、角量子数 l 和内量子数 j 表示，表示为：nl_j。如 $3d_{5/2}$，第一个数表示主量子数 $n=3$，第二个小写字母 d 表示 $l=2$，右下角的分数代表 $j=5/2$。

4. 电子结合能的化学位移

电子结合能是原子中核外电子与核电荷之间的相互作用强度。若无伴随光电发射的弛豫存在，则电子结合能体系初态能量与终态能量的简单差即为电子结合能。

化学位移是指原子所处环境不同而引起的内层电子结合能变化，这一变化在 XPS 图谱上表现为谱峰的位移。其中化学环境包含原子的配位离子种类和数量以及配位离子的价态。

5. X 射线光电子能谱仪的构造

X 射线光电子能谱仪由制备室、分析室、X 射线源、电子中和枪、离子枪、电子能量分析器、光电子检测器、俄歇电子检测器、真空系统、仪器控制系统和计算机组成，如图 25-2 所示。

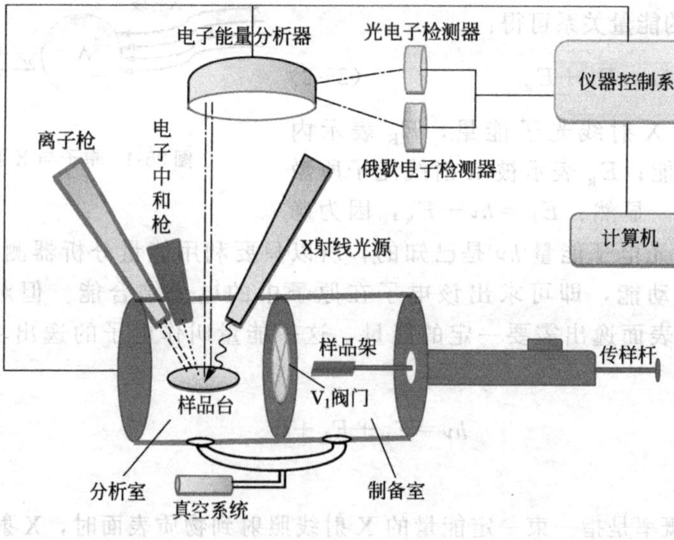

图 25-2　X 射线光电子能谱仪构造

三、实验设备与材料

1. 仪器

本实验将在热电 ESCALAB 250 型 X 射线光电子能谱仪（图 25-3）上进行。该仪器配置有离子刻蚀、电子中和枪，可对有机、无机、粉体或块体材料进行表面元素定性、定量及价态分析，对样品进行表面刻蚀做径向分析，还可以做表面元素及价态分布分析。该仪器能量分辨率为 0.45eV，空间分辨率为 3μm，最小分析区块为 20μm。

图 25-3 热电 ESCALAB 250 型 X 射线光电子能谱仪

2. 实验材料

待测样品、粉末样品压片工具、样品勺、称量纸等。

四、实验方法与步骤

1. 样品制备

X 射线光电子能谱分析的是样品表面的元素信息，所以样品表面不得被污染，并且粉末样品需要压成薄片。然后将样品用导电胶粘接到载样台上，并记录各样品在载样台上的位置。

2. 仪器准备

开机：打开仪器电源开关，启动控制面板的“restart pumps”，打开机械泵和分子泵，等制备室和分析室的真空度分别达到 2×10^{-6} Pa 和 2×10^{-7} Pa 则可开始实验。

X 射线光电子能谱是一台需要高真空环境的分析仪器，其真空度达 10^{-6} Pa 以下，真空度非常高，所以该仪器无法完全关机，仅部分附属设备可以关机，在非停机时，机器均处于开机状态。在测试前先需要检查仪器分析室真空度，是否处在 10^{-6} Pa 以下，然后确定其他附属设备是否处于开机及相应状态信息是否正常，仪器正常即可开展样品测试分析工作。

3. X 射线光电子能谱测试

(1) 装样：打开仪器动力气和载气（高纯氮），往制备室里通气时，先确定 V_1、V_3 处于关闭位置，并且关掉制备室离子规的灯丝。

(2) 同时按下“VENT ENTRYLOCK”和“VENT ENABLE”，此时指示灯“PUMP ACTIVE”灭，待制备室的门能打开时，打开制备室门，取出已测试好的样品，然后将待测样品的载样台装至传样杆上，关闭舱门。

（3）按掉“VENT ENTRYLOCK”＋“VENT ENABLE”停止通气，并按下“RESTART PUMP”，重新开泵，指示灯“PUMP ACTIVE”亮。90s 后，指示灯“TURBO SPEED”亮。此时分子泵达到额定转速的 80％。

（4）打开制备室离子规灯丝，电流选择“Auto”，等待真空达到 2×10^{-6}Pa 左右时按下“TRANSFER”打开“V_1”，利用传样杆将样品传至分析室样品台，然后逆时针旋转 90°，退出传样杆，再关闭“V_1”阀门，至此装样完毕。

（5）打开 Avantage 软件，开启水冷机，并打开光源让它预热稳定，指示灯“XL WATER”亮起，然后待分析室真空度达 2×10^{-7}Pa 时，开始测试。

（6）初定样品位置，调节样品台高度，使样品图像比较清楚；然后使用“CEM TOOLKIT”确定最佳测试位置。

（7）设定一个新实验，可选择当天的日期命名。添加一个手动光源，选择相应的光源和对应模式。最后添加手动点（可用材料名词来命名），确定测试元素、各元素精扫图谱的范围、通过能、次数以及步长。

（8）先扫全谱再窄扫，扫谱过程中关注 C、O 的谱特征，判断仪器状态；同时，也可观察其他元素图谱，并根据图谱特征确定是否更改测试条件。

（9）最后保存实验和数据，并把光源、水冷机关掉，把样品退回到制备室。

（10）数据处理：X 射线光电子能谱采集完毕后，首先要对图谱进行校正，对比 CO_2 中 C 元素的结合能位置与它的标准结合能位置 $C_{1s}=284.6$ eV 的差值校正全谱和各元素高分辨图谱。校正完后可对各元素的重叠峰进行拟合分峰，求出各峰的峰位、峰强度、半峰宽等峰参数。

（11）关机：如需关闭仪器，先关闭两瓶高纯氮，然后将仪器电源旋钮旋至“OFF”位置。

五、实验报告及要求

1. 实验课前必须预习实验讲义和教材，掌握实验原理和熟悉实验步骤。

2. 实验报告内容包括：实验目的、实验原理、仪器配置、样品制备、X 射线光电子能谱分析步骤和结果讨论。

六、思考题

1. 试述影响原子核外电子结合能化学位移的因素有哪些，可以采取哪些方法有效避免仪器和样品外在因素对 X 射线光电子能谱的影响。

2. 试述样品导电性、样品表面吸附是否会影响 X 射线光电子能谱，为什么？如何减小导电性和样品表面吸附对分析结果的影响？

参考文献

[1] 刘世宏，等．X 射线光电子能谱分析．北京：科学出版社，1988．

[2] 中华人民共和国国家质量监督检验检疫总局，中国国家标准化管理委员会．方法通则．北京：中国标准出版社，2004．

[3] 左志军．X 射线电子能谱及其应用．北京：中国石化出版社，2013．

[4] 何运慧，肖光参．X 射线光电子能谱操作规程．福州：福州大学测试中心 XPS 实验室，2009．

实验 26 电感耦合等离子体原子发射光谱分析（ICP-OES）

一、实验目的与任务

1. 学习、了解电感耦合等离子体原子发射光谱的原理。
2. 学会用电感耦合等离子体原子发射光谱定量分析试样的元素组成。

二、实验原理

1. 原子发射光谱

原子或离子发射光谱是物质在热激发或电激发下，每种元素的原子或离子的核外电子受到激发从低能态跃迁至高能态，由于不同原子的核外电子能级分布不同，所以当电子从高能态返回至低能态时将发射出特征光谱，其原理如图 26-1 所示。

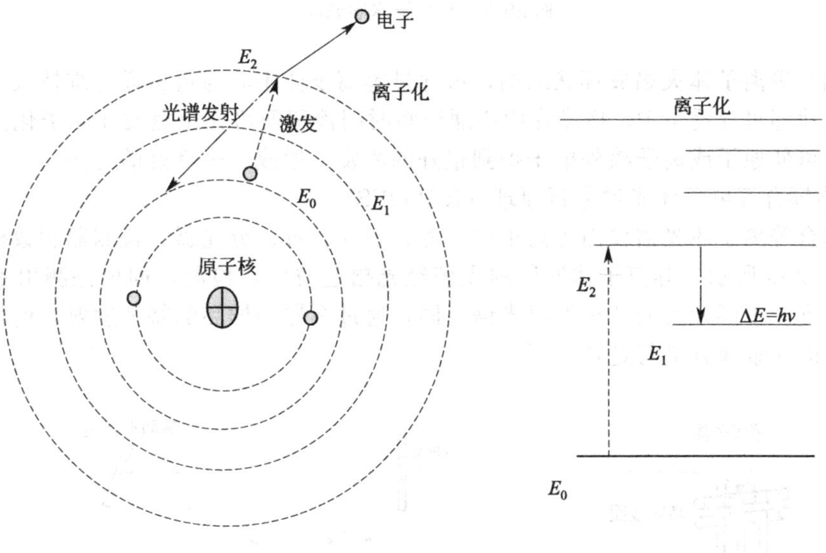

图 26-1 原子或离子热激发发射原理

2. 电感耦合等离子体

等离子体是一种在一定程度上被电离的气体（电离度大于 0.1%），其中电子和阳离子的浓度处于平衡状态，宏观上呈电中性的物质。

电感耦合等离子体是由高频振荡器产生的高频电磁场使工作气体发生电离形成等离子体，呈现为等离子体焰炬，其温度达 10000K，是一种蒸发原子化激发电离的光谱光源。等离子体形成原理如图 26-2 所示。一根含有三层气体通道的石英炬管的上端装有一高频电感耦合铜制线圈，铜管线圈内通有冷却水，保持线圈恒温在 20℃左右。石英炬管的最外侧通冷却氩气，防止炬管因高温而熔化；中间层通工作气体氩气，点火时，启动高压放电装置让工作气体氩气发生电离，被电离的气体经过环绕石英管顶部的高频感应线圈时，线圈产生的巨大热能和交变磁场，使电离气体的电子、离子和处于基态的氩原子发生反复猛烈的碰撞，各种粒子的高速运动，导致气体完全电离形成一个类似线圈状的等离子体炬区面，此处温度高达 6000～10000℃。待测样品经雾化由氩载气从炬管中间通道进入等离子体中心，在等离子体的高温作用下电离激发，发射出特征光谱。

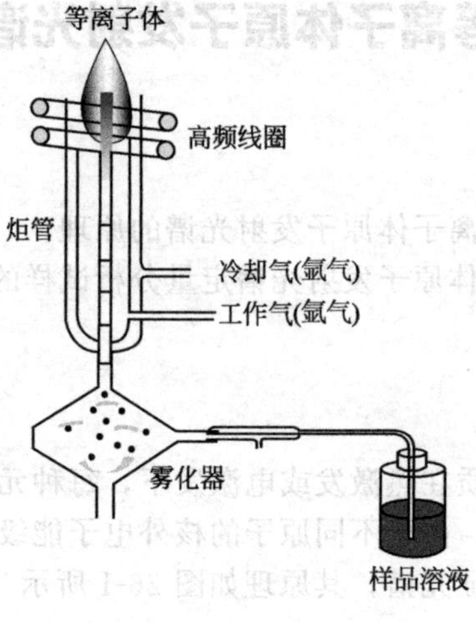

图 26-2 等离子体形成原理

电感耦合等离子体火焰成环状结构，可通过等离子体中心通道进样并维持火焰稳定，较低的载气流速即可穿透 ICP，样品在中心通道短时间停留便可完全蒸发并原子化。等离子体火焰温度高可使原子或离子核外电子得到很好的激发，形成一个良好的光源。

3. 电感耦合等离子体光谱分析原理（ICP-OES）

电感耦合等离子体光谱仪由等离子体光源、进样装置、分光器、检测器和数据处理系统组成，如图 26-3 所示。等离子体发射的光谱经光栅选波后，检测器即可探测出不同波长发射谱的峰强度。不同元素的特征发射光谱不同，通过标样和样品的特征发射光谱强度即可对样品中所含的元素成分进行定量分析。

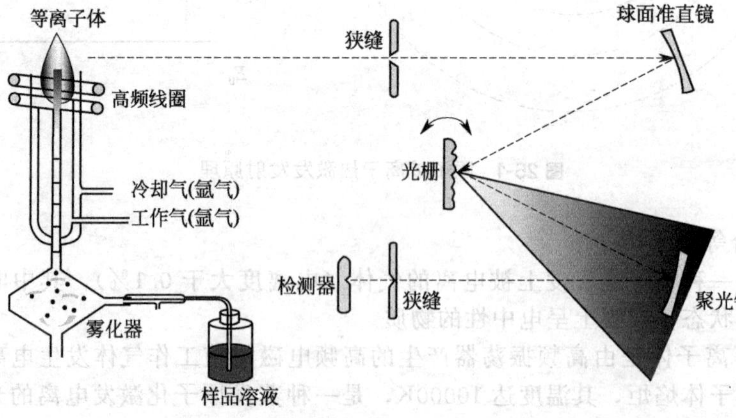

图 26-3 电感耦合等离子体原子发射光谱仪

4. ICP-OES 可分析元素

元素周期表中有七十多种元素可以用 ICP-OES 法进行定量分析，但有些元素因难以激发、激发发射光谱强度弱或受环境因素影响难以准确测定而无法采用该方法进行分析，具体可测试元素如图 26-4 所示。

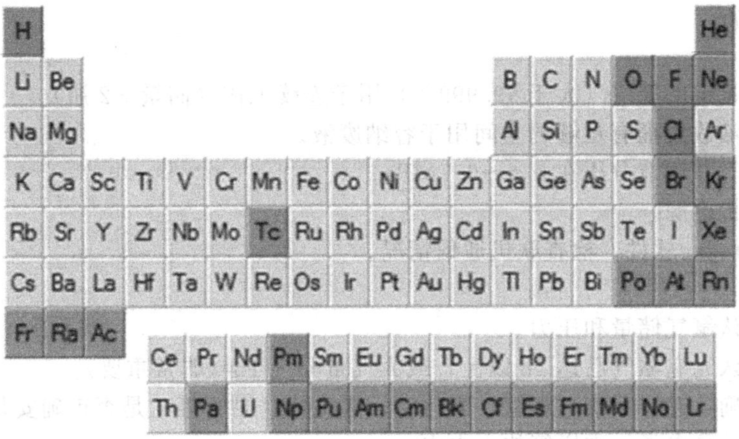

图 26-4 ICP-OES 可分析与不可分析元素周期表

注：深灰色元素 IPC-OES 不可分析。

三、实验设备与材料

1. 实验仪器

本实验采用热电 iCAP-7400 电感耦合等离子体光谱仪，如图 26-5 所示。该设备配有固态芯片检测器，检测波长范围为 166～847nm；还配有 Qtegra 软件，可方便建立分析方法和形成分析结果报告。

图 26-5 热电 iCAP-7400 电感耦合等离子体光谱仪

2. 实验材料

待测样品溶液、待分析元素标样、稀硝酸溶液、废液瓶等。

四、实验方法与步骤

1. 样品制备

(1) 称量一定量的样品。

(2) 将样品用酸消解，赶去剩余的酸（不能用 HF 酸）。

(3) 定容并计算配置溶液的溶质浓度。

（4）配置不同浓度的待测元素标准液。

2. 仪器准备

（1）开机

① 确认有足够的氩气（大于 99.999%）用于连续工作（储量≥2 瓶）。

② 确认废液收集桶有足够的空间用于容纳废液。

③ 打开氩气并调节分压在 0.6～0.7MPa。

④ 打开主机电源。

⑤ 启动 Qtegra 软件，检查联机通信情况。

（2）点火

① 再次确认氩气储量和压力。

② 再次确认光室驱气已达 2h 以上，或大气量驱气 1h（非常重要）。

③ 检查并确认进样系统（炬管、雾化室、雾化器、泵管等）是否正确安装。

④ 上好蠕动泵夹子，进样管放入水中。

⑤ 开启排风。

⑥ 开启循环水机。

⑦ 打开 Qtegra 软件，检查“Dashboard-Interlock”以确保所有联锁指示灯呈绿色状态。

（3）稳定

① 确保光室温度稳定在（38±0.5）℃（注意：打开主机电源开关后光室就已经开始升温，因室温的不同，2～5h 后达到设定温度）。

② 单击“Get Ready”，启动等离子体。

③ 点火后，等离子体稳定 10～20min。

3. 调用或新建分析方法

（1）设置模板名称　单击软件界面左侧菜单“Create Labbook”，选定样品中待分析元素及用于元素定量分析的相应谱线（选择原则是谱线发射强度高，与其他待分析元素谱线无重叠，可选多条谱线，优先选择 300nm 以下波段谱线）。

（2）设置等离子参数　设定曝光时间（Exposure Time）。信号强的曝光时间设短些，信号弱的曝光时间设长些。一般 UV 波段发射的曝光时间设为 15s，Visible 波段发射的曝光时间设为 5s。

（3）设置射频功率　将 UV 和 Visible 的射频功率都设为 1150W；等离子气流量设为 0.5L/min，观测高度设为 12mm；辅助气流量设为 0.5 L/min。

（4）设置数据采集参数　采集方法设为“Normal”稳定性好，效率一般；泵速“Pump Speed”：对于有机样品泵速一般小于 30r/min，对于无机样品泵速可设为 50r/min 或 60r/min；提升速度“Push Pumb Speed”：一般为 100r/min；泵稳定时间“Pumb Stabilization time”：一般设为 5s。

（5）设置元素标准　单击 New 按钮，零点不用填。标样名称“Standard Name”：可以用 std1、std2、std3……，在“Create standard using analyte list”前面的一定要打√选定，确保前面选定的元素自动列在表格里，单位可以单击下拉菜单进行选择。

（6）设置样品列表　单击 add，单击一次加一个样品，单击后面的下拉菜单可以一次添加多行。

4. 准备“标准”和待测样品

将配置好的标准溶液和待测样品按所建方法的顺序排列好，以便序列运行时按顺序进样。

5. 运行序列

单击菜单执行序列快捷按钮运行序列，然后根据运行提示，逐一进样，进行测试样品。

6. 数据处理和报告打印（可在熄火后进行）

单击软件菜单中的报告模板“Report”，即可自动生成样品测试报告，然后保存或打印测试报告。

7. 关机

① 测试完毕后，用去离子水冲洗进样系统 10min 后熄火。

② 单击“Shut Down”使仪器处于“Shut Down”状态。

③ 待 CID 温度回升到 20℃以上后才可关闭氩气（最好继续通气 1h 后，再关闭氩气）。

④ 关闭排风，松开蠕动泵夹子。

⑤ 若仪器较长时间（一周以上）停用，关闭主机电源和气源使仪器处于“Off”状态。

五、实验报告及要求

1. 实验课前必须预习实验讲义和教材，掌握实验原理和熟悉实验步骤。

2. 实验报告内容包括：实验目的、仪器构造、实验原理、样品制备、测试步骤、ICP-OES 实验分析及结果报告等。

六、思考题

1. 试述 ICP-OES 元素定量分析光谱的选择方法及注意事项，以及如何减小 ICP-OES 分析结果误差。

2. 试述标样的选择、配置方法及注意事项？

3. 试述样品前处理的注意事项及如何减小样品处理系统误差？

参考文献

[1] 辛仁轩，余正东，郑建明．电感耦合等离子体发射光谱仪原理及其应用．北京：冶金工业出版社，2012.

[2] 徐强，刘春，等．ICP 光谱法测定碳负载金属催化剂中金属的含量．化学试剂，2014 (5)：428-432.

[3] 冯蕊．电感耦合等离子体发射光谱仪操作规程．福州：福州大学测试中心 ICP 实验室，2017.

实验 27　电感耦合等离子体质谱分析（ICP-MS）

一、实验目的与任务

1. 学习、了解电感耦合等离子体质谱仪工作原理。

2. 学会用电感耦合等离子体离子质谱仪定量分析试样的元素组成。

二、实验原理

1. 离子源

ICP-MS 是以电感耦合等离子体作为离子源，这个等离子体与电感耦合等离子体发射光谱仪的等离子体一样，只是 ICP-MS 的等离子体是水平放置的，如图 27-1 所示。被分析样品通过进样器雾化后进入等离子体中心，样品溶胶在等离子体高温作用下迅速去溶剂、汽化解离和电离，形成离子源。

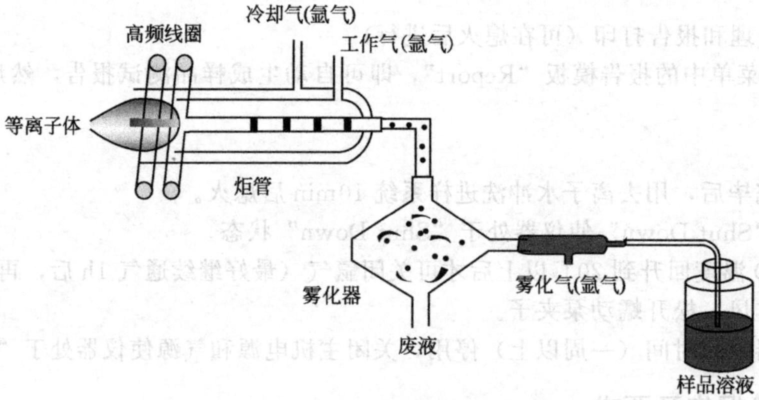

图 27-1 ICP-MS 等离子体与进样装置

2. 采样与离子聚焦

采样是将离子源发射的离子导入分析系统。采样与离子聚焦如图 27-2 所示。离子束先进入采样锥，因采样锥后部为真空，所以离子束进入采样锥后便迅速分散，再经截止锥截取部分离子束流进入分析系统。当离子进入分析系统后经过离子透镜聚焦和偏转，过滤掉中性粒子、负离子和光子，仅保留正离子进入四极杆离子分析器。

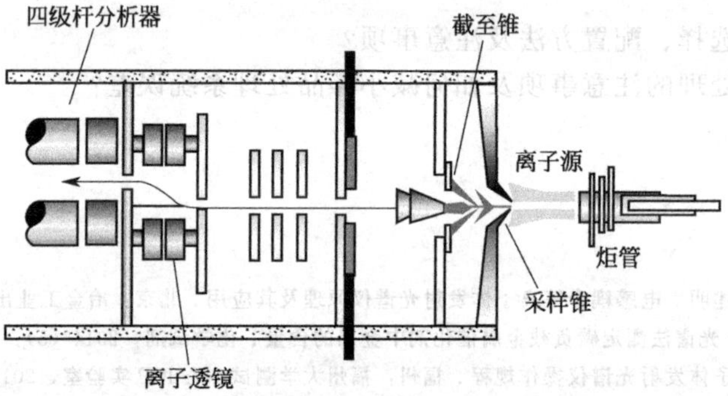

图 27-2 采样与离子聚焦

3. 四极杆质量分析器

四极杆是由四根长度和直径相同的圆柱形或双曲面形的金属极棒组成，这些金属棒一般由表面镀有抗腐蚀陶瓷膜的不锈钢或金属钼制备而成，长度一般为 20cm。四级杆的相对两极连接在一起，并在每根棒上施加幅度为 U 和 V 的直流电压和射频电压，一对极棒为正，另一对极棒为负。施加在每对极棒上的电压幅度相同，但符号相反，即相位差为 180°。当加速的离子进入四极杆分析器后，在电场的作用下将按照质荷比产生偏转和分离，只允许具有特定质荷比的离子被传输进入检测器，如图 27-3 所示。

4. 电感耦合等离子体质谱分析

电感耦合等离子体质谱分析就是将待分析溶液通过蠕动泵送至雾化器雾化，然后通过载气（氩气）送至等离子体中心，等离子体的高温将样品气溶胶去溶剂、气化、解离和电离，形成正离子。正离子经过采样系统进入四级杆质量分析器，按正离子的荷质比进行分析，分离后合适的离子进入检测器，通过检测器探测到离子信号的强度与标准样品的强度对比，得

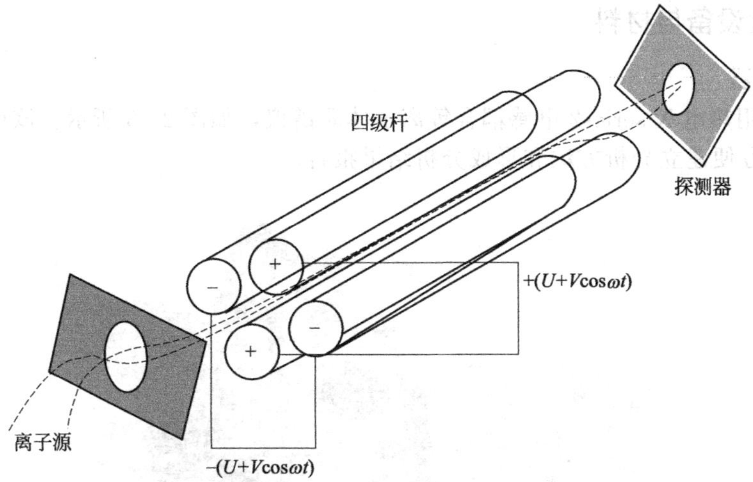

图 27-3　四级杆质量分析器

出所测样品中元素的准确含量。电感耦合等离子体质谱分析流程如图 27-4 所示。

样品制备 标样配置 → 溶液雾化 → 离子化 → 进入离子分析器 → 检测器 → 数据分析

图 27-4　电感耦合等离子体质谱分析流程

5. 电感耦合等离子体质谱可分析元素及检出限

根据电感耦合等离子体质谱仪分析原理和元素物理性质，ICP-MS 可分析元素及检出限如图 27-5 所示。

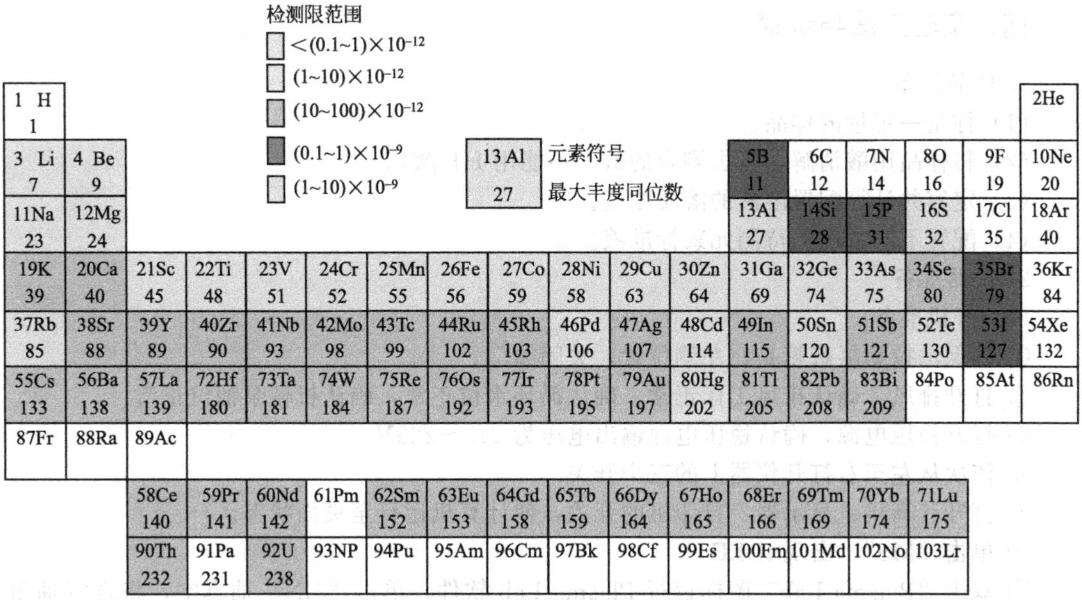
检测限范围
<(0.1~1)×10⁻¹²
(1~10)×10⁻¹²
(10~100)×10⁻¹²
(0.1~1)×10⁻⁹
(1~10)×10⁻⁹
13 Al 27
元素符号
最大丰度同位数
1 H 1
2He
3 Li 7
4 Be 9
5B 11
6C 12
7N 14
8O 16
9F 19
10Ne 20
11Na 23
12Mg 24
13Al 27
14Si 28
15P 31
16S 32
17Cl 35
18Ar 40
19K 39
20Ca 40
21Sc 45
22Ti 48
23V 51
24Cr 52
25Mn 55
26Fe 56
27Co 59
28Ni 58
29Cu 63
30Zn 64
31Ga 69
32Ge 74
33As 75
34Se 80
35Br 79
36Kr 84
37Rb 85
38Sr 88
39Y 89
40Zr 90
41Nb 93
42Mo 98
43Tc 99
44Ru 102
45Rh 103
46Pd 106
47Ag 107
48Cd 114
49In 115
50Sn 120
51Sb 121
52Te 130
53I 127
54Xe 132
55Cs 133
56Ba 138
57La 139
72Hf 180
73Ta 181
74W 184
75Re 187
76Os 192
77Ir 193
78Pt 195
79Au 197
80Hg 202
81Tl 205
82Pb 208
83Bi 209
84Po
85At
86Rn
87Fr
88Ra
89Ac
58Ce 140
59Pr 141
60Nd 142
61Pm
62Sm 152
63Eu 153
64Gd 158
65Tb 159
66Dy 164
67Ho 165
68Er 166
69Tm 169
70Yb 174
71Lu 175
90Th 232
91Pa 231
92U 238
93NP
94Pu
95Am
96Cm
97Bk
98Cf
99Es
100Fm
101Md
102No
103Lr

图 27-5　ICP-MS 可分析元素及检出限

注：深灰色元素 IPC-DES 不可分析。

三、实验设备与材料

1. 实验仪器

本实验采用热电 X series2 电感耦合等离子体质谱仪，如图 27-6 所示。该设备配 Plasma Lab 软件，可方便建立分析方法和形成分析结果报告。

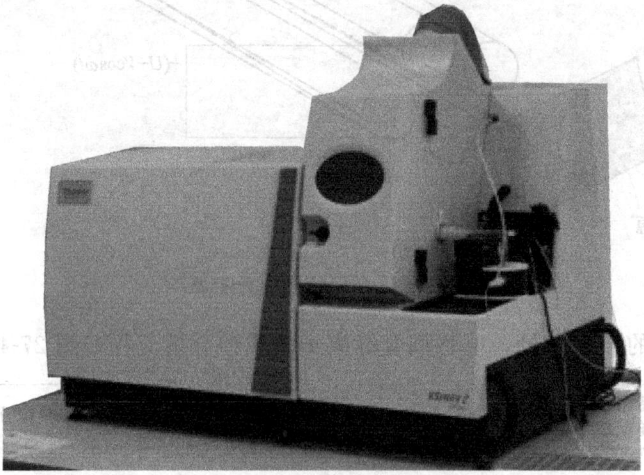

图 27-6 热电 X series2 电感耦合等离子体质谱仪

2. 实验材料

待测样品溶液、待分析元素标样、稀硝酸溶液、废液瓶等。

四、实验方法与步骤

1. 样品制备

(1) 称量一定量的样品。

(2) 将样品用酸消解，赶去剩余的酸（不能用 HF 酸）。

(3) 定容并计算配置溶液的溶质浓度。

(4) 配置不同浓度的待测元素标准液。

2. 仪器准备

(1) 开机准备

① 确保法拉第屏蔽箱是在左侧位置，关闭箱门。

② 打开排风，确认排风工作正常。确认循环水位正常，确认机械泵油位正常。

③ 打开稳压电源，确认稳压电源输出电压为 215～225V。

④ 依次从左至右打开仪器上的三个开关。

⑤ 打开计算机、显示器、打印机的开关，使计算机运行至桌面状态。

⑥ 单击“MS”，出现 IDLE。

⑦ 双击“Plasma Lab”图标运行 Plasma Lab 软件，单击“ON”抽真空，将真空抽至 6×10^{-5}Pa 以下，如果停机较长时间需抽真空过夜。如果是安装新检测器需填写检测器型号、序列号并进行除气程序，抽真空过夜。

(2) 开启仪器

① 检查确认炬管、截取锥和采样锥安装正常。

② 检查蠕动泵管道系统情况良好，管子已夹紧，并把进样管放在纯水中。

③ 确保法拉第屏蔽箱是在左侧位置，关闭箱门。打开氩气，气压调整至0.6MPa，打开水循环，并确认其工作正常。

④ 单击打开"ON"按钮，仪器会自动运行90～120s的启动过程。启动期间使用氩气对进样系统驱气，在RF电源启动并点燃ICP前，关闭雾化器气体开关；打开接口阀和高真空区域接口处的滑阀（第一级真空室压力<260Pa），检查半导体制冷器温度。

（3）配置设定　单击"Instrument"仪器图标，打开仪器控制软件，选择"Configurations"打开配置编辑器，对仪器硬件进行配置。

（4）附件控制　Xt锥使用含10×10^{-9}的Li、Be、Co、In、Ba、Ce、Pb、Bi、Tl和U的标准调节溶液，Xs锥使用1×10^{-9}的Li、Be、Co、In、Ba、Ce、Pb、Bi、Tl和U的标准调节溶液。将样品进样管放入调节溶液中，确保溶液平稳进样及溶液进样和排液工作正常，并优化泵速。

（5）信号优化　保持低水平的氧化物和双电荷离子，在调谐窗口页面，通过对各透镜参数的调整，优化离子探测信号；同时，优化最高灵敏度。优化结束后，保存优化参数。

3. 新建分析方法

（1）单击程序中试验图标打开试验"Wizard"，从试验"Wizard"中建立新的空白实验并选择连续操作模式。选择"Default. tea"作为该试验的分析物数据库。

（2）在选中的新实验中单击安装页面的配置编辑器，选择正确配置。确保试验正确附件为可见。若所示试验附件未显示，首先必须在配置编辑器页面中的仪器图标和附件"Wizard"中进行安装。该步骤可帮助选择并配置可选附件，打开新试验时附件可选。将附件安装在仪器上，并在试验区内显示。

（3）选择试验设定中的时间标签，选择合适的样品到达等离子体的进样时间和排液时间。

（4）单击试验安装页面上的分析物，选择要求测定的分析物。在需要的分析物上双击鼠标左键选择所有需要的分析物，选中干扰最小的默认同位素。此类默认同位素被存放于分析物数据库中，也可单击显示供选择的同位素并手动勾选。选中所有需要作为内标的分析物，作为内部标准的分析物显示为黄色。右键单击方程网格中的行，选择使用或不使用方程选项。

（5）设置数据采集参数，并选择内部标准。根据测试元素种类，在多种元素中选择易电离且待测样中不含低、中、高质量数的元素作为内部标准，使因基体抑制或漂移产生的信号响应变化得到补偿。

（6）建立校正方法，不同的分析物可在菜单中选择不同的校准方法。

（7）建立样品列表，在"Sample List"选项上增加待测样品，包含标样，并设定样品类型和测试次数，在标准样品列表中设置相应的标样浓度。

（8）单击菜单栏的文件，选择保存为"保存当前试验"。

4. 样品测试

（1）打开已保存的实验方法，单击执行按钮，仪器便开始实验测试。根据样品序列运行提示进样。

（2）查看数据采集，双击右下角"MS"图标查看"Plasma Lab"服务窗口进行数据采集监控。通过"Technician"可以在数据采集过程中监控实时显示。

（3）单击结果，单击校准数据，选择查看全定量工作曲线模块，并选择相应分析物查看其校准曲线。单击鼠标左键从校准图中去除错误点。在曲线拟合选项框的下拉菜单中选择权重"Weighting"校准，默认设置为"None"，可强制通过零点、原液或空白。从图上可直接看到“Weighting”和“Forcing”，可单击“更新”按钮改变下面的网格并重新计算整个数据库。查看“Analyte dilution concn.”文件可知所有标准和未知样品的数据、平均值、SD 和 RSD%等结果。检测精度判断 RSD 应少于 2%。

(4) 打印报告，在结果显示页面上可直接单击打印菜单，打印分析结果。

五、实验报告及要求

1. 实验课前必须预习实验讲义和教材，掌握实验原理和熟悉实验步骤。

2. 实验报告内容包括：实验目的、实验原理、仪器配置、样品配制、测试步骤、数据处理、实验分析结果等。

六、思考题

1. 试述 ICP-MS 元素定量分析的干扰因素有哪些，如何避免这些干扰因素对分析结果的影响。

2. 试述 ICP-MS 分析样品前处理步骤及注意事项，如何减小样品前处理的系统误差？

3. 试述常规模式与撞击模式的区别，如何正确选择分析模式？

参考文献

[1] (英) 戴特·A R，(英) 格雷·A L·电感耦合等离子体质谱分析的应用．李金英等译．北京：原子能出版社，1998.

[2] 靳兰兰，王秀季等．电感耦合等离子体质谱技术进展及其在冶金分析中的应用．冶金分析，2016，36 (7)：1-14.

[3] 冯蕊．电感耦合等离子体质谱仪操作规程．福州：福州大学测试中心 ICP-MS 实验室，2017.

实验 28　红外光谱分析实验技术

一、实验目的与任务

1. 了解红外光谱分析的基本原理。
2. 掌握红外光谱试样的制备和红外光谱仪的使用。
3. 掌握红外光谱图的解析。

二、实验原理

1. 红外吸收光谱的产生

当一定频率的光照射分子时，如果分子中某个基团的振动频率和它一样，且光的能量通过分子偶极矩的变化传递给分子，这个基团就吸收了一定频率的红外线。分子吸收光能后由原来的振动基态能级跃迁到较高的振动能级。按量子学说，当分子从一个量子态跃迁到另一个量子态时，就会发射或吸收电磁波，两个量子状态间能量差 ΔE 与发射或吸收光的频率之间存在如下关系：$\Delta E = h\nu$。

如图 28-1 所示，红外光区分为近红外区（波长 0.75～2.5μm）、中红外区（波长 2.5～25μm）和远红外区（波长 25～300μm）。其中，中红外区的研究和应用最多，一般所说的红外光谱就是指中红外区的红外光谱。

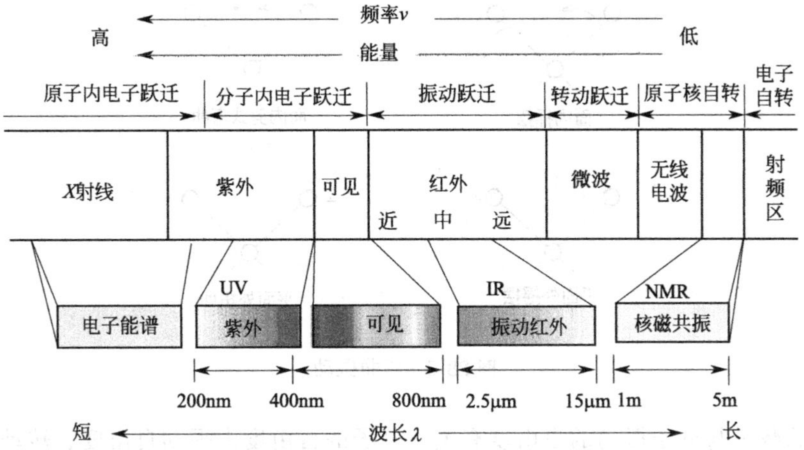

图 28-1 光波谱区及能量跃迁

2. 分子的振动形式

由于红外光量子的能量较小，当物质吸收红外光区的光量子后，只能引起原子的振动和分子的转动，不会破坏化学键，所以红外光谱又称振动转动光谱。分子中原子的振动是这样进行的：当原子的相互位置处在相互作用平衡态时，位能最低。当位置略微改变时，就有一个回复力使原子回到原来的平衡位置，结果像钟摆一样做周期性的运动，即产生振动。按照振动时发生键长和键角的改变情况，将振动形式分为两类：伸缩振动和弯曲振动。

（1）伸缩振动　原子沿着键轴方向伸缩，键长改变而键角不变，这种振动形式称为伸缩振动。伸缩振动又可分为对称伸缩振动和不对称伸缩振动（图 28-2）。

图 28-2 伸缩振动

（2）弯曲振动　基团键角发生周期变化而键长不变，这种振动形式称为弯曲振动，也可称为变形振动。变形振动分为面内变形振动和面外变形振动。其中，面内变形振动又分为面内摇摆和面内剪式弯曲两种形式；面外变形振动又分为平面外摇摆和平面外扭曲两种形式，如图 28-3 所示。

对于具体的基团与分子振动，均有多种形式，每种振动方式对应一种振动频率，因此同一基团可出现多个红外吸收峰。

3. 吸收峰的类型和数量

分子吸收红外辐射后，由基态振动能级（$\nu=0$）跃迁到第一振动激发态（$\nu=1$）时所产生的吸收峰称为基频峰。由基态（$\nu=0$）跃迁到第二激发态（$\nu=2$）、第三激发态（$\nu=3$）等，所产生的吸收峰称为倍频峰。一般二倍频峰比较强，三倍频峰以上的跃迁概率很小，一般都很弱，基本检测不到。

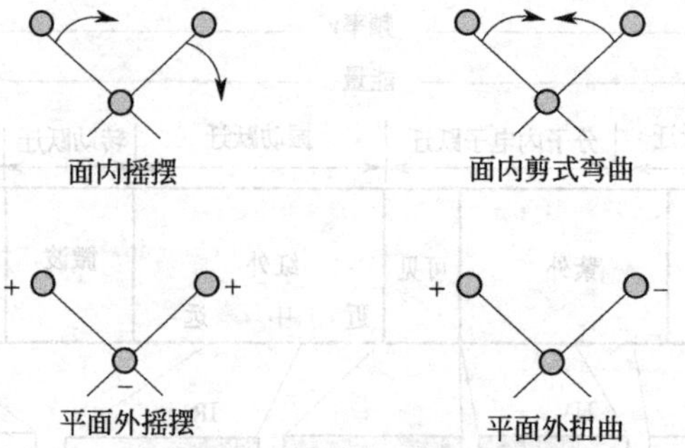

图 28-3 弯曲振动

吸收峰的数量与分子振动的自由度有关。分子的自由度由平动自由度、转动自由度和振动自由度三部分组成，表示为 $3N$。所以，分子的振动自由度＝$3N$－（平动自由度＋转动自由度）。线性分子的振动自由度为 $3N-5$，非线性分子的振动自由度为 $3N-6$。振动自由度反映吸收峰的数量，但并非每个振动都产生基频峰。因此，实际检测到的吸收峰的数量常常少于振动自由度。

4. 化合物结构分析与鉴定

每种基团、化学键都有特殊的吸收频率组，犹如人的指纹一样。因此可以利用红外吸收光谱鉴别出分子中存在的基团、结构的形状、双键的位置、是否结晶以及顺反异构等结构特征。

在化合物分子中，具有相同化学键的原子基团，其基本振动吸收峰（简称基频峰）基本上出现在同一频率区域内。例如，$CH_3(CH_2)_5CH_3$、$CH_3(CH_2)_4C{\equiv}N$ 和 $CH_3(CH_2)_5CH{=}CH_2$ 等分子中都有—CH_3、—CH_2—基团，它们的伸缩振动基频峰都出现在同一频率区域内，即在$<3000cm^{-1}$ 波数附近。但又有所不同，这是因为同一类型的原子基团，在不同化合物分子中所处的化学环境有所不同，使基频峰频率发生一定移动，例如 C═O 基团的伸缩振动基频峰频率一般出现在 $1850\sim1860cm^{-1}$ 范围内，当它位于酸酐中时，C═O 为 $1820\sim1750cm^{-1}$；在酯类中时，为 $1750\sim1725cm^{-1}$；在醛中时，为 $1740\sim1720cm^{-1}$；在酮类中时，为 $1725\sim1710cm^{-1}$。因此，掌握各种原子基团基频峰的频率及其位移规律，就可应用红外吸收光谱来确定有机化合物分子中存在的原子基团及其在分子结构中的相对位置。

5. 傅里叶变换红外光谱仪的结构及工作原理

本实验所用仪器为 Nicolet 5700 型傅里叶变换红外光谱仪（图 28-4、图 28-5）。傅里叶变换红外光谱仪主要由光源（硅碳棒）、迈克尔逊干涉仪、检测器、计算机和记录仪等组成。该设备的核心部分是迈克尔逊干涉仪，它将光源来的信号以干涉图的形式送往计算机进行傅里叶变换处理后还原成光谱（图 28-6）。

在图 28-6 中，在固定镜 M_1 和动镜 M_2 之间放置一个呈 45°角的半透膜光束分裂器 BS，它能将来自光源 S 的光均分为两部分：光束Ⅰ和光束Ⅱ。光束Ⅰ穿过光束分裂器被动镜 M_2 反射，沿原路回到光束分裂器并被反射到达检测器；光束Ⅱ则反射到固定镜 M_1，再沿原路反射回来通过光束分裂器到达检测器。这样，在检测器上所得到的是光束Ⅰ和光束Ⅱ的相干光。如果进入干涉仪的是波长为 λ_1 的单色光，那么开始时因 M_1 和 M_2 与 BS 等距，光束Ⅰ和光束Ⅱ到达检测器时位相相同，发生相长干涉，亮度最大。当动镜 M_2 移动入射光的 $\lambda/4$ 距离时，则光束Ⅰ的光程变化为 $\lambda/2$，在检测器上两束光位相相反，发生相消干涉，亮度最小。因此，匀速移动 M_2，即连续改变两束光的光程差，在检测器上记录的信号呈余弦变化，每移动 $\lambda/4$ 的距离，则信号从明到暗周期性改变一次。如果两种波长分别为 λ_1 和 λ_2 的光一起进入干涉仪，则得到两种单色光的叠加。

图 28-4 Nicolet 5700 型傅里叶变换红外光谱仪

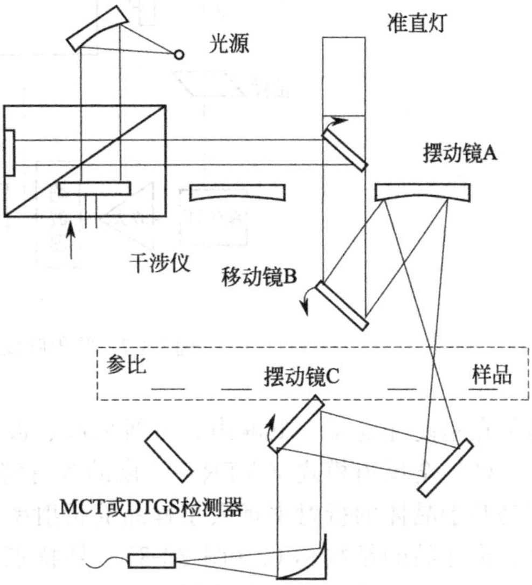

图 28-5 傅里叶变换红外光谱仪的结构组成

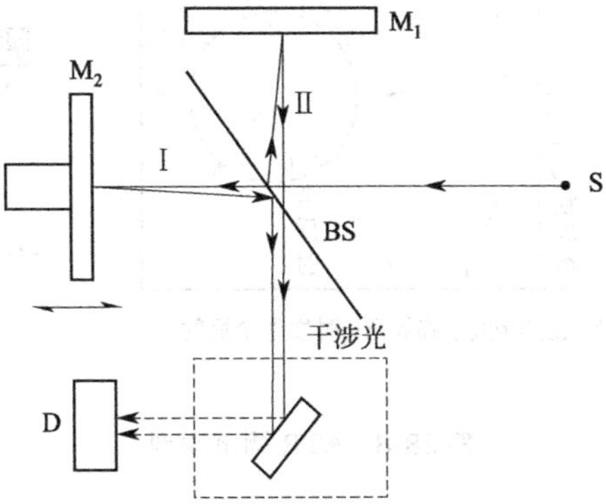

图 28-6 迈克尔逊干涉仪光学示意及工作原理

M_1—固定镜；M_2—动镜；S—光源；D—检测器；BS—光束分裂器

从光源发出的红外辐射经过干涉仪，形成干涉光，干涉光经过试样后，由于试样对不同波长光的选择吸收，导致干涉曲线发生变化，经检测器记录干涉图，这种复杂的干涉图是难以解释的，需要计算机进行快速傅里叶变换，得到透过率随波数变化的普通红外光谱，如图 28-7 所示。

6. 红外光谱测试技术

根据样品状态和测试要求，红外光谱有多种测试模式，较常见的有透射模式、全反射模式和漫反射模式。

(1) 透射模式　透射模式是最常用的测试模式。粉末样品一般采用这种模式。测试时记录不同波长的红外线穿过样品之后的透过率，从而得到样品对不同波长红外线的吸收情况。

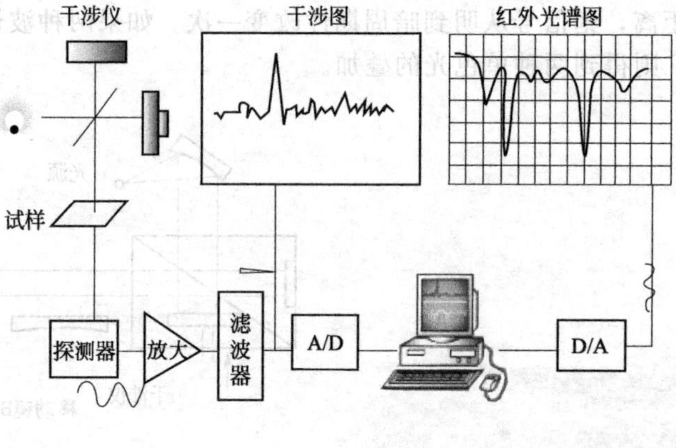

图 28-7 傅里叶变换红外光谱仪工作原理

其特点是高光通量、低噪声、分辨率高、波数准确度高。

（2）全反射模式（ATR） 借助含有特定晶体的 ATR 附件，实现对光的全反射。其原理是基于晶体的折射率远大于样品的折射率，从而在样品表面发生反射，而投入样品的驻波携带出样品的结构信息（图 28-8）。其特点是不破坏样品，对样品的大小和形状无特殊要求，以及可测试含水的样品等。

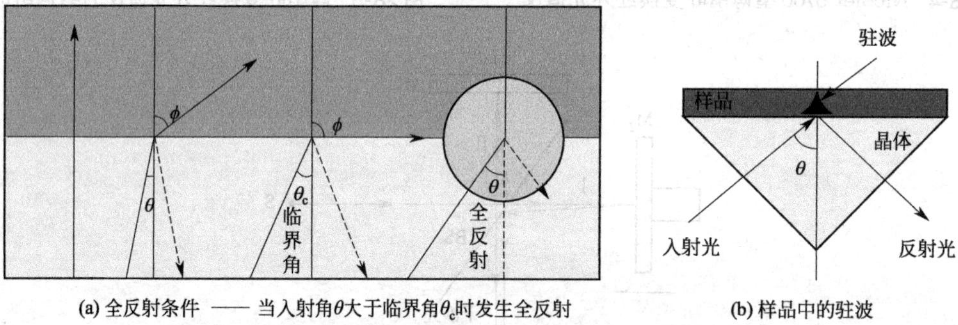

(a) 全反射条件 —— 当入射角θ大于临界角θ_c时发生全反射　　(b) 样品中的驻波

图 28-8 ATR 测试原理

（3）漫反射模式 漫反射原理是入射光进入粗糙样品，发生反射、吸收、散射后携带出样品化学信息。该模式适用于固体样品，尤其是表面粗糙的样品。

除以上测试技术外，还有偏振红外、原位红外、显微红外等其他的测试技术，分别是基于特殊的样品或测试需求而产生的。如偏振红外适用于测试取向的样品；原位红外最常用的变温原位红外可测试不同温度下的样品结构信息；显微红外用于样品的微区分析等。

三、实验仪器及试剂

1. 仪器：Nicolet 5700 型傅里叶红外光谱仪、电子天平、红外干燥箱、压片机、模具、玛瑙研钵、药匙、镊子。

2. 试剂：苯甲酸粉末、水杨酸粉末、光谱纯 KBr 粉末、无水乙醇。

四、实验方法与步骤

1. 样品准备

要获得好的谱图，制样是关键。透射模式常用的样品制备方法如下所述。

(1) 薄膜法

① 对于透明的薄膜样品，厚度在 10～30μm，可直接使用；稍厚的轻轻拉伸变薄后使用。

② 对热塑性样品，可将样品加热到软化点以上或者熔融，加压制成适当厚度的薄膜。

③ 能溶解的材料，可采用溶液制膜。具体是选用适当溶剂溶解样品、静置，将清液倒出，在通风橱中挥发浓缩，浓缩液倒在干净的玻璃板上或者聚四氟乙烯制成的圆盘上，待溶剂挥发后取下薄膜。也可将浓稠的样品溶液直接涂在卤化物晶片上，成膜后连同卤化物晶片一起进行红外测定。

(2) KBr 压片法

① 称取样品 1～2mg，在玛瑙研钵中充分磨细，一般需粉碎至 2μm。称取干燥的无水 KBr 粉末约 200mg，放于玛瑙研钵中与样品充分研磨混合均匀，直到混合物中无明显样品颗粒存在为止。需要注意的是：对于固体样品若研磨不够细，粒度过大会引起较强的光散射，谱图基线将发生漂移，导致吸收谱带发生畸变。

② 研磨过后放在红外灯下干燥约 5min。

③ 组装模具：将模膛装在底座上，然后装入底模（注意抛光面向上），用药匙取大约 100mg 粉末，轻轻抖动使其均匀落于底模，注意尽量铺开，且不可见底，方向应该由中心向外推。为保证成功率，最好中间比周边高些。然后将柱塞（顶杆）轻轻地放在样品上转动两三次以使样品分布均匀，随后将柱塞置于其上。

④ 将模具置于液压机柱塞间，拧出油压机通气螺丝，关闭泄压阀，手摇油压机压杆。当压力指针指到 10～15MPa 时停止用力，保持 1～2min，打开泄压阀，取出模具，除去模具底座，轻轻推出压片。

为防止压片出现裂痕，可以反复压两次（因为样品的微晶会受压变形，压力撤去后，有恢复的趋势，会造成压片质量缺陷）。

2. 样品测试

(1) 开机　确定实验室环境温度为 15～25℃、湿度≤60%才能开机。首先打开仪器的外置电源，稳定 30min，使得仪器光源达到最佳稳定状态。开启电脑，并打开仪器操作平台 OMNIC 软件，检查仪器稳定性。

(2) 样品制备　由于苯甲酸为可研磨的粉末样品，因此采用上述的 KBr 压片法制样。

(3) 扫描和输出红外光谱图　以空气为背景，分别测试苯甲酸、水杨酸的红外吸收光谱。确认样品架无任何物品遮挡光路，测试软件操作步骤如下。

① 单击“采集”→“实验设置”，设置扫描次数为 32 次，背景光谱管理模式为：“采集样品前采集背景”。

② 单击“采集”→“采集样品”，系统自动提示“请准备背景采集”，此时确定样品仓中为空，再点“确定”，开始背景图谱采集。

③ 背景采集完成后，系统自动提示“请准备样品采集”（图 28-9），此时将已经制好的样品固定在样品架上，放入样品仓，单击“确定”，开始样品图谱采集。

④ 采集完成后，在跳出的框中输入样品名称，并选择“加到 Window 1”。

⑤ 单击“文件”→“保存”，保存原始文件，后缀为 SPA，然后另存为 CSV 格式的

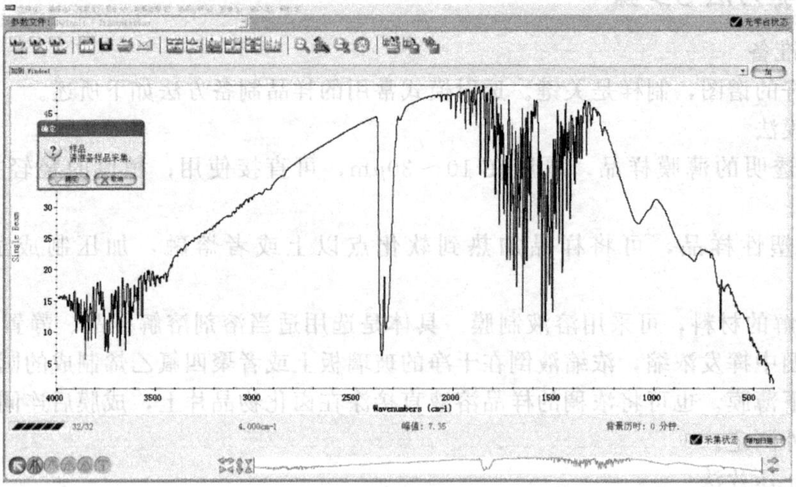

图 28-9 软件采集背景界面

文件。

（4）数据分析，谱图检索 单击“谱图分析”→“检索设置”，导入所有谱图库到右边的框中，再进行“谱图分析”→“谱图检索”，找到最匹配的标准谱图。

（5）数据分析，标峰 单击“谱图分析”→“标峰”，在谱图界面单击鼠标确定标峰范围，移动左侧滑块调整标峰灵敏度。标峰完毕后，单击右上角的“替代”，并另存该谱图为.SPA 格式的文件。

（6）关机 先关闭 OMNIC 软件，再关闭仪器电源，盖上仪器防尘罩。

（7）清洗压片模具和玛瑙研钵 KBr 对钢制模具的平滑表面会产生极强的腐蚀性，因此模具用后应立即用水冲洗，再用去离子水冲洗三遍。用脱脂棉蘸取乙醇或丙酮擦洗各个部分，然后用电吹风吹干，保存在干燥箱内备用。玛瑙研钵的清洗方法与模具相同。

五、实验数据示例

1. 所测苯甲酸的红外吸收光谱图及其谱图检索结果举例如图 28-10 所示。
2. 所测水杨酸的红外吸收光谱图及其标峰、检索结果举例如图 28-11 所示。

六、实验报告及要求

1. 明确实验目的、实验原理，写明所需实验仪器及试剂等。
2. 根据实际操作写明实验步骤。
3. 对原始数据做初步的谱图检索和标峰。
4. 导出原始数据并用 Origin 等数据处理软件作图并标注清楚横、纵坐标及其单位。
5. 根据苯甲酸、水杨酸的红外谱图，结合样品化学结构，对比分析其特征峰的归属。

七、 注意事项

理想的压片应为透明薄片，无裂痕，无发白现象，否则应重新制作。晶片局部发白，表

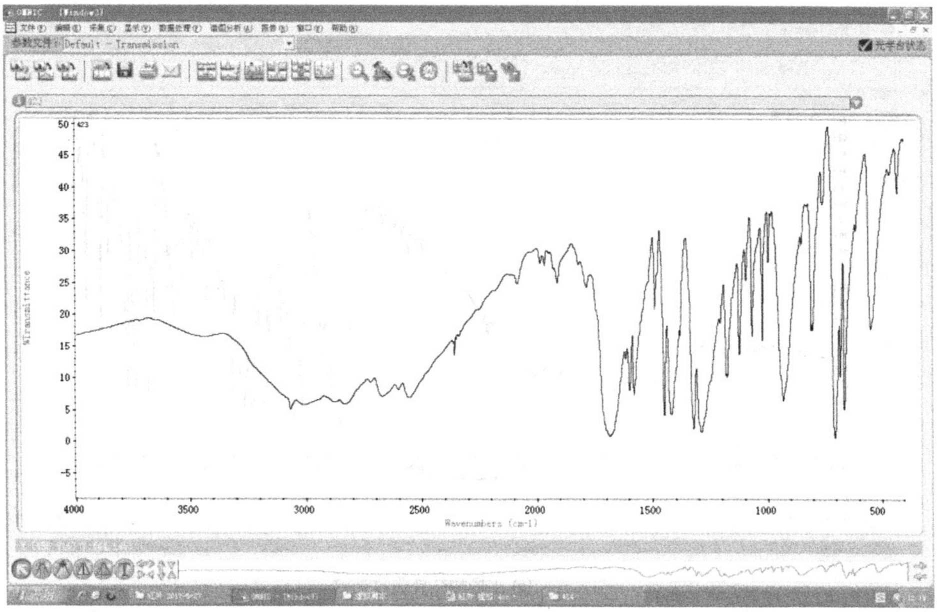

(a) 苯甲酸红外吸收光谱

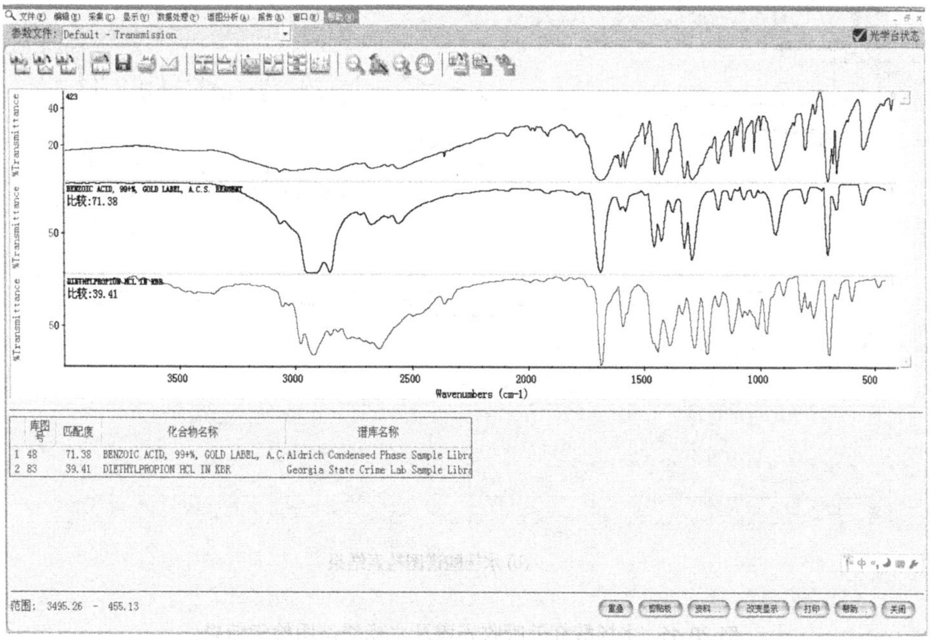

(b) 谱图检索结果

图 28-10　苯甲酸红外吸收光谱及其谱图检索结果

示压制的晶片厚薄不均；晶片模糊，表示晶体吸潮。水在光谱图 3450cm^{-1} 和 1640cm^{-1} 处出现吸收峰。

八、思考题

1．粉末样品制样时，为什么选用 KBr 作为承载样品的介质？

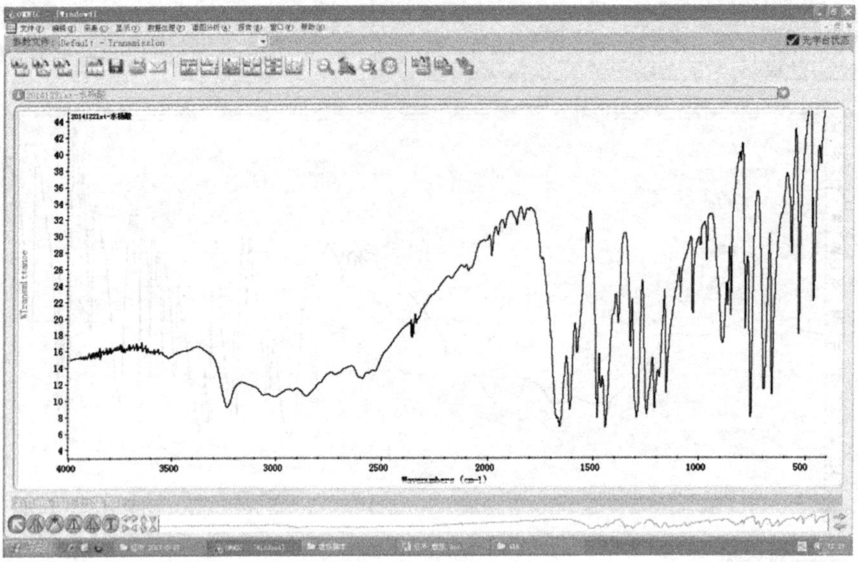

(a) 水杨酸红外吸收光谱

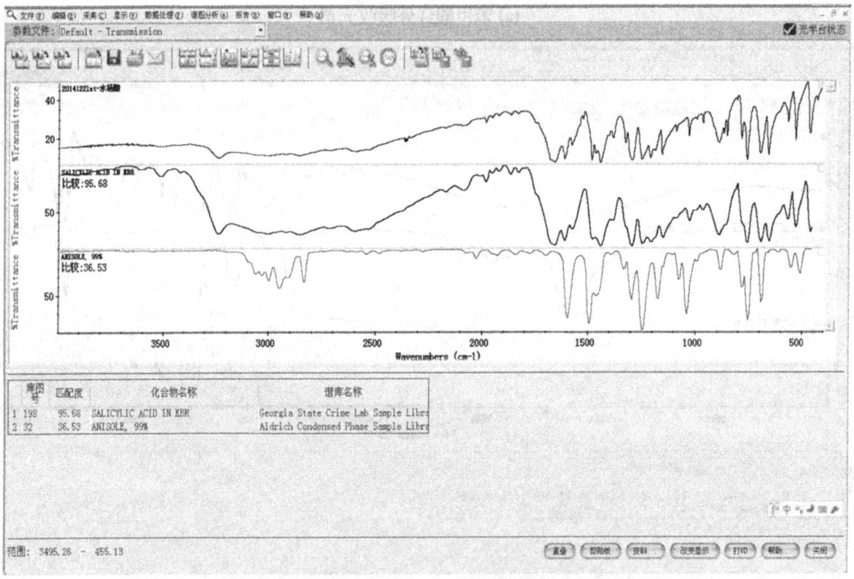

(b) 水杨酸谱图检索结果

图 28-11　水杨酸红外吸收光谱及水杨酸谱图检索结果

2. 红外光谱分析方法对试样有何要求？

3. 简述傅里叶变换红外光谱的特点。

4. 影响红外光谱吸收频率的因素有哪些？

参考文献

[1] 邓芹英，刘岚，邓慧敏．波谱分析教程．第 2 版．北京：科学出版社，2010.

[2] 张华，彭勤纪，李亚明，等．现代有机波谱分析．北京：化学工业出版社，2005.
[3] 陈洁，有机波谱分析．北京：北京理工大学出版社，2008.
[4] 邱平善，王桂芳，郭立伟．材料近代分析测试方法实验指导．哈尔滨：哈尔滨工业大学出版社，2001.
[5] 宁永成．有机化合物结构鉴定与有机波谱学．北京：科学出版社，2000.

实验 29 激光共聚焦拉曼光谱分析

一、实验目的与任务

1. 了解激光拉曼仪的结构与工作原理。
2. 学习采用激光拉曼光谱仪测试样品。
3. 学习拉曼光谱分析。

二、实验原理

1. 光与物质的作用

当一束光照射到某一物质上时可能会发生光的吸收和散射，光的散射根据散射光与入射光能量的变化情况分为瑞利散射和拉曼散射，如图 29-1 所示。瑞利散射是入射光与物质发生弹性碰撞，只改变光的传播方向不改变光子能量的散射现象；拉曼散射是入射光与物质发生非弹性碰撞，光子的能量与传播方向都发生变化的散射现象。

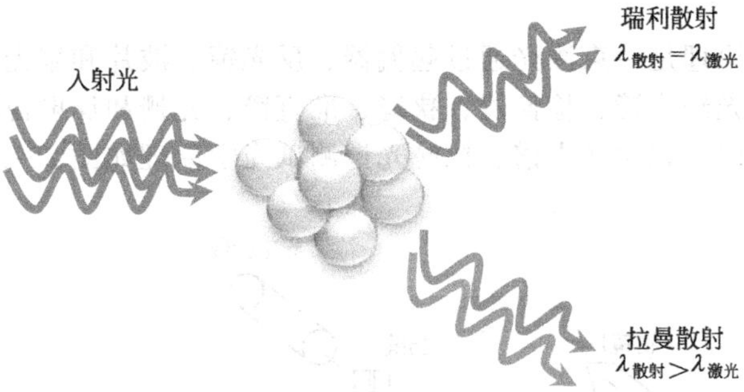

图 29-1 光与物质的作用

2. 拉曼散射

印度物理学家拉曼在 1928 年研究激光与 CCl_4 的作用时发现散射光的频率发生偏移的光非弹性散射效应，后人将这种散射现象称作拉曼散射。拉曼散射是光与物质作用时发生量子裁剪或量子叠加导致散射光与入射光的频率发生变化，散射光频率的变化与光作用的物质结构密切相关，具有指纹特性。所以，科学家以此为基础发展起拉曼光谱学，用于研究物质的结构。

3. 拉曼位移

当能量为 $h\nu_0$ 的入射光与被照射物的分子发生碰撞后会出现两种可能的能量变化。第一种是处于基态振动能级的分子与光子碰撞后，分子的振动能级从基态跃迁至更高能级，那么散射光子的能量减小为 $h(\nu_0-\nu_1)=h\nu$，其光子的频率相应减小至 $\nu_0-\nu_1$，所以探测到的散射光的频率向低频区移动，称为斯托克斯（Stokes）拉曼位移。另一种是被照射物的分子处于激发态振动能级，当与入射光子发生碰撞后，分子跃迁回基态振动能级并将两个能级相差的能量传递给入射光子，此时探测到的散射光的能量为 $h(\nu_0+\nu_1)=h\nu$，其光子的频率增加至 $\nu_0+\nu_1$，所以探测到的散射光的频率向高频区移动，称为反斯托克斯（anti-Stokes）拉曼位移。拉曼位移如图 29-2 所示。

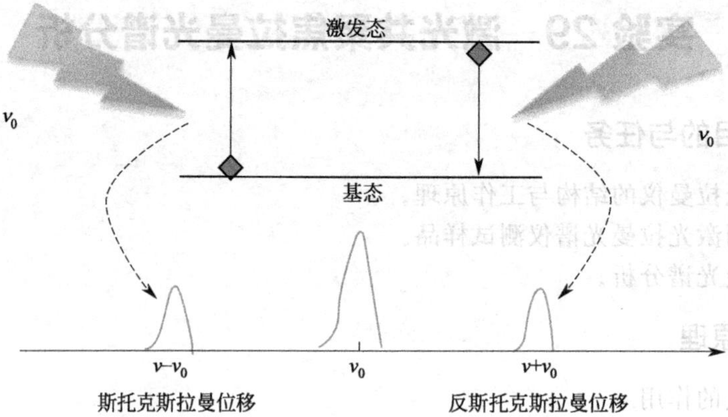

图 29-2 拉曼位移

4. 拉曼光谱及测试原理

拉曼光谱是入射光与物质作用后产生拉曼效应，以拉曼散射光的频率位移与其相应的光强组成的光谱。

拉曼光谱的测试原理是一束激光通过起偏器、反光镜、波片和聚光镜调制后照射到样品上，经样品散射后的光经物镜、检偏器、狭缝、准直镜、光栅和反射镜调制后得到的拉曼散射光被探测器接收，即得到拉曼光谱。拉曼光谱测试光学原理如图 29-3 所示。

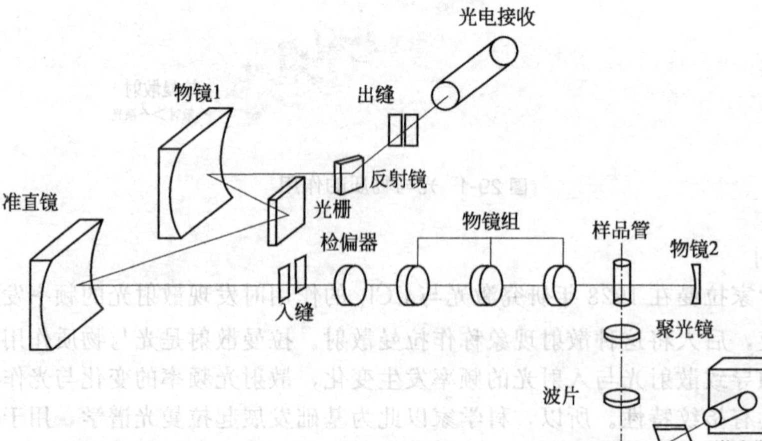

图 29-3 拉曼光谱测试光学原理

共聚焦拉曼光谱的测试原理是利用光源针孔将激发点光源成像到焦平面的样品上，实现对样品微小区域的照射，并利用与光源针孔共焦的探测针孔作为空间滤波器将样品上离焦区域的散射光过滤掉，保证探测器仪探测到处在焦平面微小区域上的拉曼散射信号，这样便可实现样品上不同区域的拉曼光谱测试和样品的拉曼光谱成像分析。

5. 拉曼光谱仪的仪器构造

拉曼光谱仪主要由激发光源、载样装置、滤光器、单色器、迈克尔逊干涉仪和检测器六部分组成。

激发光源：常用的激发光源有 Ar 离子激光器、Kr 离子激光器、He-Ne 激光器、Nd-YAG 激光器、二极管激光器等，它们的波长主要有：325nm（UV）、488nm（蓝绿）、514nm（绿）、633nm（红）、785nm（红）、1064nm（IR）。

载样装置：多轴载样台、显微镜载样系统、光纤维探针载样系统。

滤光器：瑞利散射光滤波器或物理屏障。

单色器和迈克尔逊干涉仪：有单光栅、双光栅、三光栅或平面全息光栅干涉器。

检测器：主要检测器有光电倍增管、CCD 探测器、半导体 Ge 或 InGaAs 检测器。

三、实验设备与材料

1. 仪器

仪器型号：本实验将在 DXR-2xi 显微拉曼成像光谱仪上进行，相关仪器如图 29-4 所示。

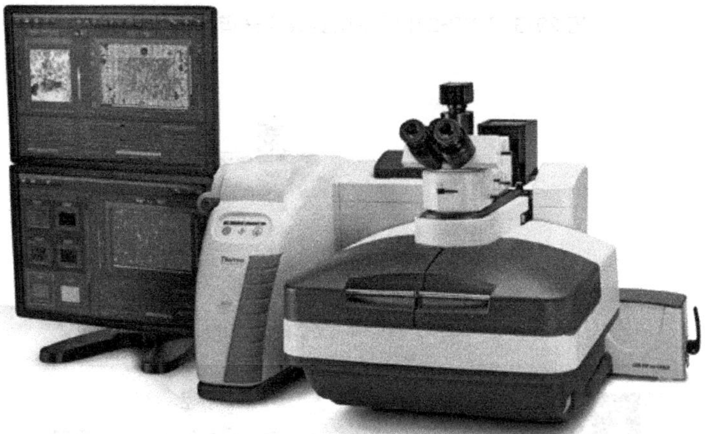

图 29-4 DXR-2xi 显微拉曼成像光谱仪

仪器配置：该仪器配置有智能模块化滤光片、光栅、激光器、物镜、四轴样品台等主要模块，分别如图 29-5 和图 29-6 所示。

该仪器配有 532nm 固体激光器，输出功率 24mW；配有瑞利滤光装置，可实现低波数测试；配备高精度四轴样品台，最大分析面积为 100mm×75mm；仪器的最大光谱采集速度>550 张/s；仪器具有自动光路准直、自动曝光采集、自动荧光背景扣除、自动系统校准等自动功能；仪器信噪比优于 200∶1，光谱分辨率<1.5cm^{-1}，具备针孔式共聚焦技术，空间分辨率<1μm，操作软件 OMNICxi 可用于数据采集和处理。

（1）激光器　本仪器采用 24mW 固体激光器，TEM00 空间模式。采用模块化高稳定预准直设计。

（2）滤光片　实现 80 级以上的激光功率调节，可以调节的精度为 0.1mW。

（3）光栅　每个激发波长，分别采用优化闪耀角高通光效率分辨光栅，来保证系统通光

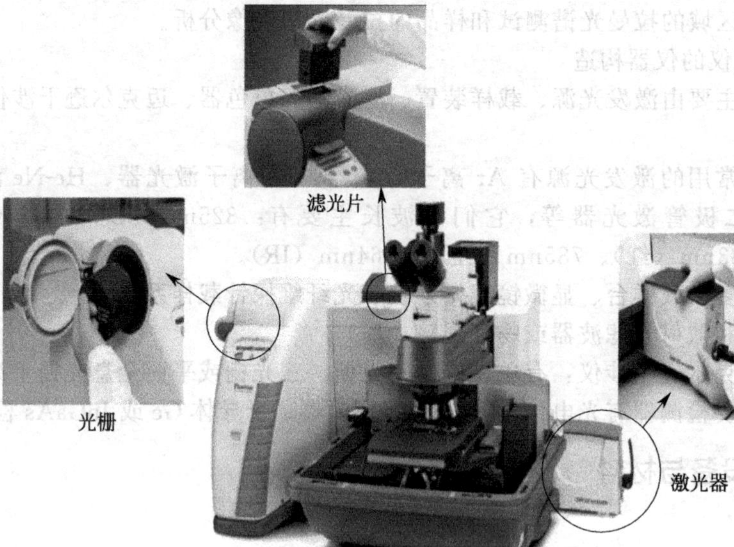

图 29-5 DXR-2xi 显微拉曼成像光谱仪模块化结构

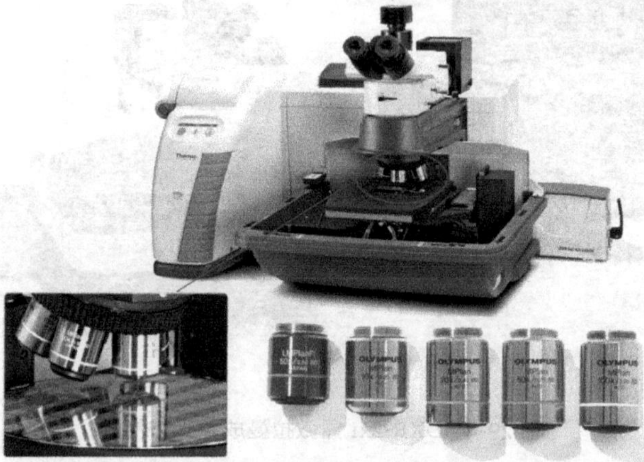

图 29-6 DXR-2xi 显微拉曼成像光谱仪物镜

效率，在本机有 400 线/mm、900 线/mm、1200 线/mm。

（4）外光路系统 外光路系统主要由激发光源（半导体激光器）、五维可调样品支架 S、偏振组件 P_1 和 P_2 以及聚光透镜 C_1 和 C_2 等组成（图 29-7）。

激光器射出的激光束被反射镜 R 反射后，照射到样品上。为了得到较强的激发光，采用一聚光镜 C_1 使激光聚焦，使其在样品容器的中央部位形成激光的束腰。为了增强效果，在容器的另一侧放一凹面镜 M_2。凹面镜 M_2 可使样品在该侧的散射光返回，最后由聚光镜 C_2 把散射光会聚到单色仪的入射狭缝上。

（5）探测系统 本机采用的探测器为 EMCCD，是一种全新的微弱光信号增强探测技术，在可见和近红外增强，量子效率在 500～700nm 处大于 90%。读出噪声小于 1 电子/像元。

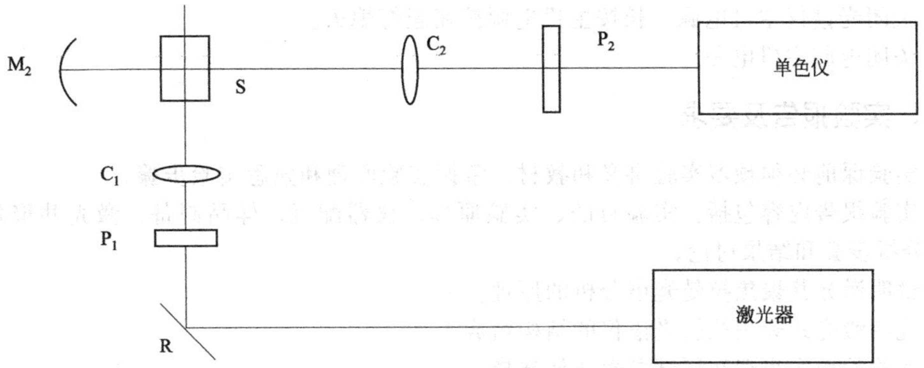

图 29-7　外光路系统

2. 实验材料

样品、镊子、玻璃片、乙醇等。

四、实验方法与步骤

(1) 打开计算机和仪器主机电源，打开激光器控制钥匙，开启照明光源。

(2) 在桌面上双击鼠标打开软件 OMNICxi，进入软件操作界面。

(3) 完成平台初始化和激光预热（约 5min），确保光谱仪连接成功。注意：确认样品台上没有样品。

(4) 样品测试

① 样品制备。粉末样品制备：将少量粉末在载玻片上压片。液体样品制样：将液体样品装在核磁管内密封，再将核磁管固定在载玻片上。注意事项：确保表面无污染。

② 放置样品。将样品放置在无干扰的基底片上，再转移至载物平台；或者其他已经制备好的样品直接放置在载物台上。

③ 聚焦样品，选择测试位置。选择 10 倍物镜，通过操作自动控制平台的摇杆，将物镜与样品对齐，对载物平台升降操作进行聚焦，直到可以清晰地观察到样品的表面。注意事项：在移动升降平台时，不可将样品与物镜接触。

④ 采集光谱。首先设置实验参数，单击“Live Spectrum”，获得拉曼光谱；然后单击“Video”停止采集，将鼠标放置在光谱显示区，点鼠标右键，保存到 OMNIC 软件或检索光谱。注意：确保样品不被灼烧的情况下，曝光时间越长、次数越多，所采集到样品光谱的信噪比越好。

⑤ 参数设置。

模式：波长方式，可选波长为 532nm、455nm、785nm。根据样品的性质来判断，可以通过选择合适激光波长，避免测试过程中的荧光干扰。

曝光时间与扫描次数：根据样品的信号强度进行调整，若信号强，曝光时间短，扫描次数少；反之，则曝光时间长，扫描次数多。

狭缝：小的狭缝能提高所得图谱的准确度，减少额外杂散光的干扰。若样品信号弱，则选择开启大狭缝；若信号强，则可以选择开启小狭缝。

(5) 关闭 DXR-2xi 显微拉曼成像光谱仪

① 将激光器关闭，然后关闭 OMNICxi 软件。

② 关闭自动控制平台电源。

③ 关闭显微镜照明电源。

④ 关闭光谱仪主机电源，长按主机电源按钮至灯熄灭。

⑤ 关闭电脑主机电源。

五、实验报告及要求

1. 实验课前必须预习实验讲义和教材，掌握实验原理和熟悉实验步骤。

2. 实验报告内容包括：实验目的、实验原理、仪器配置、样品制备、激光共聚焦拉曼光谱的分析步骤和结果讨论。

3. 说明激光共聚焦拉曼光谱分析的原理。

4. 说明激光共聚焦拉曼光谱仪的结构组成。

5. 实验的操作步骤和测试参数如何选择。

6. 附上测试得到的实验图谱。

六、思考题

1. 什么是共聚焦显微拉曼光谱仪？

2. 测试了一些样品，得到的是 Ramanshift，文献是 Wavenumber，请问它们之间的转换公式是怎样的？激光波长 532nm。

3. 在拉曼光谱里面得到的荧光背景，是真正的荧光特征谱吗？这和荧光光谱仪里面的荧光图有什么区别？

4. 测固体粉末的拉曼图谱时，对于荧光很强的物质，应该如何处理？特别是当荧光将拉曼峰湮灭时，应该怎么办？

参考文献

[1] 熊俊．近代物理实验．北京：北京师范大学出版社，2007.

[2] 杨序钢，吴琪琳．拉曼光谱的分析与应用．北京：国防工业出版社，2008.

[3] 许以明．拉曼光谱及其在结构生物学中的应用．北京：化学工业出版社，2005.

[4] 张树霖．拉曼光谱学及其在纳米结构中的应用（上册）——拉曼光谱学基础．北京：北京大学出版社，2017.

实验 30 紫外-可见吸收光谱分析实验技术

一、实验目的

1. 了解紫外-可见吸收光谱的基本原理。

2. 学会使用紫外-可见分光光度计测试物质的吸光度。

二、实验原理

1. 有机化合物的电子跃迁

有机化合物的紫外-可见吸收光谱是由分子中价电子能级跃迁产生的，是三种电子跃迁的结果：形成单键的 σ 电子、形成双键的 π 电子和未成对的孤对电子 n 电子，如图 30-1 (a) 所示。

当外层电子吸收紫外或可见辐射后，就从基态跃迁到激发态。如图 30-1 (b) 所示，主

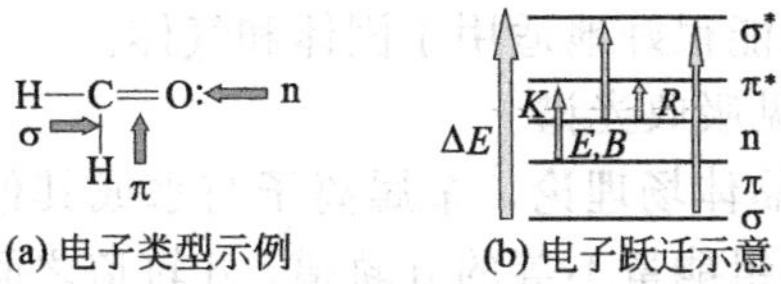

图 30-1 电子类型示例及电子跃迁示意

要有四种类型的跃迁，所需能量大小顺序为：$n \rightarrow \pi^* < \pi \rightarrow \pi^* < n \rightarrow \sigma^* < \sigma \rightarrow \sigma^*$。

$\sigma \rightarrow \sigma^*$ 跃迁所需能量最大，在近紫外区无吸收，最大吸收波长 $\lambda < 200$nm；σ 电子只有吸收远紫外线的能量才能发生跃迁；饱和烷烃的分子吸收光谱出现在远紫外区。例如，甲烷的 λ_{max} 为 125nm，乙烷的 λ_{max} 为 135nm；只能被真空紫外分光光度计检测到（作为溶剂使用）。

$n \rightarrow \sigma^*$ 跃迁所需能量较大，吸收波长为 150～250nm，大部分在远紫外区，近紫外区仍不易观察到。一般含非键电子的饱和烃衍生物（含 N、O、S 和卤素等杂原子）均呈现 $n \rightarrow \sigma^*$ 跃迁。

$\pi \rightarrow \pi^*$ 跃迁所需能量较小，吸收波长处于远紫外区的近紫外端或近紫外区，不饱和键中 π 电子吸收能量跃迁到 π^* 轨道，吸收带大多在 200nm 左右，且为强吸收。但孤立 π 键的吸收带为 165nm 左右，一般仅多个共轭 π 键才有吸收。乙烯 $\pi \rightarrow \pi^*$ 跃迁的 λ_{max} 为 171nm。

$n \rightarrow \pi^*$ 跃迁所需要的能量最小，连有杂原子的 π 键化合物或三键化合物，杂原子上的 n 电子向激发态跃迁，一般吸收带在近紫外区（200～400nm）。

2. 定量分析依据

当一束单色光垂直照射到均匀的非散射介质（固、液、气）时，如图 30-2 所示，一部分被吸收（I_a），另一部分透过溶液（I_t）；还有一些部分被样品池表面反射（I_r）。若入射光强为 I_0，则 $I_0 = I_a + I_t + I_r$。

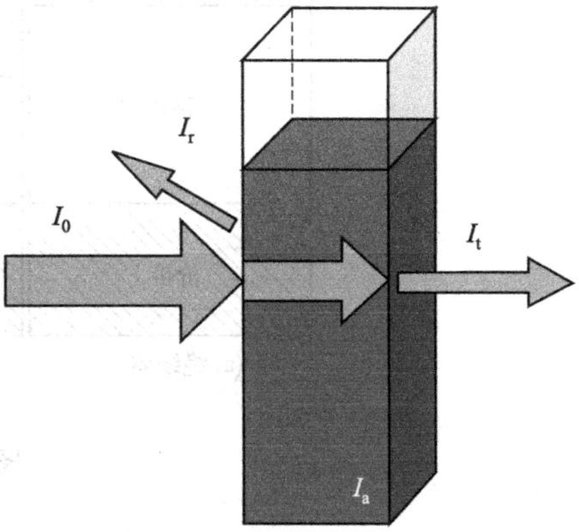

图 30-2 垂直入射单色光光路

由于光垂直照射，在吸光度分析中，测量时采用的是相同的样品池，故反射光 I_r 很小（约为 $I_0 \times 4\%$），且基本不变，即对参比及样品测定时，I_r 基本相等，故可忽略其影响。因此有：

$$I_0 = I_a + I_t \tag{30-1}$$

将透射光强度（I_t）与入射光强度（I_0）之比定义为透光率或透光度（T），见式（30-2）；将吸光度（A）定义透光率倒数的对数，见式（30-3）。显然，T 越大，说明对光的吸收越弱，A 越小；相反，T 越小，对光的吸收越强，A 越大。

$$T = I_t / I_0 \times 100\% \tag{30-2}$$

$$A = \lg(1/T) = \lg(I_0 / I_t) \tag{30-3}$$

实验证明，溶液对光的吸收程度与溶液的浓度、液层的厚度及入射光的波长等因素有关。当入射光波长 λ 一定时，溶液浓度和光线通过的液层厚度的乘积成正比。使用公式表述为

$$A = abc \tag{30-4}$$

式中，a 为比例常数，是与入射光波长、溶液性质及温度有关的常数，称为吸光系数；

b 为液层厚度；c 为溶液浓度。这就是著名的朗伯-比尔定律，即光的吸收定律的数学表达式。它不仅能适用于溶液，也能很好地适用于固体和气体。

3. 无机化合物的紫外-可见吸收光谱

（1）d-d 配位场跃迁　按晶体场理论，金属离子与水或其他配位体生成配合物时，原来能量相同的 d 轨道会分裂成几组能量不等的 d 轨道，d 轨道之间的能量差称为分裂能。配合物吸收辐射能，发生 d-d 跃迁，吸收光的波长取决于分裂能的大小。

（2）电荷转移跃迁　分子中原定域在金属 M 轨道上的电荷转移到配位体 L 的轨道，或按相反方向转移，所产生的吸收光谱称为荷移光谱。如 Fe^{2+} 与邻菲罗啉配合物的紫外吸收光谱就属于这种类型。

（3）半导体的直接跃迁和间接跃迁　在固体中，由于原子之间距离很近，相互作用很强，在晶体中电子在理想的周期势场内作共有化运动。此时原子的内层电子状态几乎没有变化，其能量仍是一些分立的能级，然而原子的外层电子的状态发生了很大变化。共有化运动导致每个运动轨道容纳的电子个数增多。根据泡利不相容原理，每个轨道只能容纳自旋方向相反的两个电子。因此，轨道不够用，轨道对应的能级发生分裂，由一个变为 N 个靠得很近的能级，从而形成一个能带。能量低者为价带，能量高者为导带，导带和价带之间的带隙没有电子的状态，称为禁带。根据导带被电子填充的情况和禁带的宽度，固体可以分为导体、绝缘体和半导体（图 30-3）。

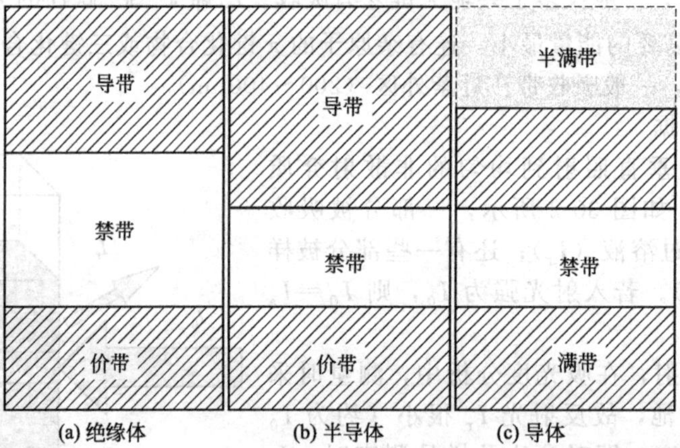

图 30-3　固体的分类

半导体有直接禁带和间接禁带两种类型。直接禁带的光吸收与电子的直接跃迁有关，直接跃迁指 k 空间中相同位置处导带的最低能级和价带的最高能级间的跃迁。间接禁带的光吸收与电子的间接跃迁有关。间接跃迁指的是 k 空间中不同位置处导带的最低能级和价带的最高能级间的跃迁。图 30-4 为 TiO_2 中的相对能级简图。

直接跃迁的吸收光谱中的光学吸收系数可用下式表示：

$$ah\nu = B_d (h\nu - E_g)^{1/2} \tag{30-5}$$

式中，B_d 是直接跃迁的吸收常数；E_g 为半导体的禁带宽度。间接跃迁的光吸收系数可由式（30-6）表示：

$$ah\nu = B_i (h\nu - E_g)^2 \tag{30-6}$$

式中，B_i 是间接跃迁的吸收常数。由式（30-5）和式（30-6）可知，直接跃迁的 $(ah\nu)^2$ 和间接跃迁的 $(ah\nu)^{1/2}$ 只与 $h\nu$ 成线性关系，能用于估算 E_g。根据朗伯-比尔定律，

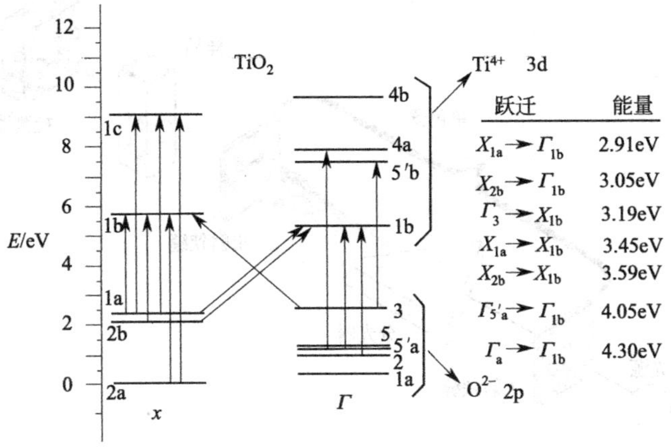

图 30-4 TiO_2 中的相对能级简图

$a=A/bc=A/K$。所以有

$$\left(\frac{Ah\nu}{K}\right)^2=h\nu-E_g \tag{30-7}$$

$$\left(\frac{Ah\nu}{K}\right)^{1/2}=h\nu-E_g \tag{30-8}$$

K 的大小对 E_g 没有影响，分别作 $(Ah\nu)^2-h\nu$ 和 $(Ah\nu)^{1/2}-h\nu$ 图。从图中直线部分外推值，可以得到直接跃迁和间接跃迁的禁带宽度。

4. 紫外-可见吸收光谱

紫外光谱和红外光谱一样属于分子吸收光谱，使用的波长范围是 200～800nm。其中，200～400nm 为紫外区，400～800nm 为可见光区。当使用连续波长的紫外-可见光照射待测样品时，当光的能量与被照射物质的跃迁能量之差相等时才能被物质所吸收。以波长 λ 为横坐标（单位为 nm），吸光度 A 为纵坐标作图，即得到紫外-可见吸收光谱（ultraviolet spectra，UV）。

5. 紫外-可见分光光度计工作原理

紫外-可见分光光度计基本原理为：光源发出的光经单色器分光后形成单色光。单色光通过样品池，到达检测器，把光信号转变成电信号，再经过信号放大、模/数转换，将数据传输给计算机，由计算机软件处理得到测试结果谱图。紫外-可见分光光度计的类型较多，可归纳为以下三类。

（1）单光束分光光度计　一束平行光经单色器分光后，轮流通过参比和样品，以进行吸光度的测定，见图 30-5。这种简易型分光光度计结构简单，操作方便，适用于常规分析。

（2）双光束分光光度计　一束平行光经单色器分光后，经反射镜分解为强度相等的两束光：一束通过参比池；另一束通过样品池。光度计能自动比较两束光的强度。该比值即为试样的透射比。双光束分光光度计原理见图 30-6。由于两束光同时通过参比和样品，还可自动消除光源强度变化所引起的误差。

（3）双波长双光束分光光度计　由同一光源发出的光被分成两束，分别经过两个单色器，得到两束不同波长的单色光，利用切光器使两束光以一定的频率交替照射同一吸收池。双波长双光束分光光度计原理见图 30-7 所示。

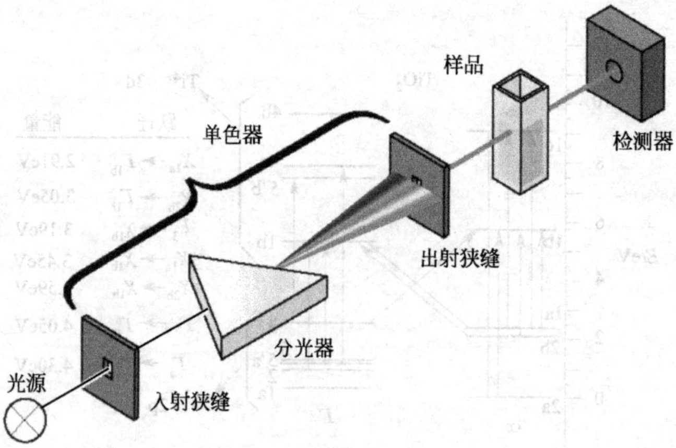

图 30-5 单光束分光光度计原理

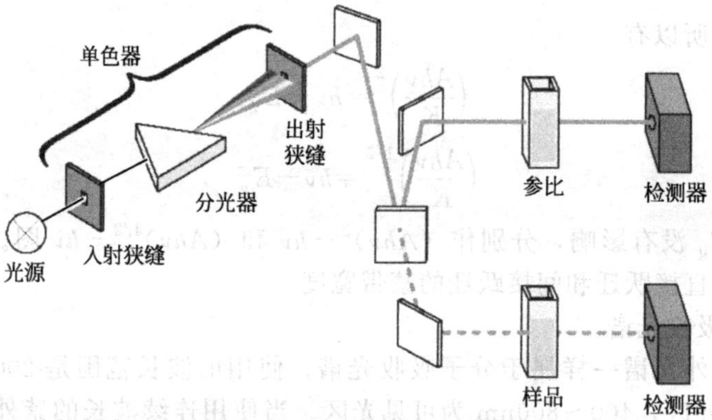

图 30-6 双光束分光光度计原理

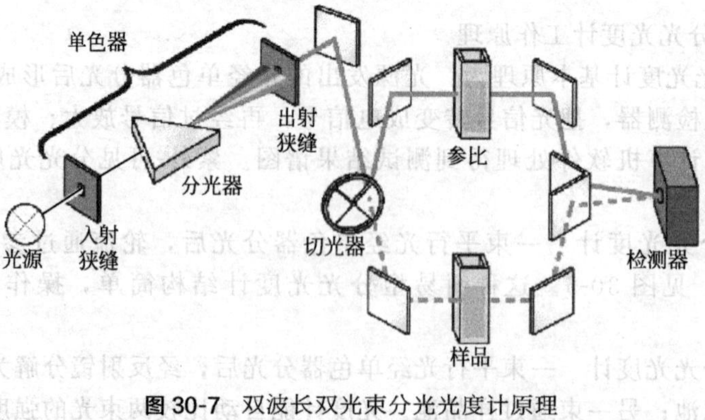

图 30-7 双波长双光束分光光度计原理

三、实验仪器和试剂

1. 实验仪器及器皿

（1）Lambda950 型紫外-可见近红外分光光度计。

（2）配石英比色皿（1cm）：4个。

（3）容量瓶（100mL、50mL）：各10支。

（4）吸量管（1mL、2mL、5mL、10mL）：各1支。

（5）滴管：2支。

2. 实验试剂

标准溶液（0.5mg/mL）：所需试剂为苯甲酸、水杨酸，溶剂为60%的乙醇溶液。使用容量瓶定容法，分别制备浓度为0.5mg/mL的苯甲酸、水杨酸标准溶液，作为储备液各100mL。

未知液：为给出的两种标准物质中的一种，浓度在20～60μg/mL范围内。

四、实验操作

1. 溶液制备

（1）苯甲酸标准溶液的制备　分别准确吸取0.5mg/mL的苯甲酸标准储备液1mL、2mL、4mL、6mL、8mL，在50mL容量瓶中定容，得到浓度分别为10μg/mL、20μg/mL、40μg/mL、60μg/mL、80μg/mL的苯甲酸标准溶液。

（2）水杨酸标准溶液的制备　分别准确吸取0.5mg/mL的水杨酸标准储备液1mL、2mL、4mL、6mL、8mL，在50mL容量瓶中定容，得到浓度分别为10μg/mL、20μg/mL、40μg/mL、60μg/mL、80μg/mL的水杨酸标准溶液。

2. 仪器准备

（1）开机：确保样品室无任何测试样品，打开仪器电源开关，仪器进入自检状态，自检时长3～5min。自检过程中禁止打开样品室盖。开机后预热15min。

（2）打开计算机，用鼠标左键双击桌面上“PerkinElmer UV WinLab”快捷图标，进入登录界面中，选择用户名，进入程序主界面。

3. 样品测试

（1）设置：在UV WinLab软件主界面左侧基本方法一栏选择测试方法，电脑自动连接Lambda 950主机，进入测试页面。单击文件夹列表中的数据采集，进入参数设置页面。在方法设置框内，设置起始波长、结束波长、数据间隔、纵坐标模式。

（2）单击数据采集子菜单中的“校正”，勾选“100%T/0A基线”（自动归零）。若测试样品是低透、高吸收的材料，需勾选挡光（自动校100）。

（3）单击样品信息，输入样品个数，按回车键确认。

（4）在UV WinLab软件主界面上方，单击开始按钮，弹出移除样品并确定执行100%T/0A校正（自动归零）窗口。此时，确认样品仓中无样品后，单击“确认”按钮，仪器开始执行自动归零后任务。

（5）仪器完成自动归零后，弹出放置样品提示窗口后，放入样品，单击“确定”按钮，开始测试。样品测试完成后，会弹出放置下一个样品的提示窗口，直至完成所有样品的测试，包括已知浓度的苯甲酸溶液、水杨酸溶液和未知溶液。

（6）数据导出：单击样品信息，切换到谱图窗口，在窗口的下方，右击所要保存的样品名称，弹出菜单，选择保存为ASC格式，弹出保存窗口，选择保存路径，保存文件。

4. 关机

确认主机为空闲状态，关闭主机电源开关，关闭计算机。

五、实验报告及要求

1. 明确实验目的、实验原理，写明所需实验仪器及试剂。

2. 根据实际操作写明实验步骤。

3. 利用所导出的原始数据，用 Origin 等数据处理软件作图并标注清楚横、纵坐标及其单位。

4. 在谱图中标注吸收峰波长，判断其为何种跃迁类型。

5. 根据所绘制的苯甲酸、水杨酸和未知溶液的紫外吸收光谱图，判断未知溶液的种类，并绘制相应溶液的吸光度-浓度标准曲线，采用标定法求得未知溶液的浓度。

六、注意事项

1. 比色皿两面透光，两面磨砂，测试时应接触其磨砂面。

2. 测试时，若比色皿透光面的外表面沾有溶液，应先用擦镜纸擦拭干净。

七、思考题

1. 已知 Mg^{2+} 的浓度为 $1500\mu g/L$ 的溶液，用邻二氮菲作显色剂进行分光光度测定，样品池厚 2cm，在波长为 515nm 处测得吸光度 $A=0.19$，求该吸光物质的 ε 值。

2. 简述如何合理选择实验条件，以保证实验结果的精确性？

参考文献

[1] 邓芹英，刘岚，邓慧敏．波谱分析教程．第 2 版．北京：科学出版社，2010.
[2] 赵瑶兴．有机分子结构光谱解析．北京：科学出版社，2010.
[3] 张华．彭勤纪，李亚明等．现代有机波谱分析．北京：化学工业出版社，2005.
[4] 陈洁．有机波谱分析．北京：北京理工大学出版社，2008.
[5] 王贵．紫外可见分光光度计及其应用．广州化工，2016，44 (13)：52-53，81.
[6] 陈霞，周炳卿，松林等．纳米 TiO_2 薄膜的结构及紫外可见光谱研究．信息记录材料，2009，10 (1)：26-30.

实验 31 核磁共振波谱分析实验技术

一、实验目的

1. 了解核磁共振法（NMR）的原理及核磁共振分析仪的基本结构。

2. 掌握核磁共振图谱的分析方法。

3. 掌握试样的制备方法。

二、实验原理

1. 原子核的自旋

原子核具有质量并带有电荷。某些原子核能绕轴做自旋运动，各自有它的自旋量子数 I，自旋量子数有 0、1/2、1、3/2 等值。$I=0$ 意味着原子核没有自旋。

质量数和质子数均为偶数的原子核，$I=0$，如 ^{12}C、^{16}O 原子。

质量数为奇数的原子核，I 为半整数，如 ^{1}H，^{13}C，^{17}O。

质量数为偶数，质子数为奇数的原子核，I 为整数，如 ^{2}H，^{14}N。

原则上，只要自旋量子数 $I\neq 0$ 的原子核都可以得到核磁共振信号。较常用的有 ^{1}H、^{13}C、^{19}F、^{31}P 及 ^{15}N 等核磁共振信号，其中氢谱和碳谱应用最广。

2. 原子核的磁矩与自旋角动量

原子核在围绕核轴做自旋运动时，由于原子核自身带有电荷，因此沿核轴方向产生一个磁场，而使核具有磁矩 $\vec{\mu}$，磁矩的方向可用右手定则确定（图 31-1），$\vec{\mu}$ 可表述为：

$$\vec{\mu}=\gamma\vec{p} \tag{31-1}$$

式中，$\vec{p}$ 为自旋角动量；γ 为核的磁旋比。不同的核具有不同的磁旋比，对某一元素是定值，它是磁性核的一个特征常数。

自旋角动量是由核的自旋量子数 I 所决定，p 的绝对值为：

$$p=h/2\pi[I(I+1)]^{1/2} \tag{31-2}$$

式中，h 为普朗克常数。

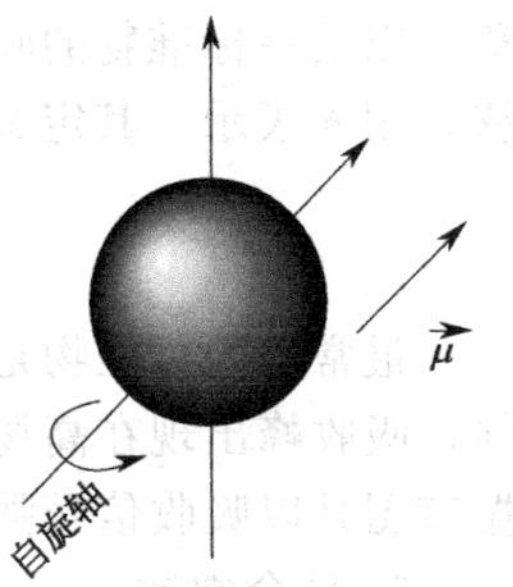

图 31-1 原子核自旋运动核磁矩

3. 核磁共振的条件

在基态下，核自旋是无序的，彼此之间没有能量差。在外加强磁场 B_0 的作用下，核磁矩的方向会与外加磁场相同或相反，但总体来说，取向与外磁场平行的核数目总是比反平行的核稍多（图 31-2）。在外加磁场作用下，取向与外磁场平行和反平行的核会有能量差：$\Delta E=h\nu$。

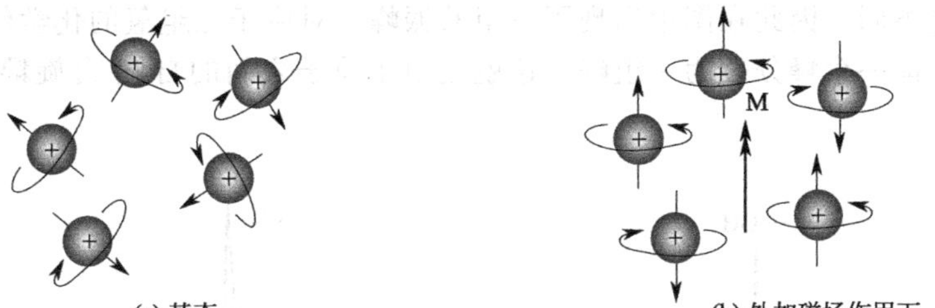

图 31-2 基态和外加磁场作用下核磁矩的取向

$I\neq0$ 的原子核作自旋运动时产生磁矩，在外磁场 B_0 中有 $2I+1$ 个不同的空间取向，分别对应于 $2I+1$ 个能级；也就是说原子核在外磁场当中的能量也是量子化的，这些能级的能量为

$$E=-\gamma(h/2\pi)mB_0 \tag{31-3}$$

而根据选择原则，能级之间的跃迁只能发生在 $\Delta m=\pm1$ 的能级之间，其跃迁的能量变化为

$$\Delta E=\gamma(h/2\pi)B_0 \tag{31-4}$$

这个能量的差就是核可以吸收的能量，与信号的灵敏度和强度直接相关。当射频辐射的能量 $h\nu_0$ 等于 ΔE，即 $\nu_0=\frac{\gamma}{2\pi}B_0$ 时，就会发生共振跃迁。

4. 屏蔽作用与化学位移

依照核磁共振产生的条件，由于 ^{1}H 核的磁旋比是一定的，所以当外加磁场一定时，所有质子的共振频率应该是一样的，但在测定化合物中处于不同化学环境中的质子时发现，其共振频率是有差异的。其原因是原子核周围存在电子云，在不同的化学环境中，核周围电子云密度不同。当原子核处于外磁场中时，核外电子的运动产生感应磁场，核外电子对原子核的这种作用就是屏蔽作用。实际作用在原子核上的磁场为 H_0（$1-\sigma$），其中，σ 为屏蔽常数。在外磁场 H_0 的作用下核的共振频率为：

$$\upsilon=\gamma H_0(1-\sigma)/2\pi \tag{31-5}$$

式中，γ 为旋磁比。

由于屏蔽作用，原子的共振频率与裸核的共振频率不同，即发生了位移，称为化学位移。以某一标准物的吸收峰为原点，测出其他各峰与原点的距离，这种相对距离称为化学位移，用 δ 表示。其定义为：

$$\delta=\frac{\upsilon-\upsilon_{\mathrm{TMS}}}{\upsilon_0}\times 10^6 \tag{31-6}$$

最常用的标准物是四甲基硅烷（TMS），它只有一个吸收峰。由于它的抗磁屏蔽能力很强，吸收峰出现在高场，一般化合物的 ^{1}H 峰均出现在 TMS 峰的左侧。实验得到的核磁共振谱图是以吸收信号强度为纵坐标，化学位移为横坐标的图。

5. 耦合常数

耦合常数是除化学位移之外核磁共振谱提供的另一个重要信息。所谓耦合指的是分子内部相邻原子上自旋角动量的相互干扰，这种相互作用会改变原子核自旋在外磁场中运动的能级分布，造成能级的裂分，从而使核磁共振谱中的信号峰形状发生变化。分裂峰之间的距离称为耦合常数，一般用 J 表示，单位为 Hz，是核之间耦合强弱的标志，说明了它们之间相互作用的能量，属于化合物的结构属性，与磁场强度的大小无关。分裂峰数是由相邻碳原子上的氢数决定的，若邻碳原子氢数为 n，则分裂峰数为 $n+1$。

如图 31-3 为乙醇的 ^{1}H NMR 谱，CH_3CH_2OH 有三组氢，即 CH_3、CH_2、OH，这三组氢的化学环境不同，因此在图中出现了三组共振峰，对应于三组氢的化学位移；而且有的峰发生了分裂，即一个峰分裂为一组峰。这就是由于质子之间的自旋-自旋耦合导致自旋-自旋分裂所致。

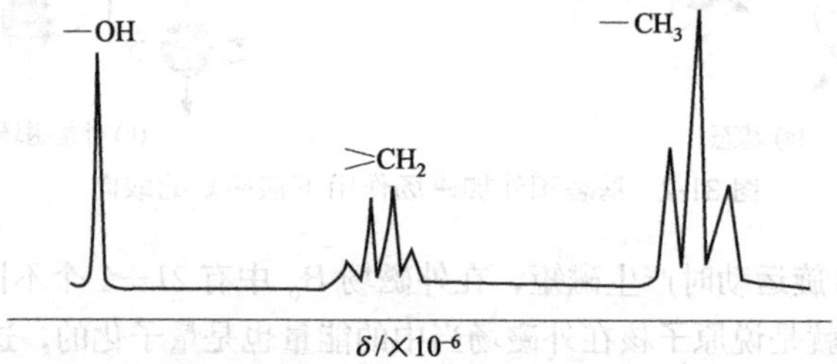

图 31-3 乙醇的 ^{1}H NMR 谱

6. 核磁共振波谱仪结构及其工作原理

本实验所用核磁共振波谱仪为 Bruker 公司的 AVANCEⅢ500 型核磁共振波谱仪（图 31-4），其构造及原理如图 31-5 所示。其主要组成部分包括：磁体、射频振荡器、扫描发生器、射频检测器、记录仪、样品管等。各部分功能如下所述。

（1）磁体　用以提供外磁场。在有效样品范围内，磁场的均匀度通常要达到 $10^8 \sim 10^9$ 数量级，稳定度也是如此。磁场场强的提高可以提高样品的灵敏度和分辨率。

（2）射频振荡器　其线圈围绕在样品管外围，用以产生电磁波。电磁波频率可以是固定或连续变化的。若将外磁场的强度固定，靠改变电磁波的频率来产生核磁共振，称为“扫频”。

（3）扫描发生器　它的线圈围绕在磁铁上，用以改变外磁场的强度。固定电磁波的频率而靠改变外磁场强度来产生核磁共振的方法称为“扫场”。扫场比扫频方便，应用也更广泛。

（4）射频检测器　也称为射频接收器，用以检出被吸收的电磁波的能量强弱。

（5）记录仪　用以记录检出的信号。

（6）样品管　样品管装在管座中。管座为样品管提供恒温，使样品管旋转，样品在磁场

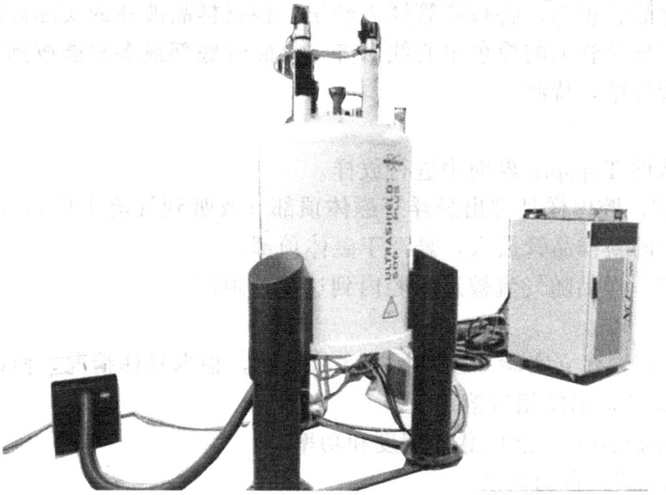

图 31-4　AVANCE Ⅲ 500 型核磁共振波谱仪

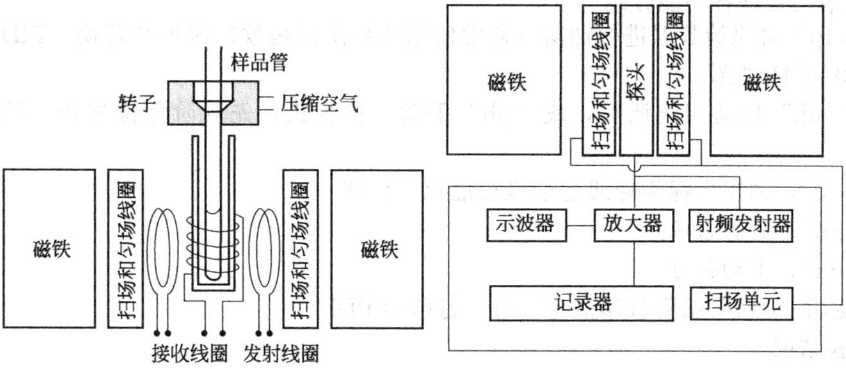

图 31-5　高分辨核磁共振波谱仪构造及原理

中以一定的转速旋转以克服与旋转方向垂直平面内的不均匀性。

三、实验仪器与试剂

1. 实验仪器

Bruker AVANCE Ⅲ 500 核磁共振波谱仪，NMR 样品管（ϕ5mm），移液枪（1mL）。

2. 实验试剂

聚乙烯醇、聚甲基丙烯酸甲酯、氘代二甲亚砜（溶剂）、氘代氯仿（溶剂），四甲基硅烷（TMS，内标）。

四、实验步骤

1. 样品准备

将 5mg 样品放入核磁共振样品管中，加入 0.5mL 溶剂。其中，聚乙烯醇样品以氘代氯仿为溶剂，聚甲基丙烯酸甲酯样品以氘代氯仿为溶剂；振荡使其充分溶解，混合均匀。

2. 核磁管的定位

将转子置于样品管顶部，将核磁管插入转子。根据样品液柱的实际高度调整核磁管的位置，使液柱中心与样品管上的黑色中心线对齐，核磁管底部最多只能放到样品管的底部，用软纸轻擦拭核磁管外壁，待测。

3. 放样步骤

逐步在核磁软件 Topspin 界面中进行放样。

(1) 键入“ej”，腔内样品弹出悬浮于磁体顶部（或听到气流声后），随转子取出原样品管，将套在转子上的新样品管放入，悬浮于磁体顶部；

(2) 键入“ij”，样品随气流被送入腔内到达探头顶部。

4. 数据采集

(1) 键入“edc”，建立实验和读取标准实验参数，根据具体情况，修改部分采样参数。

(2) 键入“lock”，选择相应溶剂。

(3) 键入“getprosol”，读取脉冲宽度和功率。

(4) 键入“atma”，自动调谐。

(5) 键入“topshim”，自动匀场。

(6) 键入“rga”，自动设置增益。

(7) 键入“zg”，开始采样。

5. ^{1}H 谱图处理各功能介绍

(1)“efp”对原始数据进行加窗（通常使用指数窗口函数）傅里叶转换，FID 信号转换成谱图，得到 ^{1}H 谱图。

(2)“apk”自动相位调整，或“ph”手动相位校正，先 0 阶相位校正，后 1 阶相位校正。

(3)“cal”，利用内标物峰或溶剂峰校准化学位移。

(4)“pp”，手动标峰。

(5)“int”，手动积分。

(6) 使用“plot”编辑打印谱图（可以打印为 PDF)。

6. 实验结束

(1) 键入“lock off”，脱锁，“ej”打开气阀，将样品取出。

(2) 键入“ij”，关闭气阀。

五、部分实验数据

部分实验数据如图 31-6、图 31-7 所示。

六、实验数据处理

根据仪器记录到的谱图，导出原始数据并用数据处理软件作图；记录各类质子的化学位移值以进行分析。

七、注意事项

1. 核磁管定位时应小心操作，核磁管底部最多只能放到样品管的底部，否则样品送入腔内后将触及探头，导致碎裂。

2. 气阀未打开时，一定不能放入样品管，以防样品管碎裂！

3. 不得使用过粗、过细、弯曲或有裂纹的样品管。如果使用过粗或弯曲的样品管，很容易卡在探头里甚至挤碎石英管；如果样品管过细或者有裂纹，很容易造成样品管在探头内破碎，污染探头。

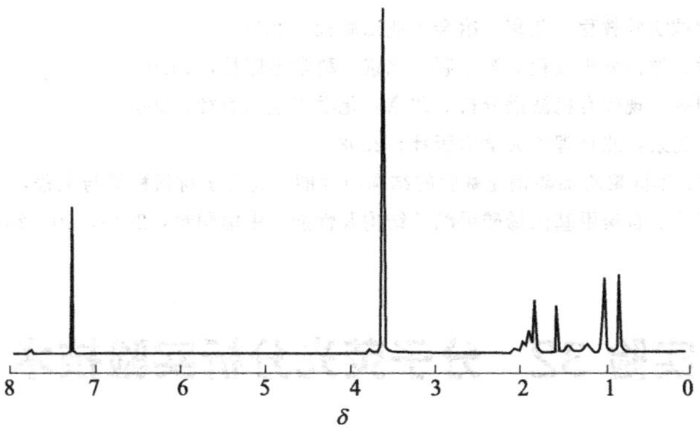

图 31-6 PMMA 的^{1}H NMR 谱示例（氘代二甲亚砜）

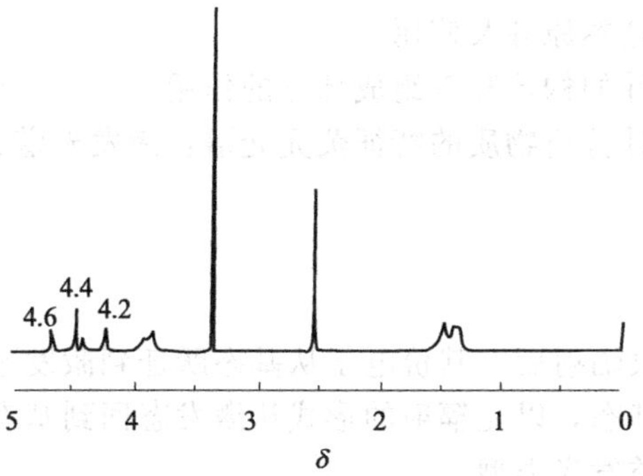

图 31-7 PVA 的^{1}H NMR 谱示例（氘代氯仿为溶剂）

4. 测试中应控制好溶剂用量，过少会影响自动匀场效果；过多则浪费溶剂而且由于稀释了样品，减少了处在线圈中的有效样品量。一般只要保证样品的长度比线圈上下各多出3mm 即可。

八、实验报告及要求

1. 明确实验目的、所用仪器及测试样品的化学结构。
2. 简述核磁共振波谱仪的结构及各部分功能。
3. 简述核磁共振波谱的实验原理。
4. 写明实验步骤。
5. 解析所测得的 NMR 谱图：将所测样品中质子的化学位移值列表，写出结构式，并结合样品结构对各峰归属进行分析。
6. 回答思考题。

九、思考题

1. 外加磁场的强度是否会影响测得的化学位移值？说明理由。
2. 如何准备液体核磁共振的实验样品？
3. 具备什么条件的化合物才能通过核磁共振谱法测定其分子量？

参考文献

[1] 李周．材料现代分析测试实验教程．北京：冶金工业出版社，2011.
[2] 邓芹英，刘岚，邓慧敏．波谱分析教程．第2版．北京：科学出版社，2010.
[3] 张华，彭勤纪，李亚明等．现代有机波谱分析．北京：化学工业出版社，2005.
[4] 陈洁．有机波谱分析．北京：北京理工大学出版社，2008.
[5] 于汇洋，曹亚，陈金耀．不同聚乙烯醇偏光基膜的结构与性能．高分子材料科学与工程，2016，32：47-50.
[6] 赵爽，刘振国，高天正等．自聚甲基丙烯酸甲酯的结构及性能．中国塑料，2016，30：20-24.

实验32 分子荧光分析实验技术

一、实验目的

1. 掌握荧光光度计的基本原理及使用。
2. 了解荧光分光光度计的构造和各组成部分的作用。
3. 掌握分子荧光光度计分析物质的特征荧光光谱：激发光谱、发射光谱的测定方法。

二、实验原理

1. 分子发光

当处于基态的分子吸收辐射后，其价电子从基态跃迁到激发态，激发态不稳定，它将很快释放出能量又重新回到基态，以光辐射的形式从激发态回到基态。根据分子受激发时所吸收能源不同，可有以下几类发光类型。

① 光致发光：以光源来激发而发光；
② 电致发光：以电能来激发而发光——原子发射光谱法；
③ 生物发光：以生物体释放的能量激发而发光；
④ 化学发光：以化学反应能激发而发光。

分子中电子的运动状态除了电子所处的能级以外，还包括电子的多重态，用 $M=2S+1$ 表示，S 为电子自旋量子数的代数和。其数值为0或1。根据泡利不相容原理，分子中同一轨道所占据的两个电子必须具有相反的自旋方向，即自旋配对。若分子中所有电子都是自旋配对的，则 $S=0$，$M=1$，该分子处于单重态。用符号 S 表示。基态分子吸收能量后，若电子在跃迁过程中，不发生自旋方向的变化，则仍有 $M=1$，分子处于激发单重态；若电子跃迁过程中伴随着自旋方向的变化，则分子中具有两个自旋不配对的电子，$S=1$，$M=3$，分子处于激发三重态。由于处于分立轨道上的非成对电子，自旋平行要比自旋配对更稳定，所以在同一激发态中，三重态能级总是比单重态能级略低。

处于激发态的分子很不稳定，它可能通过辐射跃迁和非辐射跃迁等分子内的去活化过程释放出多余的能量而返回基态。图32-1列出了分子内发生的各种光物理过程。辐射跃迁过程发生光子的发射，形成荧光或磷光发光现象；非辐射跃迁过程是以热的形式释放出多余的能量，包括振动弛豫、内转换、系间窜跃和外转换等过程。

2. 荧光发射

具体来说，当处于激发单重态的电子经振动弛豫及内部转换后达到第一激发单重态（S_1）的最低振动能级（$v=0$）后，以辐射的形式跃迁回基态（S_0）的各振动能级，这个过程为荧光发射。

3. 激发光谱和发射光谱

（1）激发光谱　激发光谱是指发光的某一谱线或谱带的强度随激发光波长（或频率）变

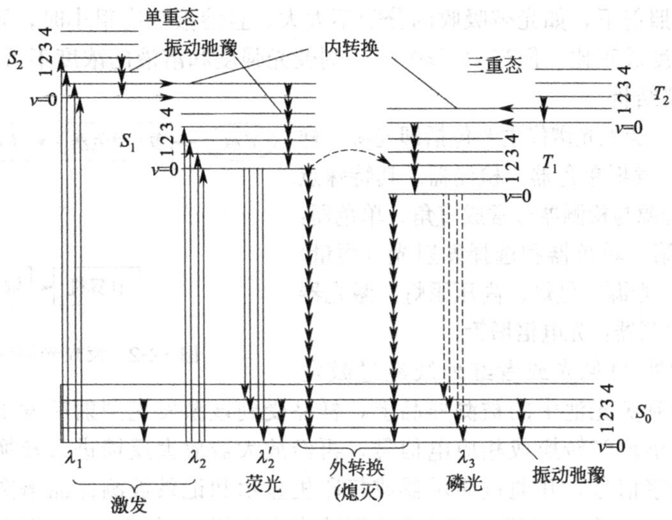

图 32-1 分子内发生的各种光物理过程

化的曲线。横坐标为激发光波长，纵坐标为发光相对强度。激发光谱反映不同波长的光激发材料产生发光的效果，即表示发光的某一谱线或谱带可以被什么波长的光激发、激发的本领是高还是低；也表示用不同波长的光激发材料时，使材料发出某一波长光的效率。荧光为光致发光，合适的激发光波长需根据激发光谱确定。激发光谱的获得方法：先把第二单色器的波长固定，使测定的 λ_{em} 不变，改变第一单色器波长，让不同波长的光照在荧光物质上，测定它的荧光强度，以 I 为纵坐标，λ_{ex} 为横坐标所得图谱即荧光物质的激发光谱，从曲线上找出 λ_{ex}，实际上选波长较长的高波长峰。

（2）发射光谱　发射光谱是指发光的能量按波长或频率的分布。通常实验测量的是发光的相对能量。在发射光谱中，横坐标为波长（或频率），纵坐标为发光相对强度。发射光谱常分为带谱和线谱，有时也会出现既有带谱又有线谱的情况。发射光谱的获得方法：先把第一单色器的波长固定，使激发的 λ_{ex} 不变，改变第二单色器波长，让不同波长的光扫描，测定它的发光强度，以 I 为纵坐标，λ_{em} 为横坐标所得图谱即荧光物质的发射光谱；从曲线上找出最大的 λ_{em}。

4. 斯托克斯位移

在荧光光谱中，所观察到的荧光发射波长总是大于激发波长，$\lambda_{em}>\lambda_{ex}$。这是由于激发态分子经振动弛豫及内部转换的无辐射跃迁而迅速衰变到电子激发态的最低振动能级（S_1）。该过程存在能量损失，这是其产生位移的主要原因。

5. 荧光强度与溶液浓度的关系

荧光是物质在吸光之后发射出的波长较长的辐射，因此，溶液的荧光强度与该溶液的吸光程度及溶液中荧光物质的荧光量子产率有关。假如以每秒钟每平方厘米的光强度为 I 的入射光，照射到一个吸光截面积为 A 的盛有荧光物质溶液的液池，而由检测系统所测出的荧光强度为 F。根据比尔定律，通过液池的透射光强度 I 为

$$I=AI_0e^{-abc} \tag{32-1}$$

式中，a 为吸光系数；b 为液池厚度；c 为溶液中吸光物质的浓度。

在荧光分析中，通常采用摩尔吸光系数 ε 而很少采用吸光系数 a。对于很稀的溶液，当 $\varepsilon bc \ll 0.05$ 时，每平方厘米截面积上的荧光强度为

$$F=2.3Y_FI_0\varepsilon bc \tag{32-2}$$

式中，Y_F 为荧光量子产率。由该公式可知，对于某种荧光物质的稀溶液，在一定频率和

一定强度的激发光照射下，如光被吸收的分数不太大，且溶液浓度很小时，则溶液所产生的荧光强度与该溶液浓度成正比。但当 $\varepsilon bc \geqslant 0.05$，则荧光强度和溶液的浓度不再呈线性关系。

6. 荧光光谱仪结构

如图 32-2 所示，荧光光谱仪主要包括即光源、样品池、激发单色器、发射单色器、检测器。其特殊点是有两个单色器，光源与检测器通常成直角。单色器：选择激发光波长的第一单色器和选择发射光（测量）波长的第二单色器。光源：氙灯、高压汞灯、激光器(可见与紫外区)。检测器：光电倍增管。

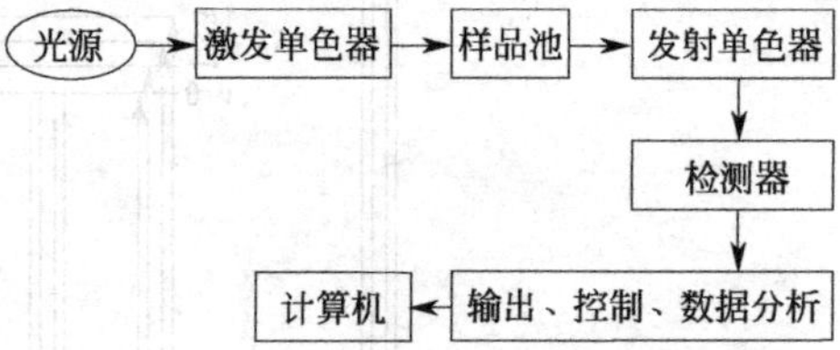

图 32-2 荧光光谱仪工作原理

光源发出的紫外-可见光或者红外线经过激发单色器分光后，照到荧光池中的被测样品上，样品受到该激发光照射后发出的荧光经发射单色器分光，由光电倍增管转换成相应电信号，再经放大器放大反馈进入转换单元，将模拟电信号转换成相应数字信号，并通过显示器或打印机显示和记录被测样品谱图。

本实验所用荧光光谱仪为 Fluoromax-4 型荧光光谱仪（图 32-3），其结构特点如下：

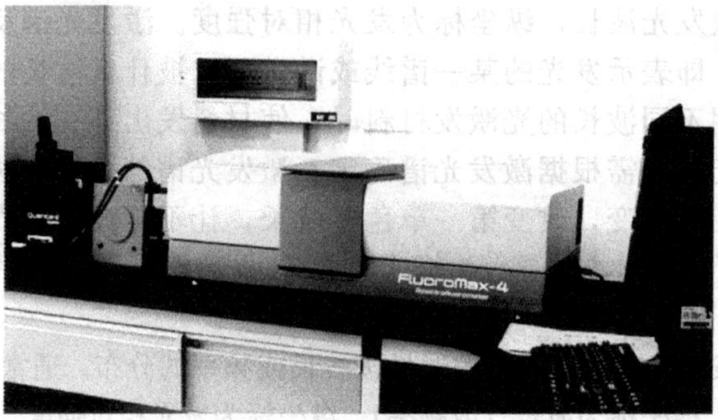

图 32-3 Fluoromax-4 型荧光光谱仪

（1）全反射光路，避免透镜产生色差影响（图 32-4）；

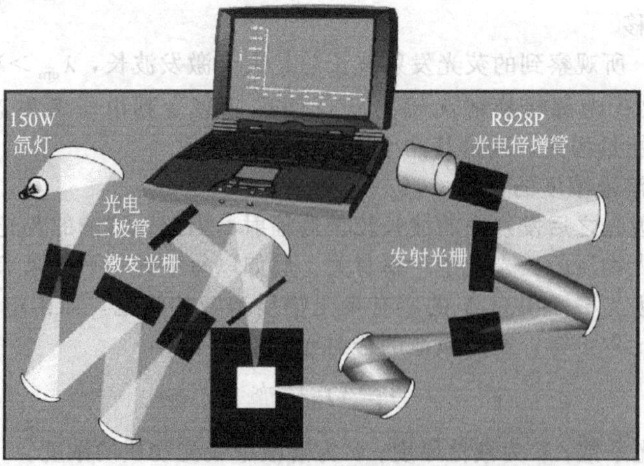

图 32-4 Fluoromax-4 型荧光光谱仪全反射光路

（2）机刻平面衍射光栅，闪耀波长：激发闪耀波长 330nm，发光闪耀波长 500nm；

（3）光源：150W 无臭氧连续氙灯，垂直安装；

（4）Czerny-Turner 单色器结构；

(5) 检测器：室温红敏光电倍增管 R928P；

(6) 参比检测器：稳定光电二极管。

三、实验仪器和试剂

1. 实验仪器

Fluoromax-4 型荧光光谱仪（法国 HORIBA Jobin Yvon 公司），比色皿。

2. 实验试剂

罗丹明 B 的去离子水溶液，浓度分别为 0.05μg/mL、0.1μg/mL、0.2μg/mL、0.3μg/mL、0.5μg/mL 等；以及罗丹明 B 的未知浓度溶液，其浓度在 0.05～1μg/mL 范围内。

四、实验步骤

1. 样品准备

根据上述实验试剂要求配制好不同浓度的溶液，并装入四面透光的比色皿中待测。

2. 开机

连接电源，打开电脑及仪器主机电源开关，开机后稳定 0.5h。

3. 扫描发射谱

将待测罗丹明 B 溶液放入样品架，并固定于样品仓中。在软件界面选择“M-spectra-Emission”，并分别设置激发波长值、发射波长范围、响应时间、狭缝宽度及步径等，记录信号 S_1，设置完成后单击“Run”开始扫描。通过调整测试条件，得到强度适当的发射谱，并记录发射波长 λ_{em}。

4. 扫描激发谱

将待测罗丹明 B 溶液放入样品架，并固定于样品仓中。在软件界面选择“M-spectra-Excitation”，设置激发波长范围、发射波长值、响应时间、狭缝宽度及步径等，记录信号 S_1/R_1。设置完成后单击“Run”开始扫描。通过调整测试条件，得到强度适当的发射谱，并记录激发波长 λ_{ex}。

典型罗丹明 B 的激发谱和发射谱如图 32-5 所示。

5. 确定发光强度

在选定的激发波长 λ_{ex} 下，通过扫描发射谱，测定不同浓度罗丹明 B 标准溶液在波长 λ_{em} 处的发光强度。

6. 数据保存

每个样品测试完成后，单击“Save project as”及时保存，软件自动将数据保存为 Origin 格式。

7. 关机

实验结束后退出软件。依次关闭仪器开关、计算机、电源开关。盖上仪器防尘罩。

8. 数据处理

以相对荧光强度为纵坐标，以标准溶液的浓度为横坐标，绘制罗丹明 B 的标准曲线。根据罗丹明 B 的标准曲线和未知溶液在最大激发波长和最大发射波长 λ_{ex} 和 λ_{em} 的相对荧光强度推算出其浓度。

五、实验数据示例

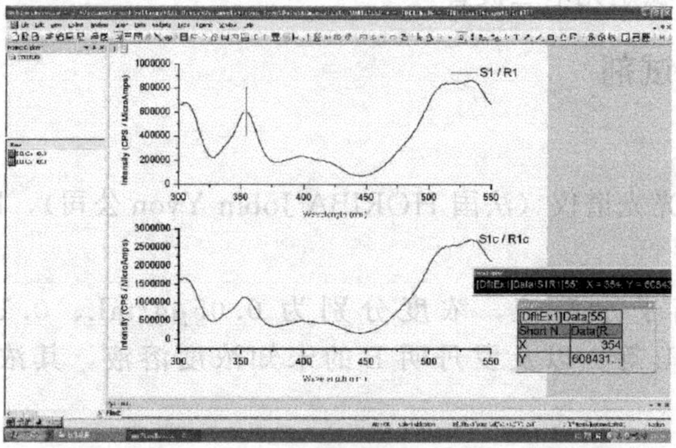

(a) 激发谱

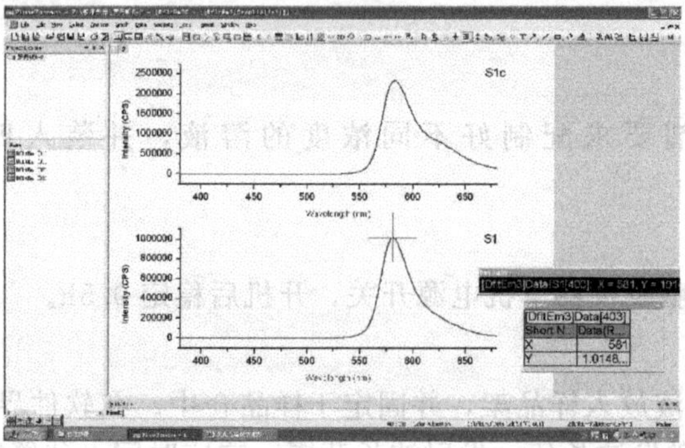

(b) 发射谱

图 32-5 典型罗丹明 B 的激发谱和发射谱

六、实验报告及要求

1. 明确实验目的、实验原理，写出所用仪器设备和所测样品名称。
2. 按实际操作整理实验步骤。
3. 做好原始数据记录及必要的数据处理，作图并标注横、纵坐标及其单位，并简要分析罗丹明 B 的发光特性。
4. 绘制罗丹明 B 溶液的发光强度-浓度标准曲线，并根据所测未知溶液的发光强度，求得其浓度。
5. 回答课后思考题。

七、思考题

1. 解释激发光谱和发射光谱，并说明激发光谱和发射光谱有什么关系？
2. 从定量和定性分析角度说明，荧光分析有何应用？
3. 参考相关文献，说明在该实验中对罗丹明 B 溶液的浓度有何限制？

参考文献

[1] 黄贤智，郑年梓，陈国珍等．荧光分析法．第二版．北京：科学出版社，1975.
[2] 陈国珍．荧光分析法．第二版．北京：科学出版社，1990.
[3] 不详．分子发光分析法：荧光法和磷光法．祝大昌等译．上海：复旦大学出版社，1985.
[4] 琚敏，王昊琳等．浓度对罗丹明 B 水溶液荧光强度影响研究．中国锰业，2016，34（4）：79-82.

第四章

其他现代分析测试方法

实验 33　原子力显微镜分析

一、实验目的

1. 学习、了解原子力显微镜的构造与工作原理。
2. 学会利用原子力显微镜分析样品的表面形貌。

二、实验原理

1. 原子间的相互作用力

原子力探针针尖原子与样品表面原子之间的相互作用力随着它们的间距变化而不同。原子间相互作用力关系如图 33-1 所示。当原子与原子很接近时，彼此电子云斥力的作用大于原子核与电子云之间的吸引力，所以合力表现为排斥力。反之，当原子间距大于一定的距离时，原子核与电子的吸引力大于电子云之间的排斥力，其合力表现为吸引力。

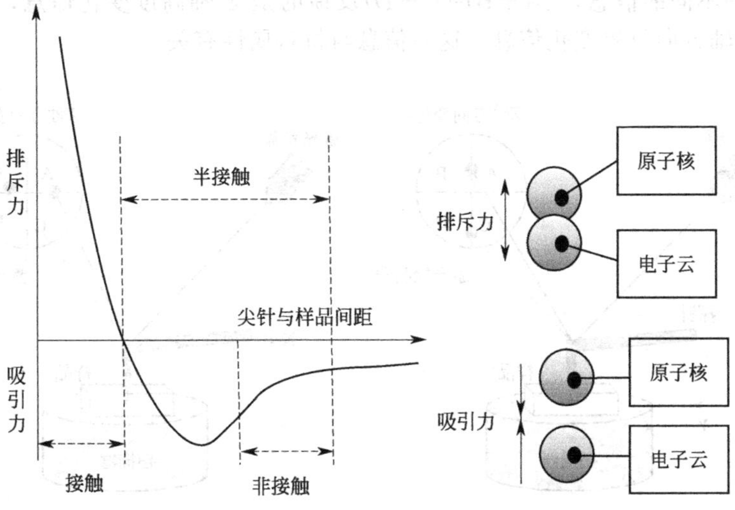

图 33-1　原子间相互作用力关系

2. 原子力显微镜基本原理

将一个一端带有原子级别大小针尖且对微弱力极端敏感的微悬臂的另一端固定住，用带针尖的一端与样品表面轻轻接触，此时针尖尖端原子与样品表面的原子之间存在一个极微弱的排斥力，通过控制这种力的恒定来扫描样品表面时，带有针尖的悬臂将在针尖与样品表面原子间作用力的等位面上做垂直于样品表面方向的起伏运动。利用激光反射法检测针尖的起伏，即可记录下扫描点的高度和横纵向位置变化，从而获取样品表面形貌信息，如图 33-2 所示。

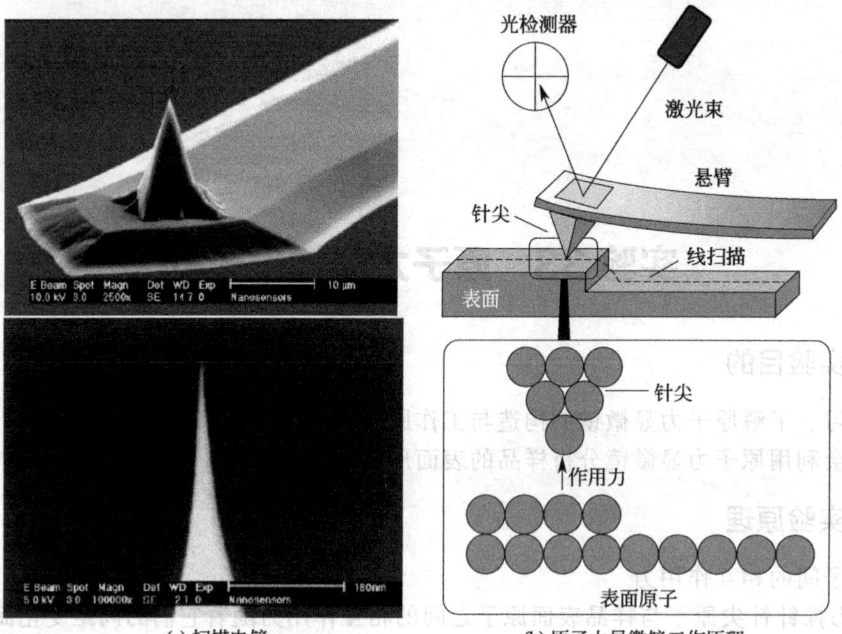

(a) 扫描电镜 (b) 原子力显微镜工作原理

图 33-2 原子力探针针尖的扫描电镜和原子力显微镜工作原理

激光检测器的检测原理如图 33-3 所示，检测器分成 A、B、C、D 四个区域，不同区域的信号变化反馈不同的信息，(A+B)-(C+D)反馈的是 Z 轴高度变化信息，(A+D)-(B+C)反馈的是 X 轴方向位置变化信息，这一信息与材料属性有关。

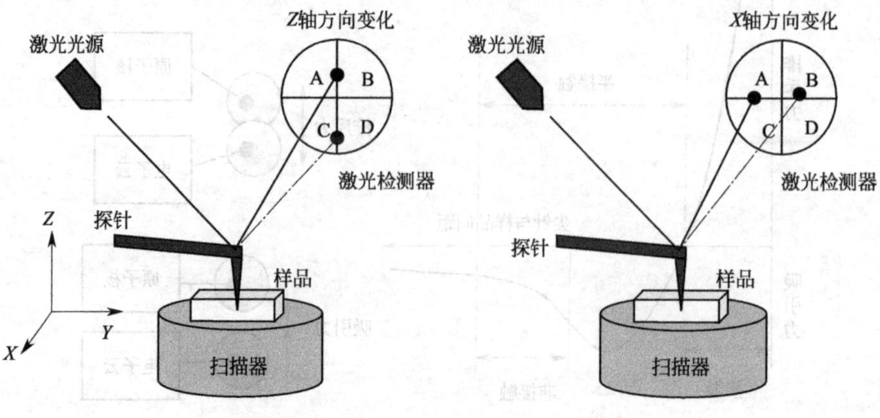

图 33-3 激光检测器的检测原理

3. 原子力显微镜的构造

原子力显微镜是由减振台、扫描器、压电陶瓷管、探针架、激光器、激光探测器、光学定位系统、控制器和计算机等部分组成，其主要构造如图 33-4 所示。

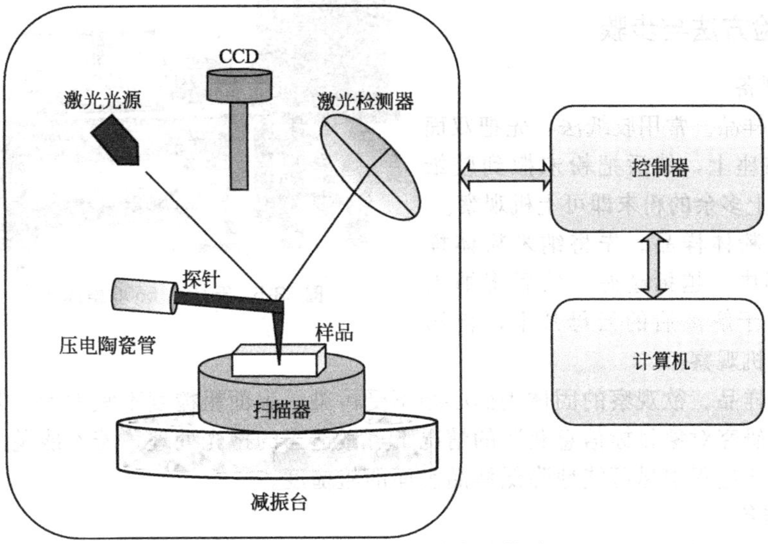

图 33-4　原子力显微镜仪器构造

根据探针与样品的作用关系，扫描模式分为接触模式、非接触模式和间歇接触（轻敲）模式。

(1) 接触模式。该模式是排斥性模式，探针尖端与样品做柔性的实际接触，作用力在斥力范围，力的范围在 $10^{-9} \sim 10^{-8}$N 之间。当针尖轻轻扫过样品表面时，表面高度变化会引起悬臂弯曲，激光检测器将检测到这一高度变化信息，这一变化信息记录下来即得样品表面形貌图。该模式的特点是分辨率高，但探针多扫几次后会出现钝化，探针损耗比较大。对于软性易变形样品高度变化可能是由于探针的作用引起，不宜采用该扫描模式。

(2) 非接触模式。该模式是探针针尖与样品表面保持一个恒定作用力，使得探针在样品上方等力面上随样品表面的起伏而上下振动。同样激光检测器通过检测探针的起伏，从而得到样品表面的形貌信息。该模式探针针尖与样品距离较远，探测信号相对较小，测试分辨率比接触模式和轻敲模式都低。该模式比较适合用于柔性和弹性样品的测试。

(3) 间歇接触（轻敲）模式。微悬臂在其共振频率附近做受迫振动，振荡的针尖轻轻地敲击样品表面，间断地与样品表面接触。当针尖与样品表面不接触时，微悬臂以最大振幅做自由振荡，当针尖与样品表面接触时，受样品表面高低起伏的空间阻碍，微悬臂振幅减小，通过反馈系统控制微悬臂的振幅恒定，针尖就跟随样品表面的起伏上下移动，获取表面形貌信息。该模式针尖与样品表面的相互作用力很小，作用力大小处在 1pN～1nN，因剪切力引起的分辨率降低和对样品的破坏基本得以避免。该模式的分辨率与接触模式一样，但对样品和探针的损害少，所以也适用于软性和弹性样品。对于样品与基体结合较弱的试样，该模式可减小探针对样品表面结构的搬运效应。该模式也更适用于表面起伏较大的样品。

三、实验设备与材料

1. 仪器

本实验将在安捷仑 5500 型原子力显微镜上进行，如图 33-5 所示。该仪器配有大扫描器 90μm×90μm 和小扫描器 9μm×9μm；小扫描器噪声水平：XY<0.1nmRMS，Z<0.02nmRMS；大扫描器噪

声水平：$XY<0.5$nmRMS，$Z<0.05$nmRMS。该仪器可实现接触、非接触、轻敲等模式扫描。

2. 实验材料

样品、探针、镊子、云母片、乙醇等。

四、实验方法与步骤

1. 样品制备

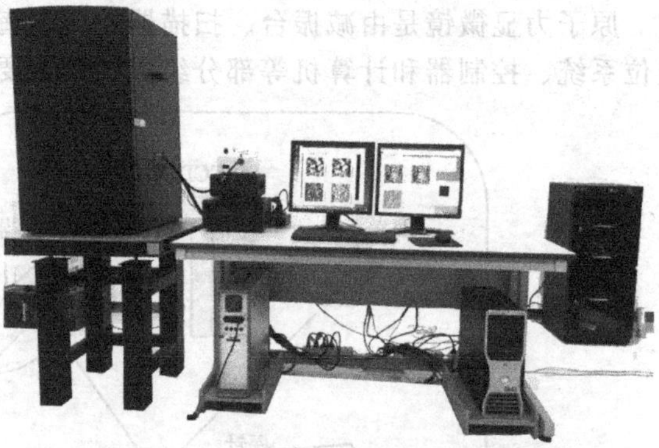

图 33-5 安捷仑 5500 型原子力显微镜

(1) 粉末样品。常用胶纸法，先把双面胶粘贴在样品座上，然后把粉末撒到胶纸上，吹去胶纸上多余的粉末即可上机观察。

(2) 纳米粉体样品。先将纳米粉体样品分散到溶剂中，越稀越好，然后将纳米粉体乳浊液涂于解离后的云母片上，自然晾干后即可上机观察。

(3) 块状样品。欲观察的固体表面必须不受污染、表面粗糙度不宜太大。若表面粗糙度大，在不影响研究对象目标信息获取的情况下可做适当的抛光处理。若不能抛光的样品，则需要在样品制备过程中尽可能地降低样品表面的粗糙度。

2. 仪器准备

(1) 按顺序打开总电源开关、计算机、显示器、控制机箱电源、HEB 激光开关、MAC Mode 或 AC Mode Controller 电源开关。

(2) 在计算机上打开 PicoView 控制软件，根据样品需要在软件 Scanner 选项中选择扫描头型号 10μm 或 100μm。

(3) 取出相应的扫描头，放置于扫描头基座上进行安装。

(4) 根据成像模式选择合适的 Nose，然后将 Nose 安装在扫描头上，需要双手同时垂直用力，以 O 形圈没入扫描头为准。

(5) 用一个手将弹簧钥匙（spring key）放入弹簧一侧可以把弹簧翘起，另一只手利用镊子夹起针尖安装到 Nose 上，弹簧一般压在针尖的 1/3～1/2 处。

(6) 安装扫描头，连接插线，并拧紧右下方紧固螺栓，此时扫描头下方出现红色激光，建议用户放一白纸。

(7) 利用扫描头上的两个螺栓上下左右调整激光的位置，使激光对在针尖背面。首先要确认 HEB 上的 Laser 开关切换到 On 的状态，软件上的 Laser On 打上对号，打开光源开关，使 CCD 光路与 Scanner 的光路在同一光路上。调节焦平面，使其处于可同时观察到样品、激光和探针悬壁，然后调节 Scanner 上的旋钮，将激光调到悬臂尖端三角形的中心位置或者探针所在位置，此时扫描器毛玻璃上出现一个亮的且呈现类十字的激光点。

(8) 安装探测器，调整螺丝，使 Deflection 和 LFM 参数满足该模式的要求。

3. 样品测试

(1) 在软件设置测试参数：设置 I、P、Setpoint、Scan speed、Scan size、Stop at、Points 等。

(2) 单击 Approach，针尖开始逼近，确保针尖和样品之间有足够的距离，防止样品撞坏针尖。可先利用 Close 键初步逼近样品，可以缩短针尖逼近时间。结合 CCD 图像和 X/Y stage control 选择合适且干净的样品区域进行成像（如果 Deflection 在针尖逼近过程中数值发生突变，说明针尖已经真正逼近样品）。

(3) 单击 Scan，开始扫描成像，同时在扫描过程中根据图像实时调整 Rotate、I、P、Speed 等，从而获得高质量的图像。

4. 关机

(1) 单击 Stop，停止扫描。

(2) 单击 Withdraw 数步（一般 2～3 步），实现退针；同时，手动 Open，手动退针。

(3) 关闭 Picoview 软件、MAC (AAC) mode Controller 电源，以及控制机箱电源、计算机主机、总电源。

(4) 取下样品台并收好样品；取下探测器，放入干燥器皿；取下扫描头，取下针尖放回盒中（注意：轻拿轻放!），将扫描头、针尖放回干燥皿。

(5) 整理实验室并把实验仪器及物品放回原处。

5. 数据分析

(1) 打开 PicoScan 软件，单击 Raw image rendering，导入已测试保存的数据文件。

(2) 使用 Tiled 功能把一个原始图像表面数据（二维的）拟合成一个表面。根据所选择的 Order，可以从原始数据获得一个多项式表面。其目的是校正样品倾斜。

(3) 使用 Flatten 功能对图像进行平整处理，可根据实际情况选择合适的算法进行平整处理，沿 Y 方向，Flatten filter 处理去除了每一根扫描线之间的 Z 向的偏移量（Offset）；其可以在该区域的数据引入一个偏移量（Offset），使该区域数据呈现相同的高度。做 Flatten 处理时，需要了解不同算法处理的原理及注意事项。

(4) 单击数据导出菜单，将处理好的数据导出，可导出图片或数据格式文件。

五、实验报告及要求

1. 实验课前必须预习实验讲义和教材，掌握实验原理和熟悉实验步骤。

2. 实验报告内容包括：实验目的、实验原理、仪器配置、样品制备、原子力显微分析步骤和结果讨论。

3. 说明原子力显微镜分析的原理。

4. 说明原子力显微镜的结构组成。

5. 实验的操作步骤和测试参数如何选择。

6. 附上测试得到的实验图谱。

六、思考题

1. 试述原子力显微镜的成像原理，以及如何提高原子力图像的分辨率和避免产生假像。

2. AFM 探测到的原子力由哪两种主要成分组成?

3. 原子力显微镜探针在使用中应注意哪些因素，如何延长探针寿命?

4. 原子力显微镜有哪些应用?

5. 为什么实验开始时要搜索共振峰?

6. 哪些因素会影响扫描所获得的图像结果，如何减少这些外在因素的影响?

7. 与传统的光学显微镜、电子显微镜相比，扫描探针显微镜的分辨本领主要受什么因素限制?

8. 要对悬臂的弯曲量进行精确测量，除了在 AFM 中使用光杠杆这个方法外，还有哪些方法可以达到相同数量级的测量精度?

参考文献

[1] 彭昌盛，宋少先，谷庆宝．扫描探针显微技术理论与应用．北京：化学工业出版社，2007.

[2] 余虹．大学物理．第二版．北京：科学出版社，2008.

[3] 姚琲．扫描隧道与扫描力显微镜分析原理．天津：天津大学出版社，2009.

实验 34　同步热分析

一、实验目的

1. 了解 DSC、TGA 的原理，通过同步热分析仪测定聚合物的热重谱图。
2. 掌握用 TGA 测定物质热分解温度及热重变化的方法。
3. 掌握用 DSC 测定物质热焓的方法。
4. 掌握综合运用 DSC、TGA 曲线，分析物质在程序升温过程中物质性质发生变化的方法。

二、基本原理

同步热分析仪具有差示扫描量热仪（DSC）和热重分析仪（TGA）双重功能，可以在一次升降温程序中，同时测得样品的 TGA 曲线和 DSC 曲线，广泛应用于陶瓷、玻璃、金属/合金、矿物材料、催化剂、功能材料、高分子材料以及医药、食品等各种领域。

其中，DSC 可测试样品的熔融、结晶、相变、反应温度以及测量反应热、燃烧热、比热容等用于热动力学研究。TG 可测试样品的热稳定性，如热分解、氧化还原、吸附解吸，以及测试游离水与结晶水含量、不同物性成分的比例计算或推导多组分材料组成。

相比单一的 TGA、DSC 测试，同步分析可一次测试并同时完成两种实验，得到两个对应性好、可信度高的测试结果，能方便区分物理变化与化学变化，具有操作简便、测试效率高的优点。

1. 差示扫描量热法

差示扫描量热法（DSC）是指在等速升温（降温）的条件下，测量试样与参比物之间补偿能量随温度变化的技术。其原理是在 DSC 的参比物和试样端各自有一个单独的微型加热室加热。在相同的加热条件下对试样加热或冷却，若试样中不发生任何热效应，试样的温度和参比物的温度相等，两者温差为零；若试样在加热或冷却过程中产生热效应，此时试样与参比物随即产生温差 ΔT，此时通过差热放大电路和差动热量补偿放大器使流入补偿加热丝的电流发生变化，直到试样与参比物两边的热量平衡、温差 ΔT 消失为止。确保试样和参比物在整个试验过程中（不论有无热效应发生）始终保持温度一致，两者的温差 ΔT 始终为零。这样试样放热或吸热的速度就是补偿给试样和参比物的功率之差 ΔP。因此，DSC 曲线是记录 ΔP 随 T（或 t）的变化而变化的一条曲线。

用 DSC 方法可以直接测量热量，还可进行定量分析。当试样发生力学状态变化时（例如玻璃化转变），其比热容有突变，表现在 DSC 曲线上是基线的突然变动。试样内部对热敏感的变化更能反映在热谱曲线上。因此，DSC 在材料分析方面应用特别广泛。它可以用于研究相转变温度、结晶温度、熔点、结晶度、结晶动力学参数；研究聚合、固化、交联、氧化、分解等反应以及测定反应温度或反应热、反应动力学参数。

DSC 在原理及操作上都不复杂，影响实验精度的因素主要如下。①仪器因素：与炉子的形状、大小和温度梯度有关。②测试时所用的气氛是否惰性。③热电偶的粗细及其位置会影响曲线的形状和峰的面积。④试样因素：试样的量和参比物的量要匹配，以免两者热容相差太大引起基线漂移，试样装填应紧密，样品颗粒应尽量细，以利于传热，用于对比的样品粒度应尽量保持一致等。

2. 热重分析法

热重分析法（TGA）是测定试样随温度等速上升时质量的变化，或者测定试样在恒定的高温下质量随时间变化的一种分析技术。

由热重法测得的曲线为热重曲线或称 TG 曲线，其横坐标表示温度或时间，纵坐标表示质量。曲线的起伏表示质量的增加或减少。平台部分表示试样的质量在此温度区间保持恒定。

单独的热重法仅能反映物质在受热条件下的质量变化，仅根据这一信息进行试样的物性进行分析时带有较多的经验性特征，具有一定的局限性。最好配合其他分析方法，可更客观、准确地分析试样物性变化。

本实验所用的为同步热分析仪 SDT Q600（图 34-1），使用水平双臂式天平结构（图 34-2），分别支撑样品和参比样品。样品端天平检测样品质量变化，参比端天平用于测量 DTA（ΔT）和修正 TGA。水平并行双臂式测量法可以实现同时测试 TGA 和 DTA 的目的。双臂式的设计更有利于基线稳定，即使在高温段也不会产生基线漂移。

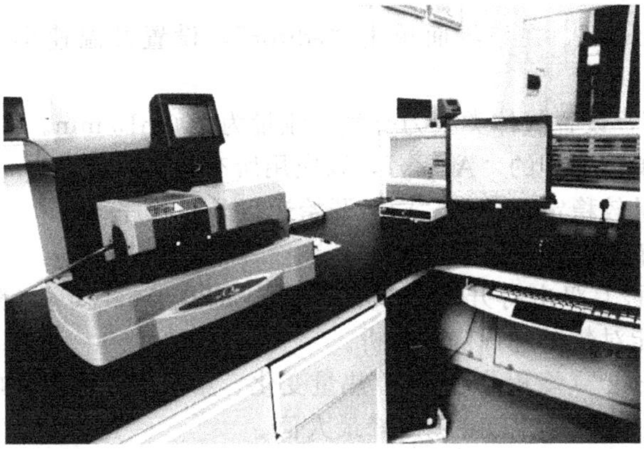

图 34-1 SDT Q600 同步热分析仪

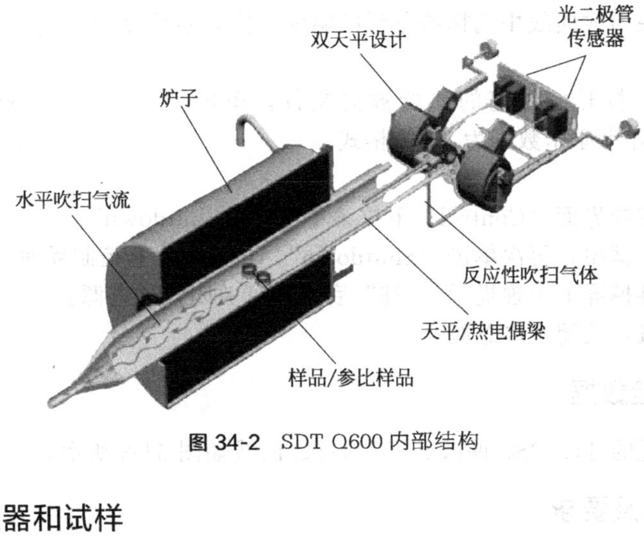

图 34-2 SDT Q600 内部结构

三、实验仪器和试样

1. 仪器：同步热分析仪器 SDT Q600（美国 TA 公司）、氧化铝坩埚、镊子、钥匙。
2. 试样：草酸钙粉末。

四、实验步骤

1. 开机

（1）打开所需气体钢瓶总阀门，调节减压阀至分压表显示为 0.1MPa。

（2）打开仪器和电脑电源，预热10min。

（3）双击桌面上的“TA EXPLORER”图标，然后双击“Q600”图标，进入软件界面。

2. 测试

（1）单击“Control”→“furnace”→“open”打开炉子，转入保护盘，在参比端和样品端分别小心放入空坩埚＋盖子，将保护盘转出，单击“Control”→“furnace”→“close”关闭炉子。稳定后单击“tare”调零。

（2）待质量数据前的“#”消失，单击“Control”→“furnace”→“open”打开炉子，转入保护盘，将样品坩埚取出，装入待测样品（注意样品量不得超过坩埚容量的2/3）；然后将坩埚轻轻放回样品端。单击“Control”→“furnace”→“close”关闭炉子。

（3）在仪器控制界面“Summary”页，选择“MODE”项为“SDT Standard”，设定样品名称、保存路径。

（4）单击“procedure”，在该界面单击“editor”，设置升温速率为20℃/min，最高温度为800℃。

（5）单击“Note”，设置气体类型为空气，流量为100mL/min。

（6）设置完后，单击下方的“Apply”，以应用所有设置及更改。

（7）观察等待质量较稳定，单击“▽”开始运行升温程序。

3. 数据处理与保存

测试完成后在桌面上双击打开分析软件“Universal Analysis”，然后打开已保存的数据，选择应用以下功能对数据进行初步分析。

（1）“Integrate Peak”（峰积分）。计算热量变化、熔融起始温度、峰尖温度、峰面积。

（2）“Peak Max”（峰最大值）。测定峰最大值。

（3）“Signal Change”（起始温度）。测定某温度范围内的信号变化，主要分析质量变化，计算热失重。

（4）分析时，在熔融曲线中选择要分析的温度范围，然后点“accept limits”，即可得到相应分析结果值。

（5）保存数据。打开已测完的原始数据文件，单击“File”→“export”→“export files and signals”，导出原始数据为TXT格式。

4. 关机

（1）单击仪器控制界面“Control”下拉菜单中的“Shutdown”。

（2）在跳出对话框中，再次单击“Shutdown”，并关闭仪器控制界面。

（3）等待仪器触摸屏上出现提示“888”后，即可关闭仪器电源。

（4）关闭计算机，关闭气体总阀。

五、部分实验数据

草酸钙升温过程的TG/DSC曲线和TG/DTG曲线如图34-3所示。

六、实验报告及要求

1. 写明实验目的、实验原理、所用仪器设备和所测样品名称。

2. 按实际操作整理实验步骤。

3. 做好原始数据记录及必要的数据处理，利用导出的原始数据，使用Origin等数据处理软件作图，并标注横、纵坐标及其单位。

4. 解释草酸钙各段热失重原因，根据测试及分析结果，说明各段失重速度最快时的温度值。

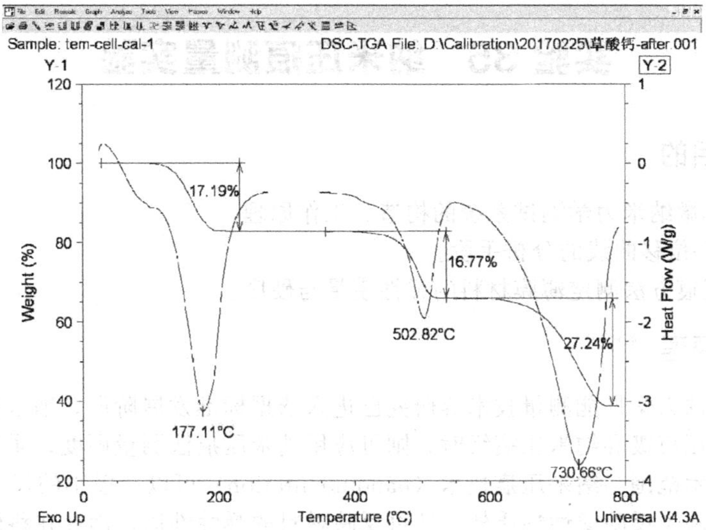

(a) TG/DSC曲线

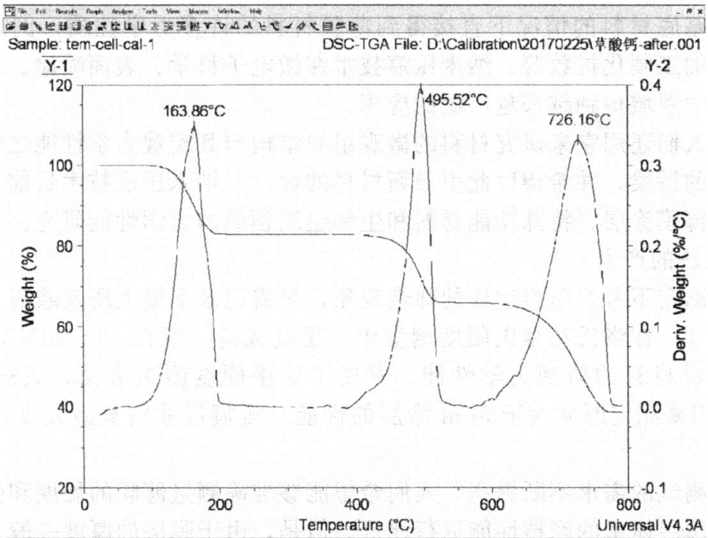

(b) TG/DTG曲线

图 34-3 草酸钙升温过程的 TG/DSC 曲线和 TG/DTG 曲线

七、思考题

1. TGA/DSC 同步热分析与单独的 TGA、DSC 相比，有何优缺点？
2. TG 与 DTG 曲线有何不同？从两种曲线分别能得到哪些信息？
3. 由实验中所测草酸钙的 DSC 曲线能得到哪些信息？

参考文献

[1] 梁向晖．热重差热联用热分析仪 SDTQ600 的特点及维护．现代仪器，2007 (6)：72-74.

[2] 李周．材料现代分析测试实验教程．北京：冶金工业出版社，2011.

实验 35 纳米压痕测量实验

一、实验目的

1. 了解材料微纳米力学测试系统的构造、工作原理。
2. 掌握载荷-位移曲线的分析手段。
3. 用纳米压痕方法测定薄膜材料的弹性模量与硬度。

二、实验原理

纳米压痕法的力学性能测量技术等研究已进入依据标准发展阶段。纳米材料和薄膜的硬度压痕达到微米压痕级和纳米压痕级时，则可应用纳米压痕法测量硬度，属于纳米压痕法的力学性能测量技术范围。纳米压痕技术（nanoindentation）可以在极小的尺寸范围内测试材料的力学性能，除了反映塑性性质外，还可反映材料的弹性性质，因此在科研领域受到越来越多的关注。纳米压痕技术又称深度敏感压痕技术（depth sensing indentation），它可以在不用分离薄膜与基底材料的情况下直接得到薄膜材料的许多力学性质，例如弹性模量、硬度、屈服强度、加工硬化指数等。纳米压痕技术在微电子科学、表面喷涂、磁记录以及薄膜等相关的材料科学领域得到越来越广泛的应用。

除此以外，人们还用它来研究材料的微观组织结构与其宏观力学性能之间的关系，架起宏观与微观之间的桥梁，并希望以此引导新材料的设计。纳米压痕技术目前主要应用于微机电系统微构件、薄膜涂层、特殊功能材料和生物组织领域的力学性能研究。

1. 纳米压痕法的产生

传统的硬度测定不考虑压痕过程的弹性现象，只需记录下最大压痕载荷，并采用金相法测量残余压痕尺寸。在洛氏和维氏硬度测量中，压痕载荷一般在 10～30N 之间。在此基础上，为了研究涂层材料的微观力学性能，发展了显微硬度测试方法，其载荷范围一般为 0.1～5N，主要用来测定厚度大于 3μm 涂层的性能。压痕尺寸的显微硬度仍采用金相方法来测量。

随着对薄膜测试的需求不断提高，人们希望能够准确测量薄膜的硬度和弹性模量等力学性能，并以此对薄膜体系的摩擦性能进行评价。但是，由于膜层的厚度一般非常小，常常在亚微米至纳米级，测定薄膜的力学性能非常困难，因此很难排除基体材料性能的影响。为了对该薄膜的硬度和弹性模量进行准确的测量，要求压痕尺寸也应在该尺度范围内；同时，要求压痕载荷应远远小于显微硬度测定中的载荷值。这导致了载荷-位移连续测量压痕技术——纳米压痕技术的研究和发展。

纳米压痕技术又称深度敏感压痕技术，它通过计算机控制载荷连续变化，并在线监测压入深度。一个完整的压痕过程包括两个步骤，即所谓的加载过程与卸载过程。在加载过程中，给压头施加外载荷，使之压入样品表面。随着载荷的增大，压头压入样品的深度也随之增加，当载荷达到最大值时，移除外载，样品表面会存在残留的压痕痕迹。图 35-1 为典型的载荷-位移曲线。这样的曲线为研究材料表面的力学性能提供了更加丰富的信息。纳米压入的载荷一般小于 0.1mN，压入深度小于 100nm，而且载荷和位移分辨率分别小于 0.01mN 和 1nm。

从图 35-1 中可以看出，随着实验载荷的增大，位移不断增加。当载荷达到最大值时，位移亦达到最大值，即最大压痕深度 h_{max}；随后卸载，位移最终回到一固定值，此时的深度叫作残留压痕深度 h_r，也就是压头在样品上留下的永久塑性变形。

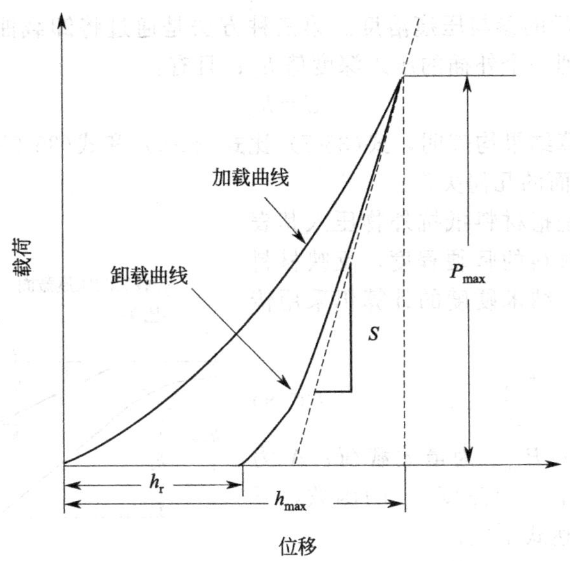

图 35-1　典型的载荷-位移曲线

纳米压痕技术测量最多的两种力学性能是弹性模量和硬度。

2. 弹性模量和硬度的测量

(1) 弹性模量　考虑刚性压头对线弹性半空间的压入问题，以确定薄膜弹性模量。通过测量材料初始卸载刚度（卸载曲线顶部线性部分的斜率 $S=\mathrm{d}P/\mathrm{d}h$），确定和弹性接触的投影面积 A，弹性模量可由下式给出：

$$S=\mathrm{d}P/\mathrm{d}h=\frac{2}{\sqrt{\pi}}E_r\sqrt{A} \tag{35-1}$$

式中，E_r 是考虑压头非刚性时的等效弹性模量，其定义为

$$\frac{1}{E_r}=\frac{1-v^2}{E}+\frac{1-v_i^2}{E_i} \tag{35-2}$$

式中，E_i、v_i 分别为压头的弹性模量与泊松比；E、v 分别为被测薄膜材料的泊松比（0.3）。当以上参数都给定时，薄膜材料的弹性模量就很容易确定。

如果认为压头为刚性体（E_i 趋于无穷大），则公式（34-1）退化为

$$S=\frac{2}{\sqrt{\pi}}\sqrt{A}\frac{E}{1-v^2} \tag{35-3}$$

式(35-1) 最初是假设压头为锥形压头，根据弹性接触理论导出的。研究结果表明，该公式适用于任何可由光滑函数曲线的旋转体来描述的压头形状。对棱锥体压头，如维氏压头，也不会造成较大误差。研究者采用有限元计算结果证明了该结论的有效性，对于具有正方形和三角形截面的平头压头来讲，误差仅为 1.2%和 3.4%。

关于该公式中压痕投影面积 A 的测量，是一个广受关注的问题。研究者提出采用基于载荷-位移曲线及压头面积函数来确定 A 的方法。即：

$$A=f(d) \tag{35-4}$$

关于其中 d 的确定，目前有三种方法。第一种为：

$$d=h_{max} \tag{35-5}$$

式中，h_{max} 为最大载荷下的压头位移。第二种为：

$$d=h_f \tag{35-6}$$

式中，h_f 为卸载后的参与压痕深度。第三种方法是通过将卸载曲线的初始线性部分向横轴上延伸插值，得到一个外插的压入深度值 h_c；且有：

$$d=h_c \tag{35-7}$$

实验和有限元计算结果均表明，式(35-7) 比式(35-5) 和式(35-6) 能给出更好的近似结果。图 35-2 为压痕截面的几何关系。

(2) 硬度　硬度是指材料抵抗外物压入其表面的能力，可以表征材料的坚硬程度，反映材料抵抗局部变形的能力。纳米硬度的计算仍采用传统的硬度公式

$$H=\frac{P_{max}}{A} \tag{35-8}$$

式中，H 为硬度；P_{max} 为最大载荷；A 为压痕面积的投影，它是接触深度 h_c 的函数，不同形状压头的 A 的表达式不同。

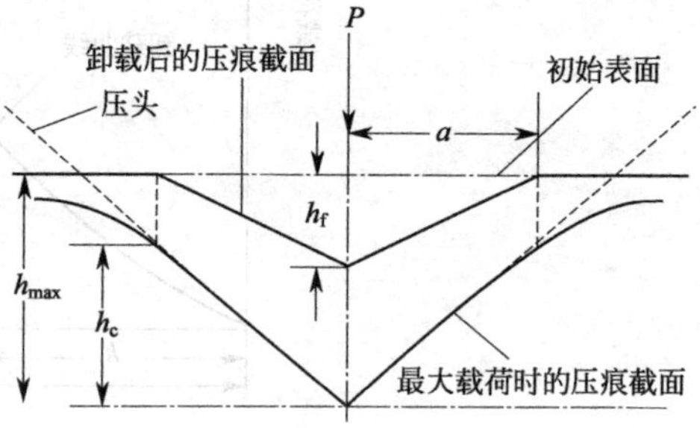

图 35-2　压痕截面的几何关系

3. 纳米压痕实验及设备的特点

一般来说，材料在宏观尺度下的力学性能不随其尺寸和形状的改变而改变，但当尺寸减小到纳米尺度后，这一规律将发生变化。也就是说，当材料尺度减小到纳米尺寸时，由于其比表面积和表面能大大增加，表面原子数占材料总原子数的比例大大提高，这样的表面效应将对纳米材料的力学性能产生决定性影响，从而区别于宏观尺度下的性能。因此，纳米尺度下的力学性能表征具有以下特点。①受材料尺寸限制，压头压入样品的深入一般被限制在纳米量级，因此要求纳米压痕实验设备具备超浅压痕实验能力，并具有极高的形变深度分辨率。②压头施加于样品的载荷值很小，一般为纳牛至微牛量级，因此要求实验设备具有极高的小载荷分辨率。

4. 实验设备组成及工作模式

纳米压痕仪主要由以下三部分组成。①压头：固定在刚性压杆上，具有一定的形状；②制动器：其功能是提供载荷；③传感器：用于测量压头位移。

压头的选择对于测试结果影响较大。选择合适的压头需要考虑压头的材料和形状。压头材料通常为硬度和弹性模量的金刚石，以减小压头变形对位移测量的影响。也可以选择刚度较高的蓝宝石、碳化钨和淬火钢，但在分析载荷-位移数据时，需要把压头的弹性变形考虑进去。压头的形状可分为棱锥体（如玻氏、维氏、立方角等）和光滑旋转体（如圆锥、球等）两大类。

不同仪器之间的差别主要表现在载荷的施加方式和位移的测量上。载荷的施加主要有三种方式：①电磁致动，压头的驱动是基于载流线圈在磁场中的受力原理；②静电致动，是通过由可动极板和固定极板组成的电容器来提供静电力；③压电致动，力的大小通过施加在致动器上的电压或电流来控制。位移的测量也有多种方式，主要通过电容传感器、LVDTs (linear variable differential transformers) 传感器、激光干涉仪等来测量。

目前的纳米压痕仪主要有两种不同的工作模式：普通模式（Base）；连续刚度测量模式(CSM)。采用 Base 模式，通过一次加卸载循环只能测得对应最大载荷或最大压痕深度处的硬度和弹性模量值。CSM 模式是 MTS 系统公司的专利技术，它能在加载过程中连续测量接触刚度，从而得到硬度和弹性模量随压痕深度变化的曲线。这种工作模式特别适合于研究薄膜材料，它可以明确判断在多大压痕深度处薄膜的力学性能开始受到基底效应的影响，这对于获得薄膜的真实硬度或弹性模量至关重要。在实验过程中，可根据被测材料的性质、研

究者所关心的性能指标等实际情况来选择工作模式。

5. 仪器性能指标

不同仪器的测量范围和分辨率指标可能有所不同。载荷和位移的分辨率指标是通过公式计算出来的，主要取决于模数转化器（AD）的位数，指标的高低并不完全代表仪器的测量能力，而是设计、制造高质量的仪器所必需的。实际上，每台仪器的具体测试精度主要取决于电噪声和实际环境的噪声水平。目前，随着科技水平的进步，不仅仪器的测试分辨率在不断提高，其工作频率也在拓宽。因此，该类仪器除了能研究常见块体材料和各种薄膜外，还适于研究超薄膜、聚合物的动态软性、软材料（如软组织）等。具体选择仪器时，可根据实际需要，使仪器的载荷、位移测量范围和测试精度等指标均满足研究者的使用要求。

三、实验设备与材料

1. 实验设备：TriboIndenter 型材料微纳米力学测试系统（图 35-3）。

2. 实验材料：薄膜材料。

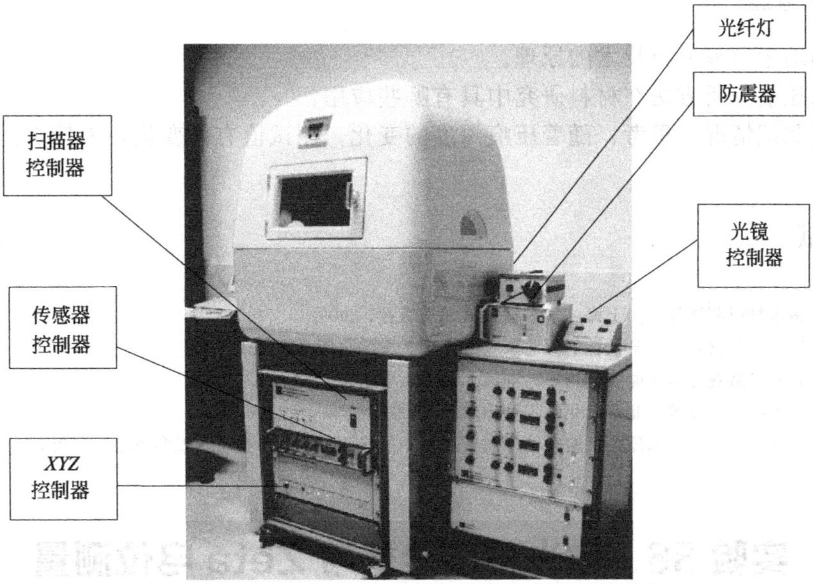

图 35-3 TriboIndenter 型材料微纳米力学测试系统

四、实验步骤

1. 试样的准备

高质量的试样表面是获得理想实验数据所必需的。试样一般应满足以下要求：

（1）表面应平整、干燥，无油污、灰尘。

（2）表面应该与试样台平行，以保证试样表面垂直于载荷施加方向。

（3）试样的处理和表面抛光应选择合适的方法，尽量不改变表面的硬度。

（4）为保证压痕深度的测量误差小于 5%，试样表面的粗糙度应满足 $R \leqslant h/20$（h 为压痕深度）。

（5）应具有足够的厚度（至少是压痕深度的 10 倍或压痕直径的 3 倍），以免测试结果受到支撑基底的影响。对于表面镀膜的材料，应将薄膜的厚度作为试样的厚度来考虑。

2. 打开仪器，进行校准。

3. 放置样品，设定参数，进行实验，要求完成压深不同的多组实验，主要是获得 P-h

曲线。

4. 分析数据，计算被测材料的弹性模量与硬度。

5. 实验完毕，关闭仪器。

五、实验报告及要求

1. 本实验数据处理及计算结果应完成以下内容。

(1) 计算铁电多晶材料不同压深的硬度和弹性模量。

(2) 得到硬度和弹性模量随深度的变化曲线。

2. 应写明实验目的、实验原理及实验步骤。

3. 写明实验材料及尺寸。

4. 应包含实验数据及根据数据绘制的曲线图。

5. 结合所用材料，对测试结果进行分析。

六、思考题

1. 简述纳米压痕分析技术的原理。

2. 纳米压痕分析方法在材料研究中具有哪些应用？

3. 根据测试情况，思考：随着压痕深度的变化，测试值有何变化，为什么？

参考文献

[1] 蓝闽波等．纳米材料测试技术．上海：华东理工大学出版社，2009.
[2] 李雪松等．纳米金属材料的制备及性能．北京：北京理工大学出版社，2012.
[3] 杨丽等．材料的宏微观力学性能实验指导．湘潭：湘潭大学出版社，2009.
[4] 姜银方．现代表面工程技术．北京：化学工业出版社，2006.
[5] 吴晓京，吴子景，蒋宾．纳米压痕试验在纳米材料研究中的应用．复旦学报：自然科学版，2008，47 (1)：1-7.

实验 36 激光粒度分析与 Zeta 电位测量

一、实验目的

1. 了解粒度测试基本知识及激光粒度 Zeta 电位测量仪工作原理。

2. 掌握激光粒度 Zeta 电位测量仪的使用方法。

二、实验原理

1. 激光粒度分析原理

粉体物料颗粒的大小叫作粒度。材料粒度测定是一个较为复杂的问题，因为粒度的大小本身就是一个很难明确表示的概念。对一个球形的颗粒，可以用其直径来表示大小；对一个立方体，可以用其棱长来表示大小；对一个圆锥体，可以用其底面直径和高两个尺寸来表示大小；对长方体，就得用其长、宽、高三个尺寸来表示大小。对一个任意形状的颗粒就很难表征其大小。一般都采用一个与该颗粒具有某种等效效应的颗粒的直径来表示该不规则颗粒的粒径的大小。粒度是粉体物料的重要特征之一，在粉碎工程的研究以及粉体产品的生产中，常常用到诸如物料的平均粒度、粒度组成和粒度分布等数据。常用的粉体粒度检测方法主要有筛分法、沉降法（包括重力沉降和离心沉降）、激光光散射法、显微镜法、电镜法和X射线小角散射法。

如果处理后的样品体系中超微粒子是均匀的，检测方法一般是一次粒度分析，如直观观测法，主要采用扫描电镜（SEM）、透射电镜（TEM）、隧道扫描电镜（STM）、原子力显微（AFM）等手段观测单个颗粒的原始粒径及形貌。但如果处理后的样品微粒是不均匀的，电镜法得到的一次粒度分析结果一般很难代表实际样品颗粒的分布状态。因此，对处理后的物料体系必须作二次粒度统计分析。

在上述方法中，激光粒度分析法是一种高效快速测定粒度分布的方法，是粒度测定方法中最重要的方法之一，其缺点是要求样品要处于良好的分散状态，否则测出的是团聚体的粒度大小。激光粒度分析法又分为光衍射法和动态光散射法（dynamic light scattering，也称光子相关法）。激光粒度分析是根据激光照射到颗粒后，颗粒能使激光产生衍射或散射的现象来测试粒度分布的。由激光器发生的激光，经扩束后成为一束直径为10mm左右的平行光。在没有颗粒的情况下该平行光通过富氏透镜后汇聚到后焦平面上（图36-1）。当通过适当方式，将一定量的颗粒均匀地放置到平行光束中时，平行光将发生散射现象，一部分光将与光轴成一定角度向外传播（图36-2）。

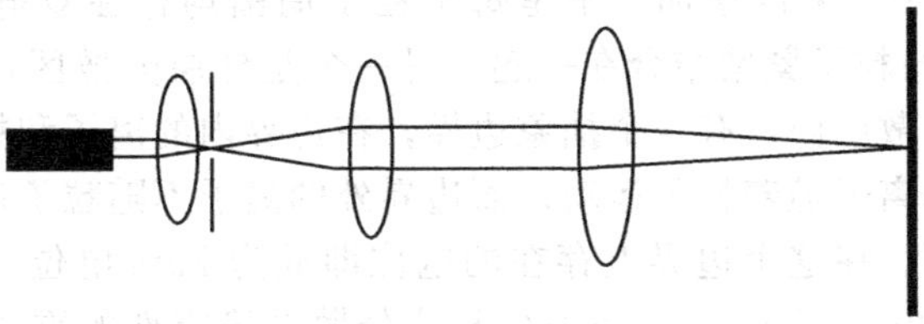

图36-1 没有颗粒的情况下平行光通过富氏透镜后汇聚到后焦平面上

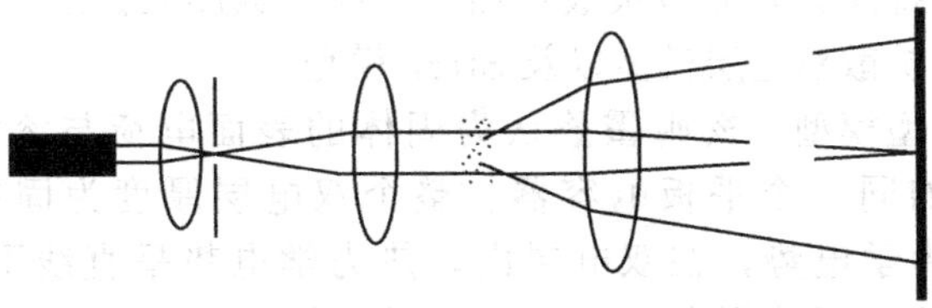

图36-2 有颗粒的情况下平行光通过富氏透镜后汇聚到后焦平面上

散射现象与粒径之间的关系密切：大颗粒引发的散射光与轴之间的角度较小，颗粒越小，散射光与轴之间的角度就越大；在某一角度下所测散射光的强度和位相，取决于颗粒在光束中的位置以及颗粒与探测器之间的距离。由于颗粒在液体中不断地进行布朗运动，它们的位置随机变动，因而其散射光强度也随时间波动：颗粒越小，扩散运动越强，散射光强度随即涨落的速率也就越快。这些不同角度的散射光，通过富氏透镜后在焦平面上将形成一系列有不同半径的光环，由这些光环组成的、明暗交替的光斑称为Airy斑。Airy斑中包含着丰富的粒度信息，简言之即：半径大的光环对应着较小的粒径；不同半径的光环光的强弱，也包含该粒径颗粒的数量信息。如在焦平面上放置一系列光电接收器，将由不同粒径颗粒散射的光信号转换成电信号，并传输到计算机中。通过米氏散射理论对这些信号进行数学处理，就可以得到粒度分布了。

激光粒度分析仪的原理是基于激光的散射或衍射，颗粒的大小可直接通过散射角的大小表现出来，小颗粒对激光的散射角大，大颗粒对激光的散射角小。通过对颗粒角向散射光强的测量（不同颗粒散射的叠加），再运用矩阵反演分解角向散射光强即可获得样品的粒度分布。

激光粒度仪原理如图 36-3 所示。来自固体激光器的一束窄光束经扩充系统扩充后，平行地照射在样品池中的被测颗粒群上，由颗粒群产生的衍射光或散射光经会聚透镜会聚后，利用光电探测器进行信号的光电转换，并通过信号放大、A/D 变换、数据采集送到计算机中，通过预先编制的优化程序，即可快速求出颗粒群的尺寸分布。

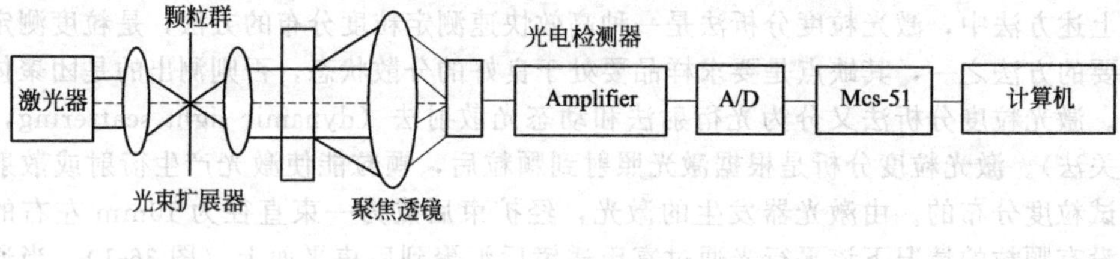

图 36-3　激光粒度仪原理

2. Zeta 电位分析原理

粒子表面存在的净电荷，影响粒子界面周围区域的离子分布，导致接近表面抗衡离子（与粒子电荷相反的离子）浓度增加。于是每个粒子周围均存在双电层，其中内层区称为 Stern 层。其中，离子与粒子紧紧结合在一起；另一个是外层分散区，其中离子不那么紧密地与粒子相吸附。在分散层内，有一个抽象边界，在边界内的离子和粒子形成稳定实体。当粒子运动时，边界内的离子随着粒子运动；而边界外的离子不随粒子运动，这个边界成为流体力学剪切层或滑动面。在这个边界上存在的电位即成为 Zata 电位，又叫作电动电位或电动电势（ζ 电位或 ζ 电势）。Zeta 电位是表征胶体分散系稳定性的重要指标，是对颗粒之间相互排斥或吸引力的强度的度量，分子或分散粒子越小，Zeta 电位（正或负）越高，体系越稳定，即溶解或分散可以抵抗聚集。反之，Zeta 电位（正或负）越低，越倾向于凝结或凝聚，即吸引力超过了排斥力，分散被破坏而发生凝结或凝聚。Zeta 电位及 Stern 模型有：亥姆霍兹平板型模型，扩散双电层模型以及 Stern 模型。

（1）亥姆霍兹平板型模型　亥姆霍兹认为固体的表面电荷与溶液中带相反电荷的离子构成平行的两层，如同一个平板电容器。整个双电层厚度为固体表面与液体内部的总的电位差即等于热力学电势，在双电层内，热力学电势呈直线下降。在电场作用下，带电质点和溶液中的反离子分别向相反方向运动。该模型过于简单，由于离子热运动，不可能形成平板电容器，也不能解释带电质点的表面电势与质点运动时固液两相发生相对移动时所产生的电势差——Zeta 电势（电动电势）的区别，也不能解释电解质对 Zeta 电势的影响等。

（2）扩散双电层模型　Gouy 和 Chapman 认为，由于正、负离子静电吸引和热运动两种效应的结果，溶液中的反离子只有一部分紧密地排在固体表面附近，相距 1～2 个离子厚度，称为紧密层；另一部分离子则按一定的浓度梯度扩散到本体溶液中，离子的分布可用玻尔兹曼公式表示，称为扩散层，紧密层和扩散层构成双电层。Gouy-Chapman 理论虽然考虑了静电吸引力和热运动力的平衡，但是它没有考虑固体表面上的吸附作用，尤其是特殊的吸附作用。

（3）Stern 模型　1924 年 Stern 对扩散双电层模型作进一步修正。该模型认为溶液一侧的带电层应分为紧密层和扩散层两部分。他认为固体表面因静电引力和范德华引力而吸引一层反离子，紧贴固体表面形成一个固定的吸附层，这种吸附称为特性吸附，这一吸附层（固定层）称为 Stern 层。Stern 层由被吸附离子的大小决定。吸附反离子的中心构成的平面称为 Stern 面。滑动面是比 Stern 面厚的一个曲折曲面，滑动面由 Stern 层和部分扩散层构成。由 Stern 面到溶液中心的电位降称为 Stern 电位，而 Zeta 电位是指由滑动面到溶液中心的电位降。由于离子的溶剂化作用，胶粒在移动时，Stern 层会结合一定数量的溶剂分子一起移动，所以滑移的切动面要以 Stern 层略右的曲线表示。Stern 理论除了从特殊吸附的角度来校正 Gouy-Chapman 理论外，还考虑到了离子具有一定大小。Gouy-Chapman 理论假设溶液中电解质离子为点电荷，它并不占有体积，因此它吸附在固体表面上并不会形成具有一定厚度的吸附层。但事实上离子不但具有一定的体积，而且会形成溶剂化离子，特别是在水溶液中更易形成水化离子。

Zeta 电位有着广泛的用途，如在造纸行业中，检测纤维和填料表面的 Zeta 电位，可以有效地辅助化学品助剂的添加。另外，Zeta 电位的测量使人们能够详细了解分散机理，它对静电分散控制至关重要，对于酿造、陶瓷、制药、药品、矿物处理和水处理等各个行业，Zeta 电位是极其重要的参数。

三、实验设备与材料

1. Zeta PALS 型 Zeta 电位及粒度分析仪。

2. 粉末样品，分散剂。

四、实验方法与步骤

1. 粒度测定

(1) 打开仪器后面的开关及显示器。

(2) 打开 BIC Particle Sizing Software 程序，选择所要保存数据的文件夹（File→Datebase→Create Fold 新建文件夹；File→Datebase→双击所选文件夹→数据可自动保存在此文件夹），待机器稳定 15～20min 后使用。

(3) 待测溶液经过离心或过滤处理后，将待测溶液加入比色皿（水相用塑料，有机相用玻璃）中，盖上比色皿盖，插入样品槽，关上黑色盖子和仪器外盖。

(4) 单击程序界面“parameters”，对测量的参数进行设置：Sample ID 是输入样品名；Runs 是扫描遍数；Temp. 是设置温度（5～70℃）；Liquid 是选择溶剂（Unspecified 是未知液，可输入 Viscosity 和 Ref. Index 值，可以查文献，其中 Ref. Index 可由阿贝折射仪测得）；Angle 在 90°时不能改；Run Duration 是扫描时间，一般为 2min，观察程序界面左上角 Count Rate，如小于 20Kcps，则延长测量时间（5min 或更长）。

(5) 单击“Start”开始测量。

(6) 数据分析：程序界面左上角 Effective Diameter 是直径，Polydispersity 是多分散系数（<0.02 是单分散体系，0.02～0.08 是窄分布体系，>0.08 是宽分布体系），Avg. Count Rate 是光强；右上角 Lognomal 可得到对数图，MSD 是多分布宽度，Corr. Funct. 是相关曲线图（非常重要，数据可信度可参考相关曲线图，测量基线要回归到计算基线上）；单击 Zoom 可选择 Intensity、Volume、Surface Area 和 Number，一般是选择 Intensity；单击 Lognomal Summary→Copy for Spreadsheet 可拷贝数据，单击“Copy to Cliboard”可将图拷贝到写字板。程序左下角的 Copy to Cliboard 也可将图拷贝到写字板，Turn Dust Filter Off 是数据保有率。

(7) 关闭仪器和显示屏。

2. Zeta 电位测定

(1) 打开仪器后面的开关及显示器。

(2) 打开 BIC Zeta potential Analyzer（水相体系用）/ BIC PALS Zeta potential Analy-

zer（有机相体系用）程序，选择所要保存数据的文件夹（File→Datebase→Create Fold 新建文件夹；File→Datebase→双击所选文件夹→数据可自动保存在此文件夹），待机器稳定15～20min 后使用。

（3）待测溶液配制完成后需放置一段时间进行 Zeta 电位测试。将待测溶液加入比色皿1/3 高度处，赶走气泡，钯电极插入溶液中，拿稳钯电极上端和比色皿下端不要让两者脱离，连上插头，关上仪器外盖。AQ-961 钯电极用于 pH 为 2～12 的水相体系（配合 BIC Zeta potential Analyzer 软件），SR-482 钯电极用于有机相体系和 pH 为 1～13 的水相体系（配合 BIC PALS Zeta potential Analyzer 软件）。刚开始实验时钯电极可在溶液中浸润一段时间。

（4）单击 BIC Zeta potential Analyzer 程序界面“parameters”，对测量的参数进行设置：Sample ID 是输入样品名；Cycles 是扫描次数（一般是 3），Runs 是扫描遍数（一般是3），Inter Cycle Delay 是停留时间（一般是 5s）；Temperature 是设置温度（5～70℃）；Liquid 是选择溶剂（Unspecified 是未知液，可输入 Viscosity、Ref. Index 和 Dielectric Constant 值，可以查文献，其中 Ref. Index 可由阿贝折射仪测得，Dielectric Constant 可由介电常数仪测得）；其他不用填。

（5）单击 BIC PALS Zeta potential Analyzer 程序界面“parameters：Runs”和“Cycles”要设置多次，一般是 5 和 20；Zeta Potential Model 选 Huckel 或 Smoluchowski，一般非水介质都选 Huckel；其他参数同 BIC Zeta potential Analyzer 设置。Setup→ Instrument Parameters→ Voltage 改成 User：可以填 10、40、60、80 这四个数据试着做。

（6）单击“start”开始测量。程序界面中间选择 Zeta Potential 是 Zeta 电位，选 Mobility 是电泳迁移率，Frequency Shift 是频率迁移，Frequency 是频率。程序界面右下角 Conductance 是电导率，对于 pH 为 2～12 的水相体系，用 BIC Zeta potential Analyzer 软件测试，配合 AQ-961 钯电极；对于有机相体系在 pH 为 1～13 的水相体系，用 BIC PALS Zeta potential Analyzer 软件测试，配合 SR-482 钯电极使用。样品不要反复测量，易使离子析出影响测试结果。

（7）数据分析：可直接记录 Zeta 电位值；单击“Zoom→ Copy for Spreadsheet”可拷贝数据，单击“Copy to Cliboard”可将图拷贝到写字板。程序左下角的“Copy to Cliboard”也可将图拷贝到写字板。换下一个样品时，将钯电极用水冲一下，再用样品冲一下以后再加入样品测试；实验结束时将钯电极用溶剂和水冲洗后用干净的纸巾擦拭，套在干燥的比色皿中保存。

（8）关闭仪器和显示屏。

五、注意事项

1. Zeta 电位量程－150～＋150mV，粒度范围 10nm～30μm，样品要呈透明状，可将浓样品离心取上清液。

2. 钯电极用后应及时清洗干净（用去离子水清洗，并擦干），插入干燥比色皿中保存。

3. 实验后及时清理样品仓，还原所使用附件。比色皿冲洗后可重复利用。

4. 在单击“Datebase”时，不要误点到“Rebuild Database File Index”，如不小心点到，在弹出的对话框中单击“Cancel”。

5. 做水相 Zeta 电位时，不能同时测试有机相 Zeta 电位和粒径测试：做有机相 Zeta 电位时，不能同时测试水相 Zeta 电位和粒径测试。

六、实验报告及要求

1. 说明激光粒度分析与 Zeta 电位测量的原理。
2. 说明 Zeta PALS 型 Zeta 电位及粒度分析仪的结构组成。
3. 实验的操作步骤和测试参数如何选择。
4. 附上测试得到的实验图谱并进行分析。

七、思考题

1. 粒度分析常用的方法有哪些?
2. 激光粒度分析的基本原理和特点是什么?
3. Zeta 电位分析的基本原理和特点是什么?
4. 为什么做 Zeta 电位时，不能同时测试粒径?
5. 为何要测试粒子的粒径和 Zeta 电位，有何意义?

参考文献

[1] 路文江，张建斌，王文焱．材料分析方法实验教程．北京：化学工业出版社，2013.
[2] 赵宇，赵建刚，李梅楠等．激光粒度仪在碳酸钙粉粒度分析中的应用．地质装备，2017 (6)：29-31.
[3] 李文凯，吴玉新，黄志民等．激光粒度分析和筛分法测粒径分布的比较．中国粉体技术，2007，13 (5)：10-13.
[4] 郭智兴，熊计，熊素建．纳米 TiC 粉末的分散与表征综合实验设计．实验技术与管理，2012，29 (8)．
[5] 汪锰，安全福，吴礼光．膜 Zeta 电位测试技术研究进展 [J]．分析化学，2007，35 (4)：605-610.

实验 37 正电子在材料中湮没的寿命测量与分析

一、实验目的

1. 了解正电子寿命测量的基本原理。
2. 学会使用测量仪器获取正电子湮没寿命。
3. 了解多道时间谱仪的工作原理，初步掌握多道时间谱仪的使用方法。
4. 初步掌握使用计算机解谱的数学方法。

二、实验原理

1. 正电子在物质中的湮没寿命

正电子 (e^+) 是电子的反粒子，许多属性都和电子对称。正电子与电子的静止质量都等于 9.11×10^{-28}g，正电子带单位正电荷，自旋为 $1/2h$，磁矩与电子磁矩大小相等，但方向相反。正电子遇到物质中的电子就会发生湮没，湮没的主要方式有三种：单光子湮没、双光子湮没以及三光子湮没，即湮没时分别产生一个光子、两个光子和三个光子。其中，双光子湮没的概率远远大于三光子湮没和单光子湮没的概率。正电子湮没技术主要就是利用双光子湮没。

假设正、负电子湮没时动量近似为零，则湮没后，正、负电子的全部静止质量转变为 2 个光子的能量，总动量仍应保持为零。湮没过程中发射的 γ 光子，通常称为湮没辐射。

由于双光子湮没的概率最大，因此双光子湮没特征是正电子谱学中最重要的实验参量。

当正电子与电子的相对速度 v 远大于光速 c 时，Dirac 证明单位时间内发生双光子湮没的概率为

$$\lambda=\pi r_0^2 c n_e \tag{37-1}$$

式中，c 为光速；r_0 为电子经典半径；n_e 为正电子湮没处的电子密度。

所以正电子的湮没寿命 $\tau \propto \frac{1}{n_e}$。当物质的结构发生变化（例如产生空位缺陷、辐射损伤、形变等），将导致电子密度 n_e 变化，正电子湮灭寿命也随之发生改变。因此，人们可以通过正电子寿命变化来探视物质结构变化，这是正电子技术应用的一个重要方面。

2. 正电子寿命测量实验原理

能发射正电子的放射性同位素有 ^{22}Na、^{58}Co、^{64}Cu、^{68}Ge 等，试验中采用常用 ^{22}Na 放射源，因为它的半衰期较长，为 2.6 年，在一般实验中可认为源强不变。此外，它还有一个突出优点，就是 ^{22}Na 发射正电子的同时，还伴随发射一个能量为 1.28MeV 的瞬发 γ 射线，可用它作为正电子的起始信号。^{22}Na 的衰变纲图如图 37-1 所示。

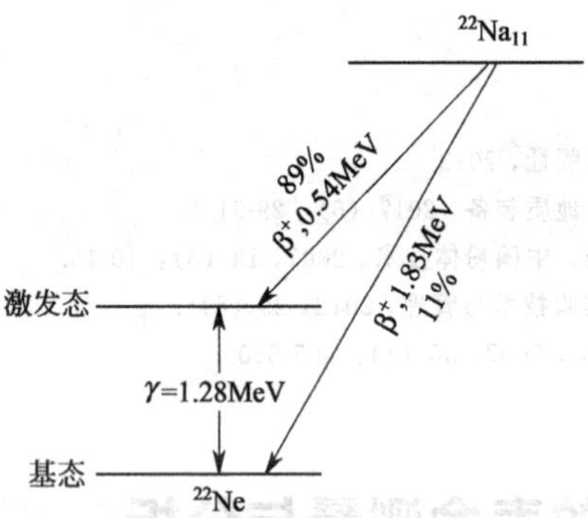

图 37-1 ^{22}Na 的衰变纲图

正电子射入样品后的行为可分为两个阶段，即热化阶段和扩散湮没阶段。介质中正电子从热化结束到湮没这一时间间隔的长短与介质的微观结构密切相关，但正电子进入介质后的热化时间只需几皮秒，它与热化结束到湮没这段时间相比，可以忽略不计。

正电子湮没寿命的实验测量原理如下：^{22}Na 首先发射一个正电子（e^+），衰变到 ^{22}Ne 的激发态，此激发态的激发能为 1.28MeV，寿命约为 3×10^{-12} s。^{22}Ne 发射 1.28MeV 的 γ 射线退激到 ^{22}Ne 的基态。在时间谱仪的分辨时间为 10^{-10} s 时，可以认为衰变过程的 e^+ 和 γ 射线是同时发射的。因此，测量正电子寿命时，1.28MeV 的 γ 射线可作为 e^+ 诞生的时标信号，而 e^+ 湮没时放出的两个 0.51MeV 的 γ 光子，可作为 e^+ 湮没的时标信号。测量正电子产生和湮没的时标信号之间的时差，即得正电子寿命。

3. 寿命谱测量快-快符合电路

测量正电子寿命的实验装置称为正电子寿命谱仪。目前常用的有快-慢符合系统和快-快符合系统，本实验采用快-快符合系统。正电子寿命谱仪装置见图 37-2。源和样品在寿命测量时常采用“夹馅”结构，即把正电子源夹在两片相同的样品之间，并置于两探头中间，使其共线。探头由 BaF_2 晶体（或塑料闪烁体）、光电倍增管及分压线路组成。湮没起始信号和湮没终止信号在探头中会产生不同高度的电脉冲。调节恒比定时甄别器（CFDD）的能量阀，使起始道中甄别器只接受起始 γ 光子产生的脉冲，终止甄别器只接受终止 γ 光子产生的脉冲。恒比定时甄别器具有两种功能：一是对所探测的 γ 光子进行能量选择；二是在探测到 γ 光子时产生定时信号。时间幅度转换器 TAC 将这两个信号之间的时间间隔转换为一个高度与之成正比的脉冲信号输入多道分析器 MCA，将不同高度的脉冲信号分别计入不同的道，MCA 所记录的即为正电子寿命谱。

三、实验设备与材料

1. 实验设备

所用设备为正电子寿命谱仪，其组成如下所述。

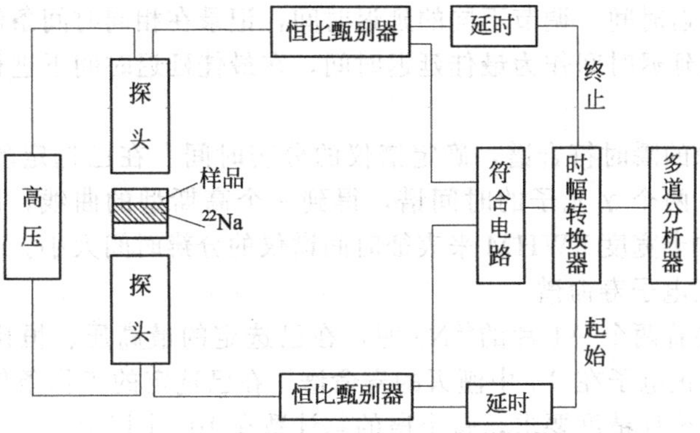

图 37-2 快-快符合正电子寿命谱仪装置

^{22}Na、^{60}Co 放射源	各 1 个
高压电源（型号 556）	2 个
BaF_2 闪烁体探测器	2 个
恒比微分甄别器（型号 583）	2 个
快-快符合电路（型号 414A）	1 个
延时器（型号 DB463）	1 个
时幅转换器（型号 566）	1 个
NIM 机箱（型号 2500）	1 台
多道分析器	1 个
PC 机	1 台

2. 实验材料

样品可以是固体、液体、气体、凡是涉及材料的电子密度及电子动量有关的问题，原则上都可以用正电子湮没技术来研究。本实验测试材料为：YBa CuO、PS（聚苯乙烯）。

四、实验方法与步骤

1. 恒比微分甄别器阈值设定

恒比微分甄别器阈值设定如图 37-3 所示。

按图 37-3 所示的电路连接：分别从探测器的倍增电极和阳极取出信号，阳极信号经过恒比微分甄别器后输出方波作为多道的门信号，则多道显示的为倍增电极的能谱，调节甄别器阈值，使多道只显示 1.28MeV 和 0.511MeV 的 γ 光子反冲电子的能谱。

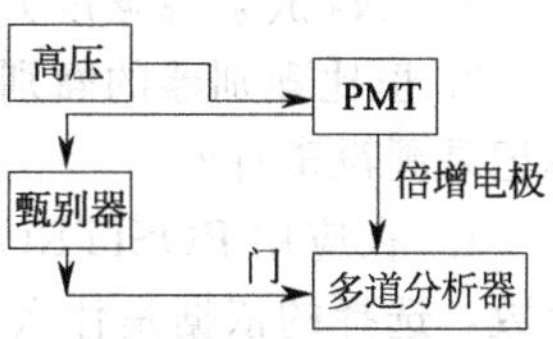

图 37-3 恒比微分甄别器阈值设定

对于起始道，只允许接收 1.28MeV 的 γ 光子信号，其对应的反冲电子能量为 0～1.06MeV，为排除 0.511MeV 的 γ 光子信号，则其能区选为 0.53～1.06MeV；而终止道 0.511MeV 的 γ 光子反冲电子能量为 0～0.341MeV，但其不可能完全排除 1.28MeV 的 γ 光子影响，一般选择能区为 0.23～0.34MeV。

2. 时间刻度及分辨率调节

为了在实验过程中更准确地测定湮没时间，需要确定实验仪器的刻度和分辨率。采用 ^{60}Co 进行。由于 ^{60}Co 源很容易获得，且发生 β 衰变，几乎同时释放出 1.17MeV 和 1.33MeV 两个光子，因此在多道分析器上从理论上讲是一条直线，便于观察。在已定的工作条件下，将 ^{60}Co 放射源放在两个探头的中间位置，调节延迟器上的延迟时间，分别测量在不同延时 ^{60}Co 的瞬时符合谱。记录该谱的峰位中心道址。

(1) 选取最佳延迟时间　调节不同的延迟时间，记录在相同时间条件下测得的谱的峰位计数，取峰位最稳定延迟时间作为最佳延迟时间，在最佳延迟时间下进行瞬时符合谱及寿命谱的测量。

(2) 测量^{60}Co源的瞬时符合谱，确定谱仪的分辨时间　在已选定的最佳延迟时间等工作条件下，测量^{60}Co两个γ光子的时间谱，得到一个高斯型的曲线，即称为瞬时符合谱，以^{60}Co瞬时符合谱的半宽度FWHM来表征时间谱仪的分辨时间大小。

3. 测量样品的正电子寿命谱

将^{60}Co源换成夹着两个A1片的^{22}Na源，在已选定的最高压、恒比微分阈值、最佳延迟时间等条件下测量正电子在A1中湮灭的寿命谱。在已选定的工作条件下测量该样品的正电子寿命谱。为满足统计精度要求，每个谱的总计数在10^6个以上。

4. 谱数据处理

使用解谱程序，调整解谱参数，以获得满意的合理结果。

五、注意事项

1. 所用正电子源^{22}Na是采用夹层结构，即将放射性溶液滴在Myler薄膜衬底上，用红外线烘干，再用同样的衬底严实覆盖，周围加以密封而成。因此，首先要用镊子轻取轻拿，不能将Myler薄膜破损，避免放射性污染；其次是表面应保持清洁，尽可能地减小干扰。

2. 正电子湮灭寿命谱仪是精密、贵重仪器，除应认真预习，弄清楚谱仪各单元的功能及其面板各可调部件的特征外，需要在教师指导下调试谱仪。

六、实验报告及要求

1. 说明正电子寿命测量的基本原理。
2. 说明多道时间谱仪的工作原理，初步掌握多道时间谱仪的使用方法。
3. 实验的操作步骤和测试参数如何选择。
4. 附上测试得到的实验图谱。

七、思考题

1. 说明为什么选^{22}Na作为本次实验的放射源？
2. ^{22}Na放射源强度太弱或太强有何影响？
3. 恒比甄别器的甄别阈若选择不当，例如设置在相应能窗的下阈以上时，为什么会失掉记录湮没事件？
4. 在应用POSITRONFIT-EXTENDED程序处理数据时，应怎样选择程序所需赋值的参数，选择的依据是什么？

参考文献

[1] 晁月盛，张艳辉．正电子湮没技术原理及应用．材料与冶金学报，2007，6（3）：234-240.
[2] 史志强，吴令芸，陈发堂．正电子湮没寿命谱仪性能的研究．陕西师范大学学报：自然科学版，1991（3）：20-23.
[3] 郁伟中．正电子物理及其应用．北京：科学出版社，2013.
[4] 腾敏康，沈德勋．正电子湮没谱学及其应用．北京：原子能出版社，2000.
[5] 张星，郝艳玲，王传坤．正电子湮没技术及其应用．现代物理，2017，7（4）：106-111.